다세계

SOMETHING DEEPLY HIDDEN
Copyright ⓒ 2019 by Sean Carroll
All rights reserved.

Korean translation copyright ⓒ 2021 by PSYCHE'S FOREST BOOKS
This Korean edition was published by arrangement with Brockman, Inc., New York.

이 책의 한국어판 저작권은 Brockman, Inc.와 독점 계약한 도서출판 프시케의숲에 있습니다.
저작권법에 의해 한국 내에서 보호를 받는 저작물이므로 무단 전재와 복제를 금합니다.

다세계

양자역학은 왜
평행우주에 수많은 내가
존재한다고 말할까

숀 캐럴 지음
김영태 옮김

차례

프롤로그 겁내지 말 것 •007

1부 기괴한

1장 무슨 일이 일어나고 있는 거지? 양자 세계 들여다보기 •017
2장 용감한 이론 극도로 간결한 양자역학 •035
3장 왜 이런 것을 생각하지? 양자역학의 탄생 •055
4장 존재하지 않기 때문에 알 수 없는 것 불확정성과 상보성 •087
5장 얽힘은 싫어 중첩 상태의 파동함수 •113

2부 갈라짐

6장 우주의 갈라짐 결풀림과 평행세계 •135
7장 질서와 무질서 확률의 발생지 •159
8장 존재론적 약속이 나를 살쪄 보이게 할까? •187
    양자 퍼즐에 대한 소크라테스식 대화
9장 다른 방법들 다세계 이론의 대안 •221
10장 인간적 측면 양자 우주에서의 삶과 사고 •257

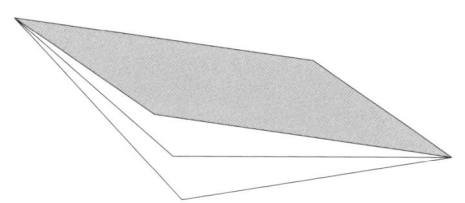

3부 시공간

11장   공간은 왜 존재할까?   창발과 국소성   • 285

12장   진동의 세계   양자장 이론   • 307

13장   진공에서 숨 쉬기   양자역학에서 중력 찾기   • 331

14장   공간과 시간을 넘어   홀로그래피, 블랙홀과 국소성의 한계   • 361

에필로그   모든 것이 양자다   • 383

부록   가상 입자 이야기   • 387

감사의 말   • 399
옮긴이의 말   • 403
더 읽기   • 407
참고문헌   • 409
찾아보기   • 415

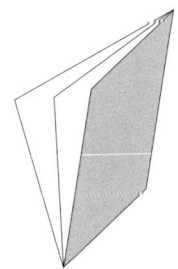

일러두기

1. 외래어 표기는 국립국어원의 표기법을 따르되, 관행에 따라 일부 예외를 두었다.
2. 도서, 정기간행물은 《 》로, 논문, 신문, 영화 등은 〈 〉로 표기했다.
3. 각주는 대부분 지은이 주이며, 옮긴이 주일 경우에는 끝에 '옮긴이'라고 표시했다.
4. 인명 원어는 '찾아보기'에 표시했다. 단, '감사의 말'에서는 본문상에 병기했다.

프롤로그

겁내지 말 것

이론물리학 박사쯤 되면 양자역학을 겁낼 수 있다. 그러나 일반인이라면 겁낼 필요가 없다.

이 말이 이상하게 들릴지 모르겠다. 양자역학은 미시세계에 대한 최고의 이론이다. 양자역학은 원자와 입자들이 어떻게 자연의 힘을 통해 상호작용하는지를 기술하고 극도로 정확한 실험적 예측을 가능하게 한다. 하지만 양자역학은 어렵고, 신비하며, 마법과 같다고 알려져 있다. 물리학이 직업인 사람들은 양자역학을 비교적 편하게 생각한다. 지금도 물리학자들은 양자 현상과 관련된 복잡한 계산을 수행하고 있으며 예측 결과를 검증할 수 있는 거대 실험장치들을 건설하고 있다. 물리학자들이 지금까지 양자역학을 날조했다고 주장하는 것은 분명 아니다.

물리학자들이 양자역학을 날조하지는 않았지만 정직하지도 않았다. 한편으로 양자역학은 현대물리학의 진수이다. 천체물리학자, 입자물리학자, 원자물리학자, 레이저물리학자 모두 항상 양자역학을 사용하며 양자역학을 잘 다룰 줄 안다. 양자역학은 단지 소수의 사람 몇몇만 이해하는 연구가 아니다. 양자역학은 모든 현대 기술에 사용되고 있다. 반도체, 트랜지스터, 마이크로칩과 컴퓨터 메모리 모두 양자역학에 의존하고 있다. 이런 점에서 세상의 가장 기본적인 속성을 이해하려면 양자역학이 필수적이다. 본래 화학도 응용 양자역학이라 할 수 있다. 태양이 빛을 내는 것이나 탁자가 단단한 것을 이해하기 위해서도 양자역학이 필요하다.

눈을 감는다고 상상해보라. 온 세상이 깜깜해진다. 빛이 들어오지 않으니 당연하다고 생각할 수 있다. 하지만 이는 정확히 옳은 생각은 아니다. 그 이유는 이렇다. 우리 몸을 포함해 따뜻한 물체에서는 가시광선보다 조금 긴 파장을 가진 적외선이 항상 방출되고 있다. 만약 우리 눈이 가시광선에 대해 민감한 정도로 적외선에 대해 민감하다면, 안구 자체로부터 방출되는 빛 때문에 우리는 눈꺼풀이 닫혀 있더라도 눈이 멀어버리게 될 것이다. 그러나 우리 눈에 있는 빛 수용체인 막대세포와 원뿔세포들은 현명하게도 적외선이 아닌 가시광선에만 민감하다. 이 세포들은 왜 그럴까? 궁극적으로는 양자역학만이 답을 줄 수 있다.

양자역학은 마법이 아니다. 양자역학은 세상에 대한 가장 심오하고 가장 포괄적인 답을 제공한다. 지금까지 우리가 아는 한 양자역학은 진리에 대한 근사가 아니고 진리 그 자체이다. 예측하지 못한 실험 결과가 나온다면 이 주장은 달라질 수 있다. 그러나 아직 이런 놀라운 발견의 징후는 보이지 않는다. 20세기 초 플랑크, 아인슈타인, 보어, 하이젠베르크, 슈뢰딩거, 디랙과 같은 인물들에 의해 양자역학이 발전되었다. 1927년에 이르러 양자역학이 완성되었고 인류 역사상 가장 위대한 지적인 업적 가운데 하나가 되었다. 양자역학은 자랑해도 될 만한 모든 이유를 가지고 있다.

그런데 리처드 파인만은 "누구도 양자역학을 완전히 이해하고 있지 않다고 자신 있게 말할 수 있다"라는 주목할 말을 남겼다. 양자역학은 새로운 기술을 창조하고 실험 결과를 예측하는 데 사용된다. 그러나 정직한 물리학자들은 사실 우리가 양자역학을 제대로 '이해'하고 있지 않다는 것을 인정한다. 양자역학은 규정된 특정한 상황에서만 안전하게 사용할 수 있는 조리법과 같다. 놀라울 정도로 정확한 예측 결과를 내놓았고 실험 데이터가 이를 증명해 승리를 안겼다. 그러나 더 깊이 파고 들어가 왜 그런지 묻는다면 아무런 대답도 할 수 없다. 물리학자들은 양자역학을 마음이 없는 로봇처럼 취급한다. 로봇에 의지해 특정 작업을 수행하기는 하지만, 로봇을 개인적 수준의 친한 친구로 여기지는 않는 것이다.

전문가들의 이런 태도는 양자역학으로 세상을 설명하는 데서도 나타난다. 우리는 자연에 대한 완벽하게 구성된 그림을 제공하길 원하지만, 물리학자들 사이에서 양자역학의 해석을 놓고 의견의 불일치가 있온 이래로 절대 그런 일은 가능하지 않다. 대신 양자역학이 신비하고 당혹스러우며 이해 불가능하다는 점을 강조하는 것이 인기를 얻고 있다. 이런 주장은 세상을 근본적으로 이해할 수 있다는 과학의 기본 원리와 반대되는 것이나. 우리에게는 양자역학에 대해 일종의 정신적 장벽 같은 것이 있으며, 이를 넘어서기 위해 약간의 양자 치료가 필요하다.

o o o

학생들은 양자역학을 배울 때 양자역학 규칙 목록을 익히게 된다. 어떤 규칙들은 양자계를 수학적으로 기술하는 것이기 때문에 친숙하다. 또 양자계가 어떻게 진화(시간에 따라 변화하는 것 — 옮긴이)하는지 설명하는 규칙도 있다. 그러나 다른 물리학 이론에서 본 적이 없는 규칙들을 만나게 된다. 이런 규칙들은 양자계를 '관측'할 때와 관측하지 않을 때, 계의 행동이 서로 완전히 다르다는 것과 관련이 있다. 도대체 무슨 일이 일어나는 것일까?

기본적으로 두 가지 옵션이 있다. 첫째, 우리가 학생들에게 한 이야기가 아주 불완전하며, 그래서 양자역학이 합리적 이론으로 인정받기 위해서는 '측정'과 '관측'이 무엇인지, 계의 행동이 왜 그리 다른지 이해할 필요가 있다는 것이다. 둘째, 양자역학이 이전 물리학의 사고방식과 결별한 전혀 다른 것임을 받아들이는 것이다. 즉 세상이 우리의 인식과 무관하게 객관적이라는 관점에서 어쨌든 관측 행위가 실체의 근본 속성이라는 관점으로 전환해야 한다.

양자역학 교과서라면 마땅히 이 두 가지 옵션을 설명하려고 노력해야 한다. 양자역학이 매우 성공적이었지만 완성되었다고 주장하기에는 아직 이르다는 것을 인정해야 한다. 그런데 현실은 다르다. 대부분의 교과서는 이 주제에 대해 침묵하고 있으며 물리학자들은 수식을 적고 학생들에게 문제를 풀도록 하는 것으로 만족하고 있다.

이런 현실이 당황스럽고 상황은 더욱 나빠지고 있다.

이런 상황에서는 양자역학을 이해하려는 시도가 가장 큰 물리학의 목표가 되어야 한다고 생각할 수 있다. 수백만 달러의 연구비를 양자역학의 토대를 연구하는 과학자들에게 투자하고, 가장 똑똑한 과학자들이 이 문제에 달려들도록 하며, 가장 중요한 발견에 상과 명예로 보상해야 한다. 대학들은 스타 과학자를 다른 경쟁 대학에서 빼앗아오기 위해 봉급을 크게 올려주면서 이 분야의 거물들을 영입해 경쟁력을 높일 수 있다.

슬프게도 그런 일은 일어나지 않았다. 양자역학의 이해를 가능하게 만드는 연구는 현대물리학에서 높이 쳐주지 않는다. 깔보지 않으면 다행이고 전혀 의미 있는 연구로 취급하지 않는다. 대부분의 물리학과에는 이런 문제를 연구하는 교수가 없으며, 이런 연구를 하려고 들면 의심 어린 눈으로 바라본다(최근 나는 연구비 신청서를 작성하면서 충고를 받았다. 학계가 큰 관심을 보이는 중력과 우주론에 관한 연구 업적은 강조하고, 연구비와 무관해 보이는 양자역학의 토대에 관한 연구는 언급하지 말라는 충고였다). 지난 90년간 양자역학 분야에서는 중요한 진전이 이루어졌지만, 이런 진전은 다른 모든 동료의 만류에도 불구하고 이 문제가 중요하다고 생각한 고집 센 개인들에 의해 이루어졌다. 혹은 양자역학을 잘 알지 못하며 나중에는 이 분야를 완전히 떠난 젊은 학생들이 진전시켰다.

이솝 우화 속의 여우는 풍성하게 열린 포도를 먹고 싶어서 뛰어보지만 포도에 닿지 못한다. 화가 난 여우는 포도가 시기 때문에 절대 먹지 않겠노라고 맹세한다. 말하자면 여우는 '물리학자'이고 포도는 '양자역학을 이해하는 것'이다. 많은 연구자들은 자연의 원리를 이해하는 것을 전혀 중요하지 않게 생각하고 있다. 그들이 보기에 가장 중요한 것은 특별한 예측을 하는 능력이다.

과학자들은 흥미로운 실험적 발견이나 정량적인 이론 모형과 같이 가시적 결과물을 중요시하도록 교육받았다. 이미 알려진 이론을 이해하려는 연구는, 설사 이 연구로 인해 새로운 기술이나 예측이 나온다고 하더라도 남들의 관심을 끌기 어렵다. 이런 분위기가 TV 드라마에 등장한 적도 있었다. 일중독 형사들을 다룬 드라마 〈더 와이어The Wire〉를 보면, 형사들은 강력한 마약 조직과의 재판에서 이길 완벽한 증거를 모으는 데 몇 달을 소비한다. 반면 상관들은 이런 노력이 부질없다며 조바심을 낸다. 상관들은 다음번 기자회견을 위해 탁자 위에 마약을 가져다 놓으라고 한다. 형사들에게 고문을 하도록, 언론에 보여줄 만한 체포를 하도록 독려한다. 과학자들에게는 연구재단과 직장이 상관에 해당된다. 인센티브를 통해 견고하고 정량화된 결과를 내도록 몰아가는 세상에서, 큰 그림을 그리는 덜 긴급한 연구는 다음 목표를 향한 경주에서 밀려날 수밖에 없다.

o o o

이 책에는 세 가지 중요한 메시지가 담겨 있다. 첫 번째 메시지는 양자역학이 이해 가능해야 한다는 것이다(아직 우리는 거기에 이르지 못했지만). 즉 양자역학을 이해하는 것이 현대과학의 최우선 과제가 되어야 한다. 양자역학은 '보이는 것'과 '실체'가 아주 다르다는 것을 규정한, 물리학 이론 가운데서도 아주 특이한 이론이다. 우리가 눈으로 보는 것을 곧 실체로 생각하고 이에 따라 사물을 설명하는 데 익숙한 과학자들(과 모든 이들)의 마음에 양자역학은 특별히 도전장을 던진다. 그러나 우리는 이러한 도전을 이겨낼 수 있다. 오래된 직관적인 사고방식으로부터 자유로워지면 양자역학이 절망적일 정도로 신비하거나 설명할 수 없는 것이 아님을 알게 될 것이다.

두 번째 메시지는 실제로 양자역학의 이해에 진전이 있다는 것이다. 내가 느끼기에 가장 유망한 루트인 에버렛Everett 이론 또는 다세계Many-Worlds 이론에 집중하려고 한다. 많은 물리학자들이 다세계 이론을 열광적으로 받아들이고 있지만, 자신의 복제copy가 존재하는 수많은 다른 세계가 있다는 사실 때문에 다세계 이론을 받아들이지 못하는 사람들도 있다. 당신이 다세계 이론을 믿지 않는 사람들 가운데 한 명이라면, 적어도 양자역학을 이해 가능하게 하는 가장 '순수한' 방법이 다세계 이론이라는 점을 설득하고자 한다. 양자역학을 거부감 없이 심각하게 받아들인다면 다세계 이론 역시 받아들이게 될 것이다. 특히 여러 개의 세계가 존재한다는 것은 억지가 아니라 이미 정설로 받아들여지고 있다. 그러나 다세계 이론이 정설로 인정받은 유일한 접근법은 아니므로 다른 경쟁 이론들에 대해서도 언급할 것이다(공정하려고 노력하겠지만 균형감을 잃을 수도 있다). 다른 여러 접근법들 역시 잘 구성된 과학 이론이라는 점이 중요하나. 연구를 마치고 술·담배를 하며 떠드는 애매모호한 '해석'이 아닌, 각각의 접근법마다 서로 다른 '실험 결과'들을 내놓고 있다.

세 번째 메시지는 이 모든 것들이 중요하다는 것이다. 이는 단순히 과학의 온전한 보전을 위해서가 아니다. 기존의 양자역학은 완벽하지는 않지만 적절한 일관성을 지닌 체계로서 이제껏 성공적이었다. 하지만 그러한 접근이 단순히 감당해낼 수 없는 상황들이 있는 것도 사실이다. 성공이 사실을 가려서는 안 된다. 특히 시공간의 본질과 전체 우주의 궁극적인 운명을 이해하려면 양자역학의 토대에 관한 연구가 절대적으로 중요하다. 몇 가지 새롭고 흥미로운 실험적 제안들을 소개할 텐데, 그것들은 양자 얽힘quantum entanglement과 시공간의 곡률(즉 당신과 내가 '중력'이라고 알고 있는 현상) 사이의 관계에 관한 도발적인 제안을 하고 있다. 중력에 관한 완전하고 강력한 양자 이론을 찾는 것은 최근 몇 년 동안 중요한 과학적 목표로 인식되어왔다(명성, 수상, 교수 빼가기 등이 걸려 있다). 그런데 어쩌면 중력을 '양자화'하는 것으로 시작하는 게 아니라, 양자역학 자체를 더 깊이 파고들어 중력이 그 속에 도사리고 있음을 발견하는 것이 해답일지 모른다.

아직 답은 주어져 있지 않다. 이런 최첨단 연구는 우리를 흥분시키면서 동시에 우리를 긴장시킨다. 그러나 세상의 근본적인 본질을 심각하게 받아들이는 때가 올 것이다. 이는 양자역학을 정면으로 마주하게 된다는 것을 의미한다.

1부

기괴한

1장

무슨 일이 일어나고 있는 거지?
양자 세계 들여다보기

알베르트 아인슈타인은 그가 남긴 어록과 방정식으로 유명하다. 그는 양자역학에 'spukhaft'라는 딱지를 붙인 장본인이고, 이 딱지는 그 이후에도 사라지지 않았다. 독일어 'spukhaft'는 '기괴한 spooky'으로 번역된다. 적어도 대중이 양자역학을 이야기할 때 받게 되는 인상이 그렇다. 흔히 양자역학은 물리학의 한 부분으로 신비하고 불가사의하며 별나고 알 수 없으며 이상하고 당혹스럽다. 즉 기괴하다.

이해할 수 없다는 것은 매력이 될 수 있다. 신비하고 매력적인 낯선 사람처럼 양사역학 역시 뭔가 어떤 능력을 가지고 있는 것처럼 보인다. 실제 양질의 능력을 가지고 있는 것과는 무관하게 말이다. 당장 '양자quantum'라는 단어가 들어간 책 제목만 해도 다음과 같은 목록을 찾아볼 수 있다.

양자 성공

양자 지도력

양자 의식

양자 접촉

양자 요가

양자 식사

양자 심리학

양자 마음

양자 영광

양자 용서

양자 신학

양자 행복

양자 시

양자 교육

양자 믿음

양자 사랑

또한 원자보다 작은 입자들의 미시적 과정과 관련된 물리학 분야를 연구하는 것은 매우 인상적인 이력서를 작성하는 데 도움이 된다.

사실 '양자물리학' 또는 '양자 이론'으로 불리는 양자역학은 미시적 과정에만 관련된 것은 아니다. 양자역학은 당신과 나부터 별과 은하까지, 블랙홀의 중심부터 우주의 시초까지 세상 전부를 기술한다. 그러나 그건 세상을 극도로 가까이에서 볼 때만, 그러니까 양자 현상의 불가사의함이 명백하게 드러나는 것을 피할 수 없을 정도로 가까이에서 볼 때만 그러하다.

이 책의 주제 가운데 하나는 양자역학이 기괴하지 않다는 걸 알리는 것이다. 양자역학은 인간의 이해 능력을 벗어난, 말로 표현할 수 없는 신비가 아니다. 양자역학은 경이롭다. 신기하고, 심오하며, 마음을 유연하게 해주고, 이전에 우리가 알고 있던 현실관과는 많이 다르다. 과학은 때로 그와 같은 속성을 가진다. 그러나 주제가 어렵거나 풀리지 않을 때 과학자들은 이를 무시하지 않고 퍼즐을 해결하기 위해 노력한다. 다른 물리학 이론이 그랬던 것처럼 양자역학도 당연히 그 길을 따를 것이다.

양자역학에 대한 소개는 대개 전형적인 패턴을 따른다. 우선, 직관과 반대되는 양자 현상을 제시한다. 다음으로, 당황스럽지만 세상이 그런 식으로 행동하는데도 불구하고 그것을 이해할 수 있다고 이야기한다. 마지막으로, (당신의 운이 좋다면) 그들은 어떤 식의 설명까지 시도한다.

이 책의 관심사는 신비로움보다는 명료함이다. 따라서 위의 패턴을 따르지 않는다. 나는 처음부터 양자역학을 최대한 이해할 수 있도록 소개하고자 한다. 그래도 여전히 기이하기는 하겠지만 그게 바로 양자역학이라는 야수의 본성이다. 다행히 양자역학을 설명할 수도, 이해할 수도 있다.

이 책은 역사적 순서를 따르지 않는다. 이 장에서는 우선 양자역학과 관계된 기본적인 실험 사실들을 살펴볼 것이다. 다음으로 이런 관측 결과들을 이해하기 위해 다세계Many-Worlds 접근법을 간단히 살펴볼 것이다. 그리고 다음 장에서는 그런 놀랍도록 새로운 종류의 물리학을 생각해내도록 한 발견들에 대해 준역사적인 설명을 제시한다. 그런 다음 양자역학이 실제로 함축하고 있는 것이 얼마나 극적인지 설명할 것이다.

이상의 설명이 끝나고 나면 이로부터 유도되는 것을 알려주는 재미있는 과제에 착수하여, 양자적 실체의 가장 두드러진 특징을 확실하게 보여줄 것이다.

o   o   o

물리학은 가장 기본이 되는 과학이다. 가장 기본적인 인간의 시도 가운데 하나로 볼 수 있다. 세상을 둘러보면 물질로 가득 차 있는 것을 보게 된다. 물질은 무엇이고 물질은 어떻게 행동할까?

인류가 질문이라는 걸 시작하고부터 해온 질문이 바로 그것이다. 고대 그리스에서는 물리학을 생물과 무생물 양쪽 모두의 변화와 운동에 관한 일반 연구로 생각했다. 아리스토텔레스는 성향, 목적, 원인과 같은 용어를 사용했다. 존재가 어떻게 움직이고 변화하는지를 '내적 본성'과 해당 존재에 작용하는 '외적 힘'으로 설명할 수 있었다. 예를 들어 보통 물체는 정지해 있는 게 본성이다. 이 물체를 움직이게 하려면 무엇인가가 운동을 유발해야 한다.

이 모든 것이 영리한 아이작 뉴턴에 의해 바뀌었다. 1687년 뉴턴은 물리학 역사상 가장 중요한 업적인 《프린키피아》를 출판했다. 그 책에서 우리가 현재 '고전역학' 또는 간단히 '뉴턴역학'이라고 부르는 것의 초석을 깔았다. 뉴턴은 자연과 목적이라는 진부한 논쟁을 마감하고 그 기저에 깔린 것, 즉 오늘날까지 교사들이 학생들을 고문하고 있는 딱딱하고 엄격한 수학식들을 밝혀냈다.

고등학교나 대학교 때 접한 진자와 경사면 문제에 대한 추억이 무엇이든 상관없이, 고전역학의 생각은 아주 단순하다. 즉 바위 같은 물체를 생각해보자. 지질학자들의 흥미를 끌 바위의 색깔과 구성 요소 같은 특성들은 일단 모두 무시하라. 또한 이를테면 망치로 쳐서 부수는 것처럼 바위의 기본 구조가 변형될 가능성도 무시하라. 마음속으로 가장 추상화된 바위의 이미지를 연상하라. 이제 바위는 물체이고, 이 물체는 공간에 위치하며, 해당 위치는 시간에 따라 변할 수 있다.

고전역학은 바위의 위치가 시간에 따라 어떻게 변화하는지 정확히 알려준다. 지금까지도 우리는 이런 방식에 아주 익숙하다. 이것이 얼마나 인상적인지 살펴볼 필요가 있다. 뉴턴은 바위가 일반적으로 이런저런 식으로 움직인다고 모호하게 이야기하지 않았다. 뉴턴은 우주 만물이 다른 만물들에 의해 어떻게 움직이는지에 대한 정확하고도 불변하는 규칙들을 알려주었다. 이 규칙들은 야구공을 잡는 것이나 화성에 안착하는 것에 사용된다.

뉴턴 역학을 어떻게 사용하는지 알아보자. 순간순간마다 바위의 위치와 속도가 주어진다. 이때 속도란 단위시간당 위치가 변화한 비율이다. 뉴턴에 의하면 바위에 힘이 작용하지 않을 때 바위는 항상 일정한 속도로 직선을 따라 움직인다(이것은 아리스토텔레스의 주장과 크게 다르다. 아리스토텔레스는 물체가 운동을 계속하려면 줄곧 미는 힘이 작용해야 한다고 주장했다). 바위에 힘이 작용하면 바위가 가속된다. 즉 가해지는 힘에 비례해서 바위가 더 빨리 움직이든지, 더 느리게 움직이든지, 또는 단순히 방향을 바꾸든지 하는 속도의 변화가 일어난다.

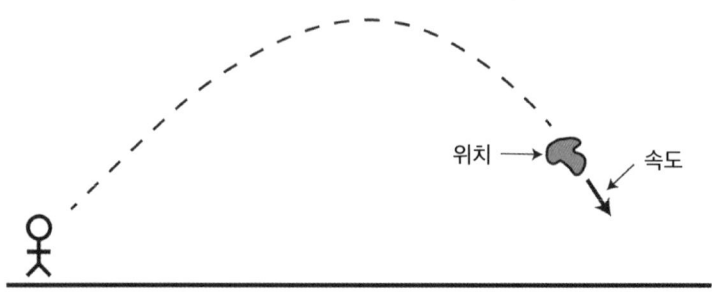

이것이 고전역학의 기본 아이디어이다. 바위의 전체 궤적을 구하려면 바위의 위치, 속도, 그리고 작용하는 힘을 알아야 한다. 나머지는 뉴턴의 방정식이 알려준다. 힘에는 중력, 바위를 들어 올리거나 던지는 힘, 바위가 착지할 때 지면으로부터 작용하는 힘 등이 포함된다. 고전역학은 당구공, 로켓 우주선이나 행성의 운동도 잘 설명한다. 이런 고전적 패러다임에서 볼 때 물리학의 과제란, 본래 우주의 구성원(바위 등등)이 무엇이고 이들에 작용하는 힘이 무엇인지 알아내는 것이다.

고전물리학은 간단한 세계상을 제공하지만, 정립하는 과정에서 몇몇 결정적인 변화가 있었다. 구체적으로 바위에 무슨 일이 일어날지 알기 위해선 위치, 속도, 작용하는 힘에 대한 정보가 필요하다는 것에 대해 알아보자. 힘을 외부 세계의 일부라고 생각하면 바위에 관한 중요한 정보는 위치와 속도가 된다. 이와 대조적으로 매순간 바위의 가속도는 구체적으로 주어질 필요가 없는 정보다. 뉴턴의 법칙을 사용해 위치와 속도로부터 가속도를 계산할 수 있기 때문이다.

고전역학에서는 위치와 속도로 물체의 상태state를 결정한다. 여러 움직이는 부품들로 구성된 계가 있다면 이 계의 고전적인 상태는 각 부품의 상태를 나열하는 것으로 충분하다. 보통 크기의 방 안에 있는 공기는 아마 종류가 다른 10^{27}개 정도의 분자들로 이루어져 있을 것이고, 이 공기의 상태는 모든 분자의 위치와 속도를 나열한 것이 된다(엄밀히 말해 물리학자들은 각 분자의 속도 대신 운동량을 사용하는 것을 선호한다. 뉴턴역학에서 운동량은 단순히 분자의 질량에 속도를 곱한 것이다). 계에 허용된 모든 가능한 상태들의 집합을 계의 위상공간phase space이라고 부른다.

프랑스 수학자 피에르 시몽 라플라스는 고전역학적 사고방식이 가진 심오한 의미를 지적했다. 원리적으로 보면, 비상한 지능의 소유자가 문자 그대로 우주에 있는 모든 물체의 상태를 알 수 있다면, 그로부터 과거에 일어난 일은 물론 미래에 일어날 모든 일을 알아낼 수 있을 것이다. 이러한 '라플라스의 악마Laplace's demon'는 사고실험에 불과하지 야망이 큰 컴퓨터 공학자를 위한 실제적인 연구 과제가 아니다. 그러나 이 사고실험이 함축하고 있는 의미는 심오하다. 뉴턴역학은 결정론을 따르는, 시계처럼 정확한 우주를 기술하고 있다.

고전물리학의 작동 원리는 너무 아름답고 강력해서 한 번 이해하면 여기서 빠져나올 수가 없다. 뉴턴 이후 많은 석학은 물리학의 기본적인 슈퍼 구조가 밝혀졌기 때문에 미래에 할 일이라고는 우주 전체를 기술하는 데 필요한 올바른 것들(즉, 입자와 힘)이 무엇인지 알아내는 것뿐이라고 확신했다. 자신만의 방식으로 세상을 바꾼 상대성 이론조차 고전역학을 대체할 이론이 아닌 고전역학의 변종이라고 생각되었다.

그러고 나서 양자역학이 나타났고, 모든 것이 변했다.

o   o   o

고전역학을 뉴턴이 정립한 것 못지않게 양자역학의 발명 역시 물리학 역사상 또 다른 위대한 혁명이다. 양자 이론은 기본적으로 고전적 틀 구조에 속한 특정한 물리학 모형이 아니다. 양자 이론은 고전적 틀 구조를 버리고 전혀 다른 것으로 교체했다.

양자역학의 새로운 기본 요소는 양자계에서 일어나는 일을 '측정한다'는 것의 의미가 무엇인지에 관한 질문에 중점을 두고 있다. 이것이 양자역학을 앞선 고전역학과 전혀 다르게 만드는 요소이다. 측정이란 정확히 무엇인가? 무엇인가를 측정할 때 무슨 일이 생기는가? 이 모든 것으로부터 계 내부에서 진짜로 어떤 일이 일어나는지 알 수 있을까? 양자역학에서 '측정 문제measurement problem'라고 부르는 것은 이런 질문들로 이루어져 있다. 물리학자나 철학자들은 측정 문제를 해결하는 방법에 대해 의견의 일치를 전혀 보지 못하고 있지만 몇몇 대안은 준비되어 있다.

측정 문제를 해결하려는 시도로부터 '양자역학의 해석interpretation of quantum mechanics'이라는 분야가 생겨났지만 그리 정확히 붙인 이름은 아니다. '해석'은 보통 동일한 기본 대상에 대해 사람마다 다르게 생각할 수 있는 문학 작품이나 예술 작품에 사용하는 용어이다.

양자역학에서는 이와 다른 일이 일어난다. 여기서는 물리적 세계를 이해하려는 양립할 수 없는 서로 다른 과학 이론들이 경쟁한다. 이 때문에 이 분야에 종사하는 현대 과학자들은 자신들의 분야를 '양자역학의 토대foundation of quantum mechanics'라고 부르길 원한다. 양자역학의 토대에 관한 연구는 과학의 한 부분이지 문학 비평의 한 부분이 아니다.

고전역학은 너무 명확하기 때문에 '고전역학의 해석'에는 누구도 관심을 기울이지 않는다. 위치와 속도와 궤적을 알려주는 수학 공식이 존재한다. 예를 들어 주변의 바위는 실제로 이 공식의 예측을 따라 움직인다. 특히 고전역학에는 측정 문제가 존재하지 않는다. 계의 상태는 위치와 속도로 주어지고, 이 양들을 측정하고 싶으면 그냥 측정하면 된다. 물론 측정을 게을리하거나 대충하여 부정확한 결과를 얻거나 계 자체가 달라질 수도 있다. 그러나 조심해서 모든 것을 정확히 측정한다면 계에 영향을 주지 않으면서 계에 대해 모든 것을 알 수 있어 그런 일이 일어나지 않는다. 고전역학을 통해 우리가 보는 것과 이론이 기술하는 것 사이의 관계를 확실하고 분명하게 알 수 있다.

양자역학은 그 모든 성공에도 불구하고 이런 것을 전혀 제공하지 않는다. 양자적 실체의 중심에 놓인 수수께끼를 다음과 같이 간단히 요약할 수 있다: 세상을 바라볼 때 우리가 보는 것은 실제 세상과 근본적으로 다를 수 있다.

◦ ◦ ◦

원자핵 주위를 돌고 있는 기본 입자인 전자를 생각해보자. 전자 사이의 상호작용은 화학 반응 일체와 관련이 있으며, 따라서 지금 우리 주위의 거의 모든 것과 관련이 있다. 바위를 다뤘을 때처럼, 전자의 스핀이나 전자의 전기장이 존재한다는 것과 같은 특정한 성질은 무시하도록 하자(사실 예로 바위만을 생각할 수도 있다. 바위 역시 전자처럼 양자계이다. 매우 작은 물체를 다룰 때만 양자역학적 속성이 분명히 드러난다는 사실을 기억하면, 원자보다 작은 입자를 다룰 때 도움이 된다).

위치와 속도만으로 계의 상태를 기술하는 고전역학과는 달리 양자계의 본질은 덜 명확하다. 원자핵 주위의 궤도를 따라 도는 천연의 전자를 생각해보자. 아마도 '궤도'라는 단어로부터, 또한 오랫동안 의심의 여지없이 수많은 만화책에서 봐왔던 원자의 모습으로부터, 우리는 전자 궤도가 태양계의 행성 궤도와 유사하다고 생각하기 쉽다. 따라서 전자가 위치와 속도를 가지며 중앙의 원자핵 주위를 원 궤도나 타원 궤도를 따라 움직인다고 생각하게 된다.

양자역학은 이와 다른 이야기를 들려준다. (비록 동시同時가 아니기는 하지만) 우리는 위치나 속도의 값을 '측정'할 수 있다. 아주 조심성 많고 능력 있는 실험자라면 답을 얻을 수 있을 것이다. 그러나 이런 측정을 통해 알 수 있는 것은 실제로 완전하고 있는 그대로의 전자 상태가 아니다. 우리가 얻은 특정한 실제 측정 결과를 완벽하게 예측할 수 없다는 점에서 양자역학은 고전역학과 완전히 다르다. 우리가 할 수 있는 최선의 노력은 전자가 특정한 위치에 있거나 특정한 속도를

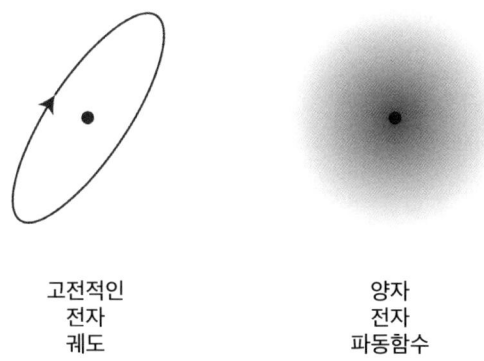

고전적인　　　　　　양자
전자　　　　　　　　전자
궤도　　　　　　　파동함수

가질 '확률probability'만을 예측하는 것이다.

입자의 상태에 대한 고전적인 개념인 '입자의 위치와 속도'를 양자역학에서는 우리의 일상 경험과는 완전히 동떨어진 '확률 구름cloud of probability'으로 대체할 수 있다. 원자 속 전자의 경우 이 확률 구름의 밀도가 중심으로 갈수록 더 커지고 중심에서 멀어질수록 더 작아진다. 구름의 밀도가 큰 곳에서 전자를 발견할 확률이 높고 구름의 밀도가 감지할 수 없을 정도로 작은 곳에서는 전자를 발견할 확률이 무시할 만큼 낮다.

이 구름을 흔히 '파동함수wave function'라고 부른다. 시간이 지나면 가장 확률이 높은 측정 결과가 변하여 파동처럼 구름이 진동할 수 있기 때문이다. 보통 파동함수를 그리스 문자 프시이ψ로 표기한다. 파동함수에 측정 결과와 관련된 '진폭amplitude'이라고 부르는 특별한 값을 지정해 입자의 위치 같은 모든 가능한 측정 결과들을 표시할 수 있다. 예를 들면, 입자가 특정한 위치 x_0에 있을 진폭을 $\Psi(x_0)$로 적는다.

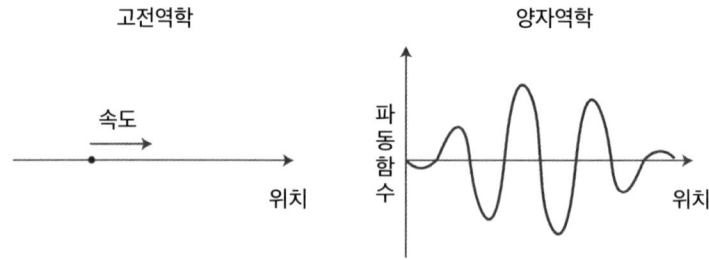

측정했을 때 특정 결과를 얻을 확률은 진폭의 제곱으로 주어진다.

특정 결과를 얻을 확률 = |해당 결과를 주는 진폭|²

이런 간단한 관계를 물리학자 막스 보른을 기려 '보른의 규칙Born rule'이라고 부른다.* 이런 규칙이 어디서 유래한 것인지 알아내는 것이 우리가 할 작업 중 하나이다.

우리는 전자가 특정 위치와 속도를 가진다고 말하려는 것은 분명 아니며, 단지 전자의 위치와 속도가 어떠한지 모를 뿐이다. 따라서 이들에 대한 무지가 파동함수 속에 담겨 있어야 한다. 이 장에서는

---

* 여기서 조금 수학적인 내용을 언급하고 넘어간다. 읽은 다음 잊어버려도 좋다. 특정 결과를 나타내는 진폭은 사실 실수가 아닌 복소수이다. 실수는 음의 무한대에서 양의 무한대까지 수의 직선상에 있는 모든 수를 말하며, 0보다 크거나 같거나 작다. 따라서 음수의 제곱근과 같은 실수는 존재하지 않는다. 오래전부터 수학자들은 음수의 제곱근이 유용하리라 생각하여 -1의 제곱근으로 i라는 '허수 단위'를 정의하였다. 허수는 '허수부'라고 부르는 실수에 i를 곱한 것이다. 그리고 복소수는 실수와 허수를 조합한 것이다. 보른 규칙의 표기에서 |진폭|²의 작은 막대기들(| |)은 실수부의 제곱과 허수부의 제곱을 더한 것을 의미한다. 이런 설명은 성격이 까다로운 사람들을 위한 것으로 일반인의 경우 '확률은 진폭을 제곱한 것'이라고 이해해도 무방하다.

'본질'에 대해서는 전혀 언급하지 않고 관측에 대해서만 언급한다. 나는 파동함수가 실체의 전부라는 것과 전자의 위치나 속도와 같은 개념은 단지 우리가 측정할 수 있는 것에 지나지 않는다는 것을 주장하려고 한다. 그러나 모든 사람이 이런 식으로 생각하지는 않으며, 그리 공평하지는 않겠지만 어쨌든 지금 우리는 한쪽 주장을 따르려 한다.

o o o

이제 고전역학과 양자역학의 규칙들을 나란히 놓고 비교해보자. 고전계의 상태는 움직이는 구성원 각각의 위치와 속도로 주어진다. 이들의 진화를 추적하기 위해 다음과 같은 과정을 상상한다.

고전역학의 규칙
1. 각 구성원의 위치와 속도를 특정한 값으로 고정한 계를 설정한다.
2. 뉴턴의 운동 법칙을 사용해 계를 진화시킨다.

이것이 전부다. 물론 세부적인 것에 악마가 숨어 있기는 하다. 일부 고전계는 수많은 움직이는 구성원들로 이뤄져 있다.

이와 대조적으로 표준적인 양자역학 교과서에 나오는 규칙들은 두 부분으로 구성되어 있다. 첫 번째 부분은 고전역학의 구조와 정확히 같다. 양자계는 위치와 속도가 아닌 파동함수로 기술된다. 고전역학에서 계의 상태가 뉴턴의 운동 법칙에 따라 진화하듯이, 양자역학에서는 '슈뢰딩거 방정식Schrödinger's equation'이라고 부르는 수학식에 따라 파동함수들이 진화한다. "파동함수의 시간 미분은 양자계의 에너지에 비례한다"라고 슈뢰딩거 방정식을 기술할 수 있다. 조금 더 구체적으로 말하자면 파동함수는 여러 다른 에너지를 대표하며, 슈뢰딩거 방정식에 따라 파동함수의 높은 에너지 부분은 빨리 진화하는 반면 낮은 에너지 부분은 느리게 진화한다. 조금 생각해보면 이해할 수 있을 것이다.

양자역학에도 이런 방정식이 존재한다는 것이 중요하다. 슈뢰딩거 방정식은 파동함수가 시간에 따라 연속적으로 변한다는 예측을 하고 있다. 고전역학에서 물체가 뉴턴의 법칙에 따라 움직이는 것처럼, 양자역학에서도 이런 진화는 예측 가능해야 할 뿐만 아니라 필연적이어야 한다. 아직 양자역학에 이상한 것은 없다.

양자 레시피는 다음과 같이 시작할 수 있다.

양자역학의 규칙(파트1)

1. 특정한 파동함수 ψ로 고정한 계를 설정한다.
2. 슈뢰딩거 방정식을 사용해 계를 진화시킨다.

지금까지는 잘된 것 같다. 양자역학이 고전역학과 정확히 일치한다. 그러나 고전역학의 규칙이 거기서 끝나는 반면 양자역학의 규칙은 더 있다.

여분의 규칙은 측정과 관련이 있다. 입자의 위치나 스핀과 같은 물리량을 측정할 때 양자역학에서는 허용된 특정 결과만을 얻게 된

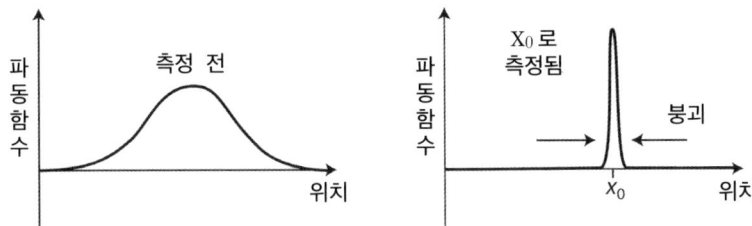

다. 이 결과 중 어느 것을 얻게 될지 예측할 수 없지만, 각 결과에 대한 확률은 계산할 수 있다. 그리고 측정이 끝나면 파동함수가 완전히 다른 함수로 '붕괴collapse'되어, 새로운 확률 일체는 방금 측정해 얻은 결과에 모두 집중된다. 그래서 양자계를 측정할 경우 일반적으로 우리가 할 수 있는 최선은 여러 결과에 대한 확률을 예측하는 것이지만, 만약 곧바로 동일한 물리량을 다시 측정할 경우에는 파동함수가 해당 결과 쪽으로 붕괴되었기 때문에 항상 같은 답을 얻게 될 것이다. 이 내용을 자세히 적어보자.

양자역학의 규칙(파트2)

3. 이를테면 '위치'처럼 우리가 측정하고자 하는 어떤 관측 가능한 물리량들이 존재하며, 이 물리량들을 측정하면 구체적인 결과를 얻게 된다.
4. 파동함수로부터 특정 결과를 얻을 확률을 계산할 수 있다. 이 파동함수는 가능한 모든 측정 결과를 보여주는 진폭들과 관련이 있다. 어느 결과를 얻을 확률은 곧 그와 관련된 진폭의 제곱이다.
5. 측정할 때 파동함수가 붕괴된다. 측정 이전에는 여러 결과가 가능하지만, 측정 이후에는 우리가 얻게 된 해당 결과에만 집중된다.

현대의 대학 교육 과정에서, 물리학과 학생들이 처음으로 양자역학을 접하게 될 때, 이 다섯 가지의 규칙을 배우게 된다. 이런 식의 교육(근본은 측정이고, 측정할 때 파동함수가 붕괴되며, 배후에서 어떤 일이 일어나는지는 묻지 마라)과 관련된 이념을 양자역학의 '코펜하겐 해석Copenhagen interpretation'이라고 부른다. 그러나 이런 해석을 발명한 코펜하겐의 물리학자들조차 정확히 이런 딱지의 의미가 무엇인지에 대해 의견이 분분하다. 이것을 그냥 '표준 교과서 양자역학'이라고 부르자.

이 규칙들이 바로 실체가 작동하는 원리를 대표한다는 생각은 말할 필요도 없이 터무니없다.

측정의 정확한 의미는 무엇인가? 즉, 얼마나 빨리 측정이 이루어지는가? 측정 도구는 정확히 무엇으로 구성되어 있는가? 측정에 사람이나 어느 정도의 의식, 혹은 정보 코딩 능력이 필요한가? 아니면 거시적인 측정이어야만 하는가? 얼마나 거시적이어야 하는가? 정확히 언제 그리고 얼마나 빨리 측정이 이루어지는가? 어떻게 파동함수가 그렇게 극적으로 붕괴할 수 있는가? 파동함수가 아주 넓게 퍼져 있다면 붕괴가 광속보다 빨리 일어날 수 있는가? 그리고 허용되었지만 관측되지 않은 파동함수의 모든 확률에 무슨 일이 일어난 것인가? 이들은 존재하지 않았던 것이 아닌가? 정말 이들이 그냥 사라져버린 것인가?

가장 핵심적인 질문은 다음과 같다. 왜 양자계는 우리가 보지 않을 때는 슈뢰딩거 방정식에 따라 연속적이고 이미 결정되어 있는 것처럼 진화하지만, 왜 계를 볼 때는 극적인 붕괴가 일어나는가? 양자계는 어떻게 이런 사실을 알고 있으며 왜 이를 따르는가?(걱정하지 마시

라. 이 모든 질문에 답하게 될 것이다.)

○   ○   ○

대부분 사람은 과학이 자연 세계에 대한 이해를 추구한다고 생각한다. 어떤 현상이 관찰되면, 과학은 무슨 일이 벌어지고 있는지 자신이 설명해주길 희망한다는 것이다.

현재 양자역학 교과서들은 이런 기대를 저버리고 있다. 실제 무슨 일이 일어나는지 모르거나, 아니면 적어도 물리학계에서 양자역학이 무엇인지 의견의 일치를 보지 못하고 있다. 대신 우리에겐 교과서에 고이 간직한 채 학생들에게 가르쳐주는 '레시피'가 있다. 뉴턴은 지구 중력장 속에서 공중으로 던진 바위의 위치와 속도로부터 향후 바위의 궤적이 어떻게 될지 알려줄 수 있었다. 같은 방식으로 양자역학의 규칙들은 어떤 특정 방식으로 준비된 양자계로부터 파동함수가 시간에 따라 어떻게 달라지는지, 또 계를 관측할 경우 여러 가능한 측정 결과들의 확률이 어떻게 될지 알려줄 수 있다.

양자 레시피가 확실성 대신 확률을 알려준다는 사실에 짜증이 날지도 모르지만, 우리는 그런 사실과 더불어 사는 걸 배울 수 있다. 우리를 괴롭히는 것은, 아니 우리를 마땅히 괴롭게 해야만 하는 것은 바로 실제로 무슨 일이 일어나는지 잘 이해하지 못하고 있다는 것이다.

한번 상상해보자. 몇몇 교활한 천재들이 모든 물리학 법칙을 알아냈으나 이를 세상에 알리는 대신 특정 물리 문제와 관련된 질문의 답을 알려주는 컴퓨터 프로그램을 만들어 웹페이지를 통해 이 프로그램에 접속할 수 있게 했다. 관심이 있다면 누구나 이 사이트에 들어와 답이 존재하는 물리 문제를 올리고 정답을 얻을 수 있다.

분명히 이런 프로그램은 과학자와 공학자들에게 매우 유용할 것이다. 그러나 이 사이트에 접속했다는 것과 물리학 법칙을 이해했다는 것은 다르다. 특정 질문에 대한 답을 제공해주는 신탁을 받기는 했지만, 우리 자신은 이 게임의 기본 규칙들이 무엇인지 전혀 직관하지 못한다. 이런 신탁을 선사받은 세상의 나머지 과학자들은 승리를 선언하지 못할 것이다. 이들은 실제로 자연의 법칙이 무엇인지 밝히는 연구를 계속할 것이다.

현재 물리학 교과서에 적힌 형태의 양자역학은 신탁에 해당한다. 진정한 이해가 아니다. 구체적인 문제를 만들어 답을 얻을 수는 있지만, 솔직히 말해 배후에서 무슨 일이 벌어지고 있는지는 설명하지 못하고 있다. 우리에겐 그럼직한 수많은 좋은 아이디어들이 있을 뿐이며, 사실 진즉에 물리학계에서 이런 아이디어들을 진지하게 받아들였어야 했다.

2장

용감한 이론
극도로 간결한 양자역학

현대 양자역학 교과서에서 어린 학생들을 가르치는 태도를 물리학자 데이비드 머민은 단순하게 요약했다. "입 닥치고 계산해!" 머민 자신은 그런 식의 입장을 옹호하지 않았지만 다른 물리학자들은 옹호하고 있다. 양자역학의 토대에 대한 저마다의 태도가 무엇이든 간에, 괜찮은 물리학자들 모두가 계산에 많은 시간을 할애한다. 그러니까 머민의 훈계를 더 줄여 말하면 "입 닥쳐!"*가 될 것이다.

항상 그랬었던 건 아니다. 양자역학은 그 조각들을 맞추는 데 수

---

* 인터넷에서 찾아보면 "입 닥치고 계산해!"라는 말을 어려운 계산의 천재였던 리처드 파인만이 했다는 주장을 많이 접할 수 있다. 그러나 파인만은 이런 말을 한 적이 없을 뿐 아니라 이런 생각을 좋아하지도 않았다. 파인만은 양자역학을 신중하게 대했으며, 그 어떤 사람도 자신의 입을 다물게 했다는 이유로 파인만을 비난하지 않았다. 인용문의 경우 실제로 그것을 발설한 사람보다 더 유명한 사람이 말한 것처럼 되는 경우가 흔하다. 사회학자 로버트 머턴은 이런 현상을 마태 효과Matthew Effect라고 불렀는데, 이 명칭은 〈마태복음〉 속의 다음 구절에서 유래했다. "무릇 있는 자는 받아 풍족하게 되고, 없는 자는 그 있는 것까지 빼앗기리라."

십 년이 걸렸지만, 현대적 형태로 자리를 잡은 것은 1927년경이다. 그해 벨기에에서 열린 5차 국제 솔베이 회의에 세계적으로 저명한 물리학자들이 모여 양자 이론의 위상과 의미를 논의했다. 당시 실험 증거가 명확했고, 마침내 물리학자들은 양자역학의 규칙을 정량적으로 수식화하는 데 성공했다. 그들은 소매를 걷어붙이고 이 새로운 미친 세계관이 실제로 어떤 결과를 가져올지 연구하기 시작했다.

솔베이 회의는 그 무대를 마련하는 데 도움이 되었다. 하지만 이 책의 목표는 역사를 올바르게 알리는 것이 아니라 물리학을 제대로 이해하는 것이다. 그러므로 양자역학이라는 과학 이론을 꽃피운 논리적 경로를 여기서 보여주려고 한다. 양자역학은 모호한 신비주의도 아니고, 특정한 문제를 풀기 위한 규칙도 아니다. 단지 놀라운 결론들로 이어지는 일련의 간단한 가정들이다. 이런 그림을 염두에 두고 보면, 불길할 정도로 신비했던 많은 것들이 갑자기 완벽하게 이해되기 시작할 것이다.

o o o

솔베이 회의는 역사적으로 위상이 축소되어왔다. 즉, 그 회의는 양자역학의 해석을 놓고 알베르트 아인슈타인과 닐스 보어 사이에 벌어진 일련의 유명한 논쟁들의 시작점일 뿐이라는 것이다. 덴마크 코펜하겐 출신의 물리학자인 보어는 양자 이론의 대부로 알려져 있었으며, 1장에서 이야기한 양자 레시피와 유사한 접근법을 옹호하고 있었다. 보어는 측정 결과의 확률을 계산하는 데 양자역학을 사

1927년 솔베이 회의 참가자. 1. 막스 플랑크 2. 마리 퀴리 3. 폴 디랙 4. 에르빈 슈뢰딩거 5. 알베르트 아인슈타인 6. 루이 드브로이 7. 볼프강 파울리 8. 막스 보른 9. 베르너 하이젠베르크 10. 닐스 보어

용했지만, 그 이상을 요구하지는 않았다. 특히 사건의 배후에서 실제로 어떤 일이 일어나는지 상관하지 않았다. 보어는 젊은 동료인 베르너 하이젠베르크와 볼프강 파울리의 도움을 받아 양자역학이 현재 상태로 완벽한 이론이라고 주장했다.

하지만 아인슈타인은 양자역학을 인정하지 않았다. 그는 물리학의 임무란 배후에서 일어나는 일이 무엇인지 정확히 묻는 것이며, 1927년 당시의 양자역학은 자연에 대한 만족할 만한 설명을 전혀 해주지 못하는 상태라고 확신했다. 에르빈 슈뢰딩거와 루이 드브로이 같은 동조자들과 함께 아인슈타인은 더욱 깊이 들여다볼 것을 옹호했으며, 양자역학을 만족스러운 물리학 이론으로 확장하고 일반화하려 시도했다.

아인슈타인과 그의 지지자들은 조심스럽지만 이런 새롭고도 개선된 이론을 발견할 수 있으리란 희망을 품고 있었다. 수십 년 전인 19세기 후반에 물리학자들은 무수한 원자와 분자의 운동을 기술하는 통계역학을 발전시켰다. 양자역학이 등장하기 전 고전역학의 규칙에 따라 이루어진 이 발전의 핵심은 각 입자의 위치와 속도를 정확히 모르더라도 거대 입자 집단의 행동을 제대로 알 수 있다는 것이다. 즉, 입자들이 다양한 행동을 할 때 각각의 가능성을 기술하는 확률 분포probability distribution만을 알면 된다는 것이다.

다시 말해 우리는 모든 입자들의 특정한 고전적인 상태가 실제로 존재한다고 생각하지만 그걸 알지는 못하며, 우리가 아는 것이라고는 확률 분포뿐이라는 것이다. 다행히 이 분포로부터 계의 온도 및 압력과 같은 성질들을 결정할 수 있기 때문에, 유용한 물리학 문제를 푸는 데는 이런 분포만이 필요하다. 그러나 분포만으로는 계를 완벽하게 기술할 수 없다. 분포는 단순히 계에 대해 알고 있는 것(또는 모르는 것)을 반영하기 때문이다. 철학적 전문용어를 사용해 표현하자면, 통계역학의 확률 분포는 '인식론적' 개념이다. 즉, 우리의 지식 상태를 기술하는 개념이지 실체의 객관적인 속성을 기술하는 '존재론적' 개념은 아니다. 인식론은 지식을 연구하는 데 비해, 존재론은 무엇이 실제인지에 관해 연구한다.

1927년 양자역학이 통계역학과 같은 사고방식을 따르고 있다고 의심하는 것은 당연했다. 이즈음 파동함수를 사용하는 목적이 특별한 측정 결과를 주는 확률을 계산하는 것임을 알게 되었다. 자연은 스스로 어떤 결과를 얻을지 정확히 알고 있지만, 양자역학은 결과에 대한 온전한 지식을 주지 못하며, 따라서 개선할 필요가 있다고 가정하는 것이 합리적이라고 생각되었다. 이런 관점에서 보면 파동함수가 양자역학의 전부는 아니었다. 우리가 측정 결과를 모를지라도 (또 측정하기 전에는 미리 정할 수 없을지라도) 실제 측정 결과가 무엇이 될지를 결정하는 '숨은 변수'들이 추가로 존재한다고 생각했다.

그럴 수도 있을 것이다. 그러나 그 뒤 수년간 많은 결과들을 얻었는데(1960년대에 물리학자 존 벨이 얻은 것이 대표적이다) 그것들은 숨은 변수를 확인하는 가장 간단하면서도 직접적인 시도가 실패로 끝났음을 보여주었다. 여러 과학자가 숨은 변수를 찾고자 시도했다. 실제로 드 브로이는 구체적인 숨은 변수 이론을 내놓았고, 1950년대에 데이비드 봄이 이 이론을 재발견하고 확장했으며, 아인슈타인과 슈뢰딩거도 이 이론을 지지했다. 그러나 벨의 정리는 숨은 변수 이론이 '원격작용'을 필요로 한다는 것을 보여주었다. 원격작용이란 한 장소에서 측정하면, 아주 멀리 떨어진 우주의 상태가 즉시 이 측정의 영향을 받는다는 것을 의미한다. 원격작용은 상대성 이론에 적혀 있지는 않지만, 상대성 이론의 정신을 위배하는 것처럼 보인다. 상대성 이론에서 물체나 정보는 광속보다 더 빨리 전파될 수가 없다. 여전히 숨은 변수 이론은 활발히 연구되고 있지만, 지금까지 알려진 모든 시도에는 소득이 없었다. 또한 그것은 뒤에서 다룰 양자 중력에 관한 사변적인 아이디어와 맞지 않는 것은 말할 것도 없고, 입자물리학의 표준 모형Standard Model 같은 현대 이론과도 맞지 않는다. 상대성 이론의 선구자인 아인슈타인이 만족할 만한 자신의 숨은 변수 이론을 발견하지 못한 것도 아마 이런 이유 때문일 것이다.

대중들은 보어-아인슈타인 논쟁에서 아인슈타인이 패했다고 알고 있다. 젊을 때는 창조적인 반항아였던 아인슈타인이 늙어서는 보수적으로 변해 새로운 양자 이론을 받아들이지 못하고, 심지어는 이해하지 못했다고 알고 있는 것이다(솔베이 회의 당시 아인슈타인은 48세였다). 이후 물리학은 아인슈타인 없이 발전했고, 이 위대한 인물은 통일장 이론을 발견하려는 특유의 시도를 했다는 것이 대중들의 이해이다.

위의 내용은 전혀 사실이 아니다. 아인슈타인이 완전하고 강력한 양자역학의 일반화에는 성공하지 못했지만, 물리학이 '입 닥치고 계산만 하라'는 것보다는 나을 필요가 있다는 아인슈타인의 주장은 정당했다. 아인슈타인이 양자역학을 이해하지 못했다는 생각은 아주 잘못된 것이다. 아인슈타인은 다른 연구자들만큼 양자역학을 이해하고 있었으며 중요한 기여도 했다. 이를테면 우주의 작동 원리에 관한 최상의 모형에서 중심 역할을 담당하는 양자 얽힘의 중요성을 처음으로 인식시켜준 사람이 아인슈타인이다. 하지만 아인슈타인은 코펜하겐 해석에 불합리한 점이 있다는 것, 그리고 양자역학의 토대를 이해하는 게 중요하다는 것을 동료 물리학자들에게 설득시키지는 못했다.

o o o

만약 우리가 아인슈타인의 야망, 즉 완벽하고 분명하며 실제적인 자연계 이론을 발견하겠다는 야망을 따르려 한다면, 하지만 만약 양자역학에 새로운 숨은 변수를 추가하는 것이 난관에 부딪혀 낙담하고 있다면, 그럴 때 사용할 수 있는 전략은 무엇일까?

한 가지 전략은 새로운 변수들을 포기하는 것이다. 측정 과정과 관련된 모든 문제를 버리고 양자역학의 본질만을 남겨놓은 후에 무슨 일이 일어나는지 묻는 것이다. 우리가 만들 수 있는 가장 군더더기 없고 단순한 양자역학 이론은 무엇일까? 그리고 그 이론은 여전히 실험 결과들을 설명해낼 수 있을까?

모든 버전의 양자역학(여러 가지가 존재한다)은 파동함수나 그와 유사한 것을 채택하고 있으며, 파동함수는 적어도 대부분의 시간 동안 슈뢰딩거 방정식을 따른다. 이는 진지하게 고려할 만한 이론이라면 반드시 갖춰야 할 구성 요소이다. 자, 이제 우리가 완고한 최소주의자가 될 수 있는지 살펴보자. 거의, 혹은 아예 아무것도 덧붙이지 않고 그럭저럭 해나갈 수 있을까?

이런 최소주의적 접근은 두 가지 측면을 가진다. 첫째, 파동함수를 지식 정리에 도움을 주는 기록 도구가 아닌, 실체의 직접적인 표현으로서 받아들인다. 즉, 파동함수를 인식론적으로 다루는 게 아니라 존재론적으로 취급한다. 다른 전략들은 파동함수에 다른 구조를 추가하기 때문에, 이것이 우리가 취할 수 있는 가장 간결한 전략이다. 그러나 관측할 때의 파동함수와 측정할 때의 파동함수가 아주 다르기 때문에 이것은 극적인 발걸음이기도 하다. 우리는 파동함수를 볼 수 없고, 입자의 위치와 같은 측정 결과만을 알 수 있다. 그러나 양자역학은 파동함수가 중심 역할을 담당하기를 요구하는 것 같으므로, 양자 파동함수로 정확히 실체를 기술할 수 있다고 상상할 경우 얼마나 멀리까지 이를 수 있을지 알아보도록 하자.

둘째, 만약 파동함수가 대개 슈뢰딩거 방정식에 따라 연속적으로 진화한다면, 항상 그렇게 진화한다고 가정해보자. 다시 말해 양자 레시피에서 측정과 관련된 추가적인 모든 규칙을 지워버리고 양자역학을 매우 단순한 고전적인 패러다임처럼 되돌려보자. 즉, 파동함수가 존재하고, 그 파동함수는 결정론적 규칙에 따라 진화하며, 그것이 양자역학의 전부라는 가정이다. 이런 제안을 '극도로 간결한 양자역학austere quantum mechanics' 또는 줄여서 AQM이라고 부를 수 있을 것이다. AQM은 교과서적인 양자역학과는 분명히 대비된다. 교과서적인 양자역학은 파동함수의 붕괴는 인정하지만, 실체의 근본적인 성질은 얘기하기 꺼리기 때문이다.

이는 대담한 전략이다. 하지만 즉시 문제가 발생한다.

파동함수는 분명 붕괴하는 것처럼 보인다. 어떤 퍼져 있는 파동함수를 가진 양자계를 측정하면, 우리는 특정한 답을 얻게 된다. 전자의 파동함수는 원자핵을 중심으로 널리 퍼져 있는 전자구름이라고 우리가 생각할지라도, 이 전자구름을 실제로 관찰하면 구름 모양 대신 특정한 위치에 있는 점 입자를 보게 된다. 그리고 다시 곧바로 관찰하면 기본적으로 전자가 동일한 위치에 있는 것을 보게 된다. 이처럼 파동함수가 붕괴되는 것처럼 보였기 때문에, 양자역학의 선구자들은 그렇게 생각할 수밖에 없었다.

그러나 속단하기에는 이르다. 질문을 달리 해보자. 무엇을 보는지를 설명할 이론을 만드는 대신, (파동함수가 연속적으로 진화하는) 극도로 간결한 양자역학을 사용해 이 이론이 기술할 세상의 사람들이 실제로 어떤 경험을 하게 될지 생각해보자.

이것이 의미하는 바가 무엇인지 생각해보자. 1장에서 파동함수가 측정 결과를 예측하는 일종의 수학적인 블랙박스라고 조심스럽게 이야기했다. 어느 특정 결과에 대해 파동함수는 진폭을 부여하고, 그 결과를 얻게 될 확률은 진폭의 제곱과 같다(이러한 보른의 규칙을 제안한 막스 보른 역시 1927년 솔베이 회의 참가자였다).

이제 좀 더 심오하고 직접적인 것을 이야기해보자. 파동함수는 단순한 기록 도구가 아니다. 일련의 위치와 속도가 고전계를 정확히 표현하는 것처럼, 파동함수는 양자계를 정확히 표현한다. 세상은 파동함수 그 이상도 그 이하도 아니다. 우리는 파동함수의 동의어로 '양자 상태quantum state'라는 용어를 사용할 수 있다. 이는 일련의 위치와 속도들을 '고전적인 상태classical state'라고 부르는 것과 직접적으로 대응된다.

이것은 실체의 본질에 대한 극적인 주장이다. 일상적인 대화에서는 물론, 양자물리학을 전공한 반백의 물리학자들 사이의 대화에서조차 항상 '전자의 위치'와 같은 개념을 사용한다. 그러나 파동함수가 전부라는 관점에서 보면 이런 대화는 크게 잘못된 것이다. 전자의 위치 같은 것은 없고 전자의 파동함수만이 있을 뿐이다. 양자역학에서 '우리가 관측하는 것'과 '실제로 존재하는 것' 사이에는 매우 큰 차이가 있다. 관측한다고 해도 이전에 알지 못했던 사실들이 드러나지는 않는다. 관측을 통해 훨씬 더 크고 근본적이지만 파악하기 어려운 실체의 미소한 조각만이 드러날 뿐이다.

자주 들어봤을 법한 말에 관해 한번 생각해보자. 흔히 "원자는 대부분 비어 있다"고 말한다. AQM 사고방식에 따르면 이것은 완전히 잘못된 표현이다. 이런 표현은 전자가 파동함수가 아니라 파동함수

내부에서 빠르게 날아다니는 고전적인 작은 점이라고 집착하는 데서 생겨난 것이다. AQM에서는 날아다니는 것은 없고 양자 상태만이 존재한다. 원자는 비어 있지 않다. 원자는 원자 전체에 퍼져 있는 파동함수로 기술된다.

고전적인 사고에서 벗어나는 방법은 전자가 특정한 위치에 존재한다는 생각을 포기하는 것이다. 전자는 모든 위치가 중첩되어 있는 상태에 있으므로, 전자가 거기 있다는 것을 실제로 관측하기 전까지는 특정한 위치에 있지 않다. '중첩superposition'이란 물리학자들의 용어로, 전자가 각 위치마다 특정한 진폭을 가진 채 모든 위치에 존재할 수 있다는 점을 강조하기 위해 사용된다. 양자적으로 실제 존재하는 것은 파동함수뿐이다. 고전적인 위치와 속도는 파동함수를 탐색할 때 관측할 수 있는 물리량에 지나지 않는다.

o   o   o

그러므로 극도로 간결한 양자역학에 따르면, 양자계의 실체는 파동함수나 양자 상태에 의해 기술되고, 이들은 우리가 원하는 특정 관측의 모든 가능한 결과들의 중첩으로 생각할 수 있다. 거기에서 어떻게 측정 시에 파동함수가 붕괴되는 성가신 현실이 등장하게 되는 것일까?

"전자의 위치를 측정한다"라는 주장부터 조금 더 신중하게 살펴보자. 실제로 이런 측정은 어떻게 할까? 실험 장치와 실험 기술이 필요할 것이다. 그러나 세부적인 것은 걱정하지 말자. 전자와 상호작용하는 (카메라와 같은) 측정 장비를 가지고 어디에서 전자를 관측했는지 기록할 수 있다는 것만 알고 있으면 된다.

그것이 교과서적인 양자 레시피에서 얻을 수 있는 지식의 전부다. 닐스 보어와 베르너 하이젠베르크를 포함한 최소주의 접근법의 선구자들은 이보다 조금 더 나아가, 측정 장비가 관측하는 전자가 양자역학을 따를지라도 측정 장비 자체는 고전적인 대상으로 취급해야 한다는 점을 분명히 했다. 양자역학을 사용해 기술해야 할 세계와 고전역학을 사용해 기술해야 할 세계를 구분하는 선을 하이젠베르크 절단선Heisenberg cut이라고 부른다. 교과서적인 양자역학은, 양자역학이 근본 원리이고 고전역학은 적절한 상황에서 양자역학의 좋은 근사近似라는 주장을 받아들이기보단 고전적인 세계를 무대 중앙에 등장시킨다. 그리고 이 무대 위에서 미시적인 양자계와 상호작용하고 있는 사람, 카메라 및 거시적인 사물들이 대화하게 한다.

이 방법은 옳지 않아 보인다. 우선, '양자/고전'으로 구별하는 것

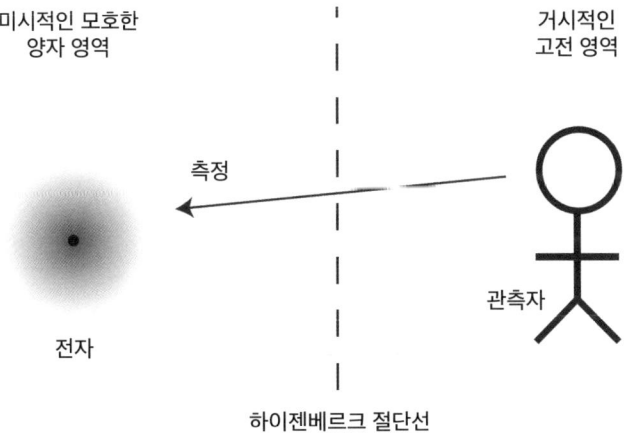

이 자연의 근본 속성이 아닌 개인 취향의 문제라고 가정해보자. 원자가 양자역학의 규칙을 따르고 카메라가 원자로 구성되어 있다면, 카메라 역시 양자역학의 규칙을 따라야 할 것이다. 그런 식이라면 당신과 나 역시 양자역학의 규칙을 따라야 한다. 우리가 크고 덩치가 있고 거시적이라는 사실 때문에 고전물리학이 우리의 본질을 설명하는 좋은 근사가 될 수는 있지만, 우리는 머리부터 발끝까지 양자적이라고 가정하는 것이 옳다.

이 가정이 진실이라면, 파동함수를 가진 것은 전자만이 아니다. 카메라 역시 자신의 파동함수를 가져야 한다. 실험하는 사람도 그래야 한다. 모든 것이 양자이다.

이렇게 간단히 관점을 바꾸어 생각하면 측정 문제를 새로운 각도에서 바라볼 수 있다. 측정 과정을 신비하다거나 심지어 자기만의 규칙이 필요하다고 생각하지 않아야 한다는 것이 AQM의 태도이다. 암석과 지구가 그렇듯이, 카메라와 전자 역시 단순히 물리학의 법칙에 따라 상호작용을 한다.

양자 상태는 계를 측정 결과들의 중첩으로 기술한다. 일반적으로 전자는 여러 위치가 중첩된 상태로 있는 것으로부터 출발한다. 즉 전자를 관측할 수 있는 모든 위치에 전자가 존재할 수 있다. 카메라는 복잡해 보이는 특정 파동함수로 출발하지만, "이것은 카메라이고, 아직 전자를 측정하지 않았다"라고 말하고 있는 상태에 해당한다. 그러나 그다음에 카메라가 전자를 관측하고, 슈뢰딩거 방정식에 따라 물리적 상호작용이 일어난다. 이런 상호작용 후에는 카메라 자체가 이제 모든 가능한 측정 결과들의 중첩 상태에 놓인다고 예상할 수 있다. 즉 카메라는 '이' 위치에 있는 전자를 볼 수도, '저' 위치에 있는 전자를 볼 수도 있다.

이것이 이야기의 전부라면, AQM은 옹호할 수 없는 엉터리일 것이다. 중첩 상태에 있는 전자, 중첩 상태에 있는 카메라, 그 어떤 것도 우리가 경험하는 건전한 고전적인 세계와 전혀 닮아 있지 않다.

다행히도 우리는 양자역학의 또 다른 놀라운 속성에 기댈 수 있다. 즉 (전자와 카메라 같은) 두 가지 다른 대상이 주어질 때, 이 두 대상은 분리된 개별 파동함수로 기술될 수 없다. 전체 계를 기술하는 '단 하나의 파동함수'만이 존재한다. 우주 전체를 대상으로 한다면, '우주 파동함수'도 생각할 수 있다. 지금 다루는 문제의 경우, 전자-카메라 결합계를 기술하는 파동함수가 있다. 그러므로 우리에게 진짜 주어진 것은 모든 가능한 조합들(전자가 위치할 수도 있는 곳, 그리고 카메라가 실제로 전자를 관측하게 되는 곳)의 중첩이다.

원리상 이런 중첩은 모든 가능성을 포함하고 있지만, 양자 상태에서 대부분의 가능한 결과에 대한 확률은 0이다. 확률 구름에서 전자 위치와 카메라 영상의 가능한 조합 가운데 대부분이 사라진다. (비교적 성능이 좋은 카메라를 가지고 있다면) 카메라가 전자를 한 위치에서 관측할 경우, 다른 위치에서 전자를 관측할 가능성은 전혀 없다.

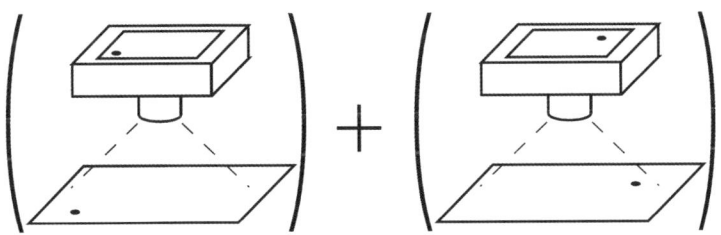

2장 / 용감한 이론　　　　　　　　　　　　　　　　　47

이것이 '얽힘entanglement'이라는 양자 현상이다. 전자-카메라 결합계의 단일한 파동함수가 존재하며, 이 파동함수는 "전자가 여기 있었고 카메라가 같은 장소에서 그 전자를 관측했다"라는 여러 가능성의 중첩으로 구성되어 있다. 전자와 카메라가 각기 다른 일을 하지 않고 두 계가 연결되어 있다.

이제 윗글에서 '카메라'가 나오는 모든 곳에 '관찰자'를 대입해보자. 카메라로 사진을 찍는 대신 관찰자의 시력이 좋아 전자를 쳐다보는 것만으로 전자의 위치를 알 수 있다고 가정해보자. 그 외에 다른 것은 변하지 않는다. 슈뢰딩거 방정식에 의하면 처음에는 얽혀있지 않은 상황(전자가 여러 위치의 중첩 상태에 있고, 관찰자는 아직 전자를 관측하지 않음)이 얽힌 상황(전자가 관측될 수 있는 특정 위치들의 중첩 상태에 있으며, 관찰자는 이러한 특정 위치에서만 해당 전자를 볼 수 있음)으로 연속적으로 진화한다.

양자역학의 규칙들이 말하는 것이 바로 이것이다. 측정 과정에 관해 귀찮은 규칙들을 추가하지 않는다면 말이다. 사실 모든 추가 규칙들은 그냥 시간 낭비일 수 있다. AQM의 입장에서는 방금 전의 이야기, 즉 관찰자와 전자가 얽히고 중첩 상태로 진화한다는 것은 완전한 이야기이다. 측정이라고 해서 특별하지 않다. 측정은 단지 두 계가 적절한 방식으로 상호작용할 때 일어나는 무엇일 뿐이다. 그 뒤 관찰자와 관찰자가 상호작용한 계는 중첩 상태에 있게 되고, 중첩의 각 부분에서 관찰자는 전자를 약간씩 다른 위치에서 보게 된다.

문제는, 관찰자가 양자계를 관측할 때 실제로 경험하는 것과 이 이야기가 여전히 일치하지 않는다는 것이다. 관찰자는 다른 가능한 측정 결과를 주는 중첩으로 자신이 진화하는 것을 전혀 느낄 수 없다. 즉 관찰자는 단순히 어떤 특정 결과를 얻었다고 생각하며, 그 결과는 확실한 확률로 예측될 수 있다. 바로 이것이 처음에 그 모든 측정 규칙들을 추가한 이유이다. 그것만 아니었다면 겉보기에 매우 아름답고 우아한 이론(양자 상태, 연속적인 진화)을 얻었을 것이다. 실체와는 맞지 않았겠지만.

o o o

조금 더 철학적인 질문을 해보자. '관찰자'란 정확히 무엇을 의미하는가? 과학 이론을 만드는 것은 단순히 방정식을 적는 문제가 아니다. 이 방정식들이 세상과 어떤 관계가 있는지 보여주는 것이 필요하다. 당신과 나 모두 우리 자신을 과학 이론의 한 부분으로 합치시키는 과정이 아주 명확하다고 생각하기 쉽다. 관찰자가 전자의 위치를 측정하는 앞의 이야기에서는 관찰자가 다른 가능한 측정 결과들의 얽힌 중첩 상태로 진화하는 것이 분명하다.

그러나 다른 가능성도 존재한다. 측정이 일어나기 전엔 하나의 전자와 하나의 관찰자(또는 카메라. 크고 거시적인 물체라면, 전자와 상호작용하는 어떤 것이라도 무방하다)가 있었다. 하지만 상호작용한 후, 하나의 관찰자가 '가능한 상태들의 중첩'으로 진화했다고 생각하는 대신, '가능한 다중 관찰자들multiple possible observers'로 진화했다고 생각할 수도 있다. 이런 관점에서 측정 후의 대상을 기술하는 올바른 방법은, 전자가 여러 위치에 있었다고 생각하는 하나의 관찰자 입장이 아닌, '다중 세계multiple worlds'의 입장을 취하는 것이다. 다중 세계의 각 세계에는 전자의 위치에 대해 명확한 정보를 지닌 단 하나의 관찰자가 있다.

여기에 큰 깨달음이 있다. 극도로 간결한 양자역학이라고 기술한 것을 보통 '에버렛 세계' 또는 '다세계Many-Worlds' 양자역학 이론이라고 부르는데, 이는 휴 에버렛이 1957년에 처음으로 그 이론을 제안했기 때문이다. 에버렛의 이론이 탄생한 까닭은, 표준적인 교과서 양자역학의 한 부분인 측정에 관한 특수 규칙들이 근본적으로 성가시기 때문이었다. 대신 에버렛 이론은 한 종류의 양자 진화만이 존재한다고 제안했다. 이론의 우아함이 대폭 늘어난 것의 대가로 우리는 그저 이 이론이 수많은 복제 '우주the universe'를 기술하고 있음을 받아들이기만 하면 된다. 각각의 우주가 조금씩 다르지만, 각 우주는 어떤 의미에서 실제로 존재한다. 다세계 이론으로 얻게 될 이익이 과연 비용을 치를 가치가 있는지를 두고 논란이 있다(사실이다).

다세계 이론과 뜻밖에 마주하게 된 우리는 통상적인 양자역학을 받아들이지 않고 한 무리의 우주를 덧붙이게 된다. 이런 우주들은 항상 존재할 가능성을 갖고 있었다. 우주는 파동함수를 갖고 있으며, 파동함수는 아주 자연스럽게 대상의 많은 다른 가능성이 중첩되어 있음을 기술하는데, 여기에는 전체 우주의 중첩 역시 포함되기 때문이다. 지금까지 통상적인 양자역학의 진화 과정에서 다세계 이론이 자연스럽게 나타난다는 것을 지적했다. 전자가 여러 위치에 중첩되어 있다는 것을 인정한다면, 관찰자도 전자를 여러 위치에서 관측하는 중첩 상태에 있다는 것, 그리고 모든 실체가 사실 중첩되어 있다는 것을 받아들여야 한다. 또한 중첩 상태에 있는 각 항을 하나의 분리된 '세계'로 취급하는 게 자연스럽다. 다세계 이론이 양자역학에 덧붙인 것은 없으며, 단지 그동안 내내 있었던 것을 비로소 마주하게 되었을 뿐이다.

에버렛의 이론을 '용감한' 양자역학 모형이라고 불러도 좋다. 실체가 우리의 일상 경험과 완전히 다를지라도, 우리가 아는 것을 설명하는 근본 실체에 대한 가장 단순한 이론을 진지하게 받아들여야 한다는 철학이 이 이론에 담겨 있다. 우리에게 과연 이 이론을 수용할 용기가 있을까?

o   o   o

다세계 이론에 대해 짧게 소개를 했지만, 아직 답하지 않은 많은 질문이 남아 있다. 정확히 언제 파동함수가 여러 세계로 갈라질까? 이 세계들을 서로 분리하고 있는 것은 무엇일까? 얼마나 많은 세계가 존재할까? 다른 세계는 '진짜' 세계일까? 다른 세계를 관찰할 수 없다면, 이런 세계가 존재한다는 것을 어떻게 알 수 있을까? (아니면 다른 세계를 관찰할 수 있을까?) 이것이 어떻게 다른 세계가 아닌 이 세계에서 우리가 결국 처하게 될 확률을 설명할 수 있을까?

이 모든 질문에 대한 좋은 답(적어도 그럴듯한 답)이 준비되어 있으며, 이 책의 대부분을 이 문제들에 답하는 데 집중할 것이다. 그러나 전체 그림이 잘못된 것일 수 있으며, 아주 다른 이론이 필요할지 모른다는 것 역시 인정해야 한다.

모든 양자역학 이론들은 두 가지 속성을 가진다. 하나는 파동함수이고, 다른 하나는 슈뢰딩거 방정식(파동함수가 시간에 따라 어떻게 진화할지 좌우한다)이다. 에버렛 이론은 단순히 '그 밖의 다른 것은 없다'는 주장이 전부다. 즉 두 요소만으로 충분히 세상을 완전하게, 그리고 경험적으로 적절하게 설명할 수 있다는 것이다("경험적으로 적절하다"는 것은 철학자들이 "데이터와 일치한다"라고 말하는 것을 장식적으로 표현해본 것이다). 양자역학의 다른 이론들은 이 기본 골격만 가진 이론에 다른 뭔가를 추가하거나 어느 정도 수정한 것들이다.

순수한 에버렛 양자역학 속에 담긴 가장 놀라운 함의는 바로 다세계의 존재이다. 그러나 이 이론의 진수는 실체를 연속적으로 진화하는 파동함수로 기술할 수 있으며, 그 밖의 것들은 불필요하다는 것이다. 특히 이 이론의 비범한 단순성을 우리가 관측하는 세계의 풍부한 다양성과 연결지으려 할 때, 이런 철학과 관련된 추가적인 도전들이 있다. 그러나 그에 상응해 명료함과 통찰이라는 장점도 있다. 궁극적으로 양자장 이론과 양자 중력으로 눈을 돌릴 때 알게 되겠지만, 이른바 고전적인 경험이 주는 부담에서 벗어나 파동함수를 당연하게 중심에 놓는 것은 현대물리학의 심오한 문제들과 씨름할 때 아주 큰 도움이 된다.

두 요소(파동함수와 슈뢰딩거 방정식)의 필요성을 염두에 두고, 우리가 고려할 수 있는 몇 가지 다세계 이론의 대안들이 존재한다. 한 가지 대안은 파동함수 이외에 새로운 물리량들을 추가하는 것이다. 이러한 접근법은 숨은 변수 모델로 이어졌는데, 그것은 애초부터 아인슈타인 같은 인물들이 마음에 품고 있던 것이었다. 현재 이런 이론들 가운데 가장 잘 알려진 것이 드브로이-봄 이론de Broglie-Bohm theory

또는 줄여서 봄 역학Bohmian mechanics이다. 또 다른 대안은 파동함수는 건드리지 않지만 슈뢰딩거 방정식을 변경한다고 가정하는 것이다. 예컨대 실제 현상을 끼워넣고자 무작위 붕괴를 반영하도록 방정식을 변경한다. 마지막 대안으로, 파동함수는 전혀 물리적인 것이 아닌, 실체에 대한 우리의 지식을 나타내는 단순한 수단이라고 상상해보는 것이다. 이런 접근법들은 인식론적 모형(지식에 관련된 '인식론')으로 널리 알려져 있으며, 현재 인기 있는 이론은 큐비즘QBism 또는 양자 베이즈주의quantum Bayesianism이다.

이 모든 이론들(참고로 여기서 언급하지 않은 더 많은 이론들이 있다)은 동일한 근원적 원리를 단순히 서로 달리 '해석'하는 것이 아닌, 진정으로 구별되는 물리학 이론들이다. (적어도 지금까지) 양자역학의 관측 가능한 예측을 이끌어낼 수 있는 양립 불가능한 이론들이 여럿 존재하는데, 이는 양자역학이 진짜로 의미하는 것에 관해 이야기하고자 하는 누구에게라도 난제를 던진다. 연구 중인 과학자들과 철학자들은 양자 레시피에는 동의하고 있지만, 근원적인 실체(어떤 특정 현상이 실제로 의미하는 것)에는 동의하지 않고 있다.

나는 이 실체에 대한 한 가지 특정한 견해인 양자역학의 다세계 이론을 옹호하고자 한다. 그리고 이 책의 대부분에서 다세계 이론의 개념을 사용해 사물을 설명하고자 한다. 이는 에버렛 이론이 의심의 여지없이 옳음을 암시한다고 받아들여져서는 안 된다. 나는 이 이론이 무엇을 말하고 있는지, 왜 실체에 관한 최고의 이론이라고 높은 신뢰를 합당하게 보낼 만한지 설명하고 싶다. 물론 다세계 이론을 믿을지 말지는 결국 독자 개개인에게 달려 있다.

3장

왜 이런 것을 생각하지?
양자역학의 탄생

"때로는 난 아침 식사 전에 불가능한 것들을 여섯 가지나 믿은 적이 있단다."《거울 나라의 앨리스》에서 하얀 여왕이 앨리스에게 한 말이다. 이 방법은 양자역학 전반, 특히 다세계 이론을 파악하려는 사람에게 유용한 기술이 될 수 있다. 다행히도 우리가 믿어야 할 불가능해 보이는 것들은 변덕이나 참선의 산물이 아니다. 이것들은 우리가 인정해야 하는 그 세계가 가진 속성이다. 왜냐하면 실제 실험들이 우리를 그 방향으로 가도록 몰아가기 때문이다. 양자역학은 직관에 반하지만 받아들일 수는 있다.

물리학은 세상이 어떤 물질로 만들어졌는지, 이 물질들은 시간에 따라 자연적으로 어떻게 변화하는지, 또 물질의 여러 조각이 어떻게 상호작용하는지 알고 싶어 한다. 내 주위에서만 해도 금방 여러 종류의 서로 다른 물질들을 볼 수 있다. 이를테면 송이, 책, 책상, 컴퓨터, 커피 한 잔, 휴지통, 고양이 두 마리(이 중 한 마리는 휴지통에 무엇이 들어 있는지 아주 관심이 많다) 같은 것들이다. 물론 더 말할 것도 없이 공기, 빛, 소리와 같이 덜 단단한 물질들도 예로 들 수 있다.

19세기 말 과학자들은 이 모든 것들이 입자particle와 장field이라는 두 종류의 기본 물질로 구성되어 있다고 믿게 되었다. 입자는 공간의 특정 위치에 있는 점과 같은 물체이다. 반면 장은 (중력장처럼) 공간 전체에 퍼져 있으면서 각 위치에서 특별한 값을 가진다. 장이 공간과 시간에서 진동을 할 때, 이를 파동wave이라고 부른다. 그래서 사람들은 흔히 입자를 파동과 대비시키지만, 파동이 진짜로 의미하는 것은 입자와 장이다.

양자역학은 궁극적으로 입자와 장을 단일 존재인 파동함수로 통합했다. 그렇게 만든 요인은 두 가지였다. 먼저, 전기장과 자기장처럼 물리학자들이 파동으로 생각했던 것들이 입자 같은 성질을 가진다는 게 발견되었다. 다음으로, 전자처럼 입자라고 생각했던 것들이 장 같은 성질을 가진다는 게 확인되었다. 이런 퍼즐을 중재하는 방법은 세상이 근본적으로 장과 같지만(이것이 양자 파동함수이다), 세심한 측정을 통해 이 장을 관측하면 장이 입자처럼 보인다고 생각하는 것이다. 이런 생각에 도달하기까지 시간이 제법 걸렸다.

o o o

입자는 아주 이해하기 쉬운 사물처럼 보인다. 즉 그것은 공간의 특정 장소에 위치하는 대상이다. 이 개념은 고대 그리스까지 거슬러 올라간다. 소수의 철학자들은 물질이 점과 같은 "원자atom"('나눌 수 없다'는 의미의 그리스 단어)로 구성되어 있다는 제안을 했다. 최초의 원자론자인 데모크리토스는 다음과 같이 말했다. "달콤한 맛, 쓴맛, 뜨거움, 차가움, 색깔, 이 모두는 인습에 지나지 않는다. 실제로는 원자atom와 빈 공간void만이 존재한다."

당시에는 이 제안을 지지하는 실제 증거가 없었다. 그래서 실험자들이 화학 반응을 정량적으로 연구하기 시작한 1800년대 초까지 원자론은 거의 방치되어 있었다. 이때 주석과 산소의 화합물인 산화주석(두 가지 서로 다른 형태를 가지고 있다)이 중요한 역할을 했다. 영국의 과학자 존 돌턴은 산화주석의 한 형태에서 일정량의 주석에 대한 산소의 양이 정확히 두 배가 된다는 것에 주목했다. 우리는 1803년 돌턴이 주장했듯이, 두 원소가 별개의 입자 형태(돌턴은 그리스인들에게서 '원자'라는 단어를 빌려왔다)를 가지고 있다면 이 현상을 설명할 수 있다. 우리가 해야 할 건, 산화주석의 한 형태는 주석 원자 한 개와 산소 원자 한 개가 결합한 것인데 비해 다른 형태의 산화주석은 주석 원자 한 개와 산소 원자 두 개가 결합한 것이라고 떠올려보는 것뿐이다. 돌턴이 제안한 것처럼 모든 종류의 화합물은 원자들의 독특한 결합과 관련이 있으며, 원자들이 어떤 다른 방식으로 결합하는지 아는 것이 화학의 모든 것이다. 간단히 요약하기는 했지만, 세상을 바꾼 함의가 있는 주장이다.

돌턴은 학술적 명명에 있어서 다소 성급했다. 그리스인들에게 원자는 더 이상 나눌 수 없는 존재이자 모든 것을 만들어내는 기본 구성 블록이었다. 그러나 돌턴의 원자는 더 이상 나눌 수 없는 대상이 아니었다. 원자는 작은 원자핵과 그 주위를 도는 전자로 이루어져

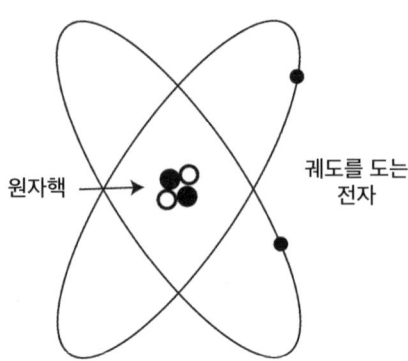

러더퍼드의 원자

원자핵 → 궤도를 도는 전자

있다. 그러나 이 사실을 깨닫는 데에 100년 이상의 시간이 걸렸다. 영국의 물리학자 J. J. 톰슨이 1897년 처음으로 전자를 발견했다. 전자는 전하를 가진 완전히 새로운 종류의 입자처럼 보였으며, 질량은 가장 가벼운 원자인 수소 원자 질량의 1,800분의 1 정도였다. 1909년 톰슨의 제자였던 어니스트 러더퍼드(그는 고등 학술 연구를 하기 위해 영국으로 유학을 온 뉴질랜드 물리학자였다)가 원자 질량 대부분이 중앙에 있는 원자핵에 몰려있는 데 비해, 원자의 전체 크기는 원자핵 주위를 도는 훨씬 가벼운 전자의 궤도에 의해 결정된다는 것을 보여주었다. 일반적인 원자 그림은 태양 주위를 도는 행성과 아주 흡사하게 원자핵 주위를 도는 전자를 묘사해놓는데, 이는 러더퍼드의 원자 구조 모델을 시각적으로 보여준다(러더퍼드는 양자역학을 몰랐기 때문에 이러한 그림은 실제에서 상당히 벗어나 있다. 뒤에서 설명하겠다.)

러더퍼드 등의 과학자들이 수행한 추가 연구를 통해 원자핵 자체도 기본 입자가 아니고 양전하를 가진 양성자proton와 전하가 없는 중성자neutron로 구성되어 있다는 것이 밝혀졌다. 전자와 양성자의 전하는 크기가 같지만 부호가 반대이므로, 같은 개수의 전자와 양성자를 가진 원자는 전기적으로 중성이다(중성자의 수와는 무관하다). 1960년대와 1970년대에 들어서야 양성자와 중성자가 더 작은 입자인 쿼크quark들로 구성되어 있으며, 글루온gluon이라는 새로운 힘 운반 입자force-carrying particle에 의해 쿼크가 결합되어 있음을 알게 되었다.

화학에서는 전자가 중요하다. 원자핵은 원자에 중량을 주기는 하지만 희귀한 방사성 붕괴나 핵분열/핵융합 반응을 제외하고는 별로 하는 일이 없다. 반면 궤도를 도는 전자는 가볍고 도약을 하며 이런 움직임이 우리 삶을 흥미롭게 한다. 둘 또는 그 이상의 원자들은 전자를 공유해 화학 결합을 한다. 적절한 조건이 갖춰지면 전자들은 어떤 원자와 결합할지를 정하여 화학 반응을 일으킨다. 심지어 원자로부터 탈출하여 물질에서 빠져나온 자유전자들이 '전기' 현상을 일으킨다. 그리고 전자를 흔들면 전자 주위의 전기장과 자기장이 진동해, 빛은 물론 여러 다른 형태의 전자기 복사가 생긴다(복사radiation란 빛, 자외선, 적외선 같은 전자기파가 방출되는 현상을 말한다 ─ 옮긴이).

우리는 때때로 입자를 '기본elementary' 입자(소립자라고도 부른다 ─ 옮긴이)와 '복합composite' 입자로 구분한다. 그저 작은 대상이라기보다는 0이 아닌 특정 크기를 가진 진짜 점에 가깝다는 생각을 강조하기 위해서이다. 기본 입자는 공간상에서 말 그대로 점을 차지하고 있고, 복합 입자는 실제로 더 작은 구성원들로 이루어져 있다. 우리가 아는 한 전자는 진짜 기본 입자이다. 양자역학 논의에서 전형에 도달하려고 애쓸 때면 왜 계속해서 전자를 언급하는지 알 수 있다. 전자는 생성하거나 다루기 가장 쉬운 기본 입자이며, 우리와 우리 주변을 구성하고 있는 물질의 행동에서 중심 역할을 맡고 있다.

○ ○ ○

데모크리토스와 그의 동료들에게는 나쁜 소식이겠지만, 19세기 물리학은 세상을 입자만으로 설명하지 않았다. 대신 입자와 장이라는 두 종류의 기본 재료가 필요하다고 제안했다.

적어도 고전역학의 관점에서 장은 입자와 반대라고 생각할 수 있다. 입자는 공간의 한 점에만 위치하고 다른 곳에는 존재하지 않는 속성을 가진다. 장은 모든 곳에 존재하는 속성을 가진다. 장은 문자 그대로 공간의 모든 점에서 값을 가진다. 입자는 다른 입자들과 상호작용하고 상호작용은 장을 통해서 가능하다.

자기장을 생각해보자. 자기장은 벡터장vector field이다. 즉 공간의 모든 점에서 그것은 크기(자기장이 셀 수도 있고, 약할 수도 있고, 정확히 0일 수도 있다)와 방향(어떤 특정한 축을 향한다)을 가진 작은 화살처럼 보인다. 자기장의 방향은 나침반을 꺼내 나침반 바늘이 어느 방향을 가리키는지를 보고 알 수 있다(나침반이 자석에 너무 가깝지 않으면, 지구의 대부분 장소에서 나침반은 대략 북쪽을 가리킨다). 자기장은 심지어 우리가 관찰하지 않을 때에도, 공간 도처에 어디에나 눈에 보이지 않게 존재한다는 점이 중요하다. 이것이 바로 장이 하는 일이다.

전기장도 존재한다. 이 역시 모든 곳에서 크기와 방향을 가진 벡터장이다. 나침반으로 자기장을 감지할 수 있는 것처럼, 정지한 전자가 가속하는지를 보고 전기장을 감지할 수 있다. 가속이 잘 될 수록 전기장이 세다.* 19세기 물리학이 얻은 개가 가운데 하나는 제임스 클러크 맥스웰이 전기장과 자기장을 통합한 것이다. 맥스웰은 전기장과 자기장 모두 하나의 근원적인 전자기장electromagnetic field이 달리 나타난 것임을 보여주었다.

19세기 들어와 잘 알려지게 된 또 다른 장은 중력장gravitational field이다. 아이작 뉴턴이 가르쳐준 중력은 천문학적인 먼 거리까지 작용한다. 태양계의 행성들은 태양을 향한 인력인 중력을 경험하는데, 이 중력은 태양의 질량에 비례하고 태양까지의 거리 제곱에 반비례한다. 1783년 피에르 시몽 라플라스는 뉴턴의 중력이 공간의 모든 점에서 값을 가지는 "중력 퍼텐셜장gravitational potential field"으로부터 생긴다고 생각할 수 있음을 보여주었다. 마치 전기장과 자기장이 딱 그러하듯이 말이다.

o o o

1800년대 말이 되어서 물리학자들은 세상에 관한 완전한 이론의 윤곽이 드러나는 것을 볼 수 있었다. 물질은 원자로 구성되어 있고, 원자는 장이 매개하는 여러 힘을 통해 상호작용하는 더 작은 입자들

---

* 전자 전하를 '음'으로, 양성자의 전하를 '양'으로 정의했기 때문에, 전자가 전기장 방향과 정확히 반대 방향으로 가속되는 귀찮은 일이 생겼다. 이 점에 대해서는 18세기 벤저민 프랭클린이 비난을 받아야 한다. 프랭클린은 전자와 양성자에 관해 알지 못했지만, '전하'라는 통합 개념을 생각해냈다. 어느 것이 양전하를 띠고 어느 것이 음전하를 띠는지 결정할 때에 이르러, 프랭클린은 "원래보다 전자를 덜 가지고" 있는 것을 양전하로 선택했고, 그 후 쭉 그렇게 부르게 되었다.

로 구성되어 있다. 모든 입자는 고전역학의 보호 아래에 있다.

세상을 구성하고 있는 것(19세기)
- 입자(점과 같음, 물질을 구성함)
- 장(공간에 퍼져 있음. 힘을 생성함)

1899년의 사람들은 20세기에도 새로운 입자와 힘이 발견은 되겠지만, 당연히 기본적인 세계관은 달라지지 않을 것으로 생각했다. 하지만 아무런 낌새도 없이 양자 혁명이 다가오고 있었다.

이전에 양자역학에 관해 어떤 것이든 읽은 적이 있다면, "전자는 입자인가, 파동인가?"라는 질문을 아마도 들었을 것이다. "전자는 파동이지만, 그 파동을 보면(즉, 측정하면) 마치 입자처럼 보인다"가 답이다. 이것이 양자역학이 지닌 근본적인 신기함이다. 단지 양자 파동함수라는 단 하나의 종류만 존재하지만, 알맞은 상황에서 관측하면 그 파동은 우리에게 입자처럼 보인다.

세상을 구성하고 있는 것(20세기 이후)
- 양자 파동함수

19세기의 세계관(고전적인 입자와 고전적인 장)에서 20세기의 통합 세계관(단일 양자 파동함수)으로 전환하는 데에는 개념상의 여러 획기적인 진전이 필요했다. 어떻게 입자와 장이 동일한 근원적인 것의 서로 다른 속성인지에 대한 이야기는 잘 알려지지 않은 물리학적 통합의 성공 사례이다.

그 목표에 도달하기 위해 20세기 초 물리학자들은 두 가지 사실에 주목했다. (전자기장과 같은) 장은 입자처럼 행동할 수 있고, (전자와 같은) 입자는 파동처럼 행동할 수 있다.

장의 입자적 행동이 우선 주목을 받았다. 전자처럼 전하를 가진 모든 입자는 주위의 모든 곳에 전기장을 만들며, 그 세기는 전하로부터 멀어질수록 감소한다. 전자를 위아래로 진동시키면, 전기장 역시 같은 식으로 진동한다. 전기장은 파문을 만들며 원래 위치에서 서서히 밖으로 퍼져나간다. 이것이 전자기 복사 또는 줄여서 '빛'이다. 가열하여 물질 온도를 충분히 높이면, 원자 속 전자들이 진동해 물질이 빛나기 시작한다. 이것이 흑체 복사blackbody radiation이다. 균일한 온도를 가진 모든 물체는 흑체 복사 형태로 빛을 방출한다.

적색 빛은 느리게 진동하는 낮은 진동수의 파동인 데 비해, 청색 빛은 빠르게 진동하는 높은 진동수의 파동이다. 19세기가 끝나갈 무렵 물리학자들은 원자와 전자에 대해 알고 있는 것을 근거로 흑체가 각 진동수에서 얼마나 많은 복사를 하는지 계산했고, 이를 흑체 스펙트럼이라고 불렀다. 이런 계산이 낮은 진동수에서는 잘 맞았지만, 진동수가 높아질수록 점점 더 부정확해졌으며, 궁극적으로 모든 물체에서 무한대의 복사가 일어나는 것으로 예측되었다. 이것을 나중에 "자외선 파국ultraviolet catastrophe"이라고 불렀는데, 이는 청색 빛이나 보라색 빛보다 훨씬 높은, 눈에 보이지 않는 진동수의 복사가 일어남을 의미했다.

마침내 1900년에 독일의 물리학자 막스 플랑크가 데이터와 완전히 일치하는 공식을 유도할 수 있었다. 그 중요한 묘책은 급진적인 아이디어를 제안하고 있었다. 빛이 방출될 때마다, 빛은 그 진동수와 관계된 특정한 양("양자quantum")의 에너지 형태로 밀려온다는 것이었다. 전자기장이 빨리 진동할수록, 방출되는 에너지가 더 커질 것이다.

플랑크는 이 과정에서 현재 기호 h로 적고 '플랑크 상수Planck's constant'라고 부르는 새로운 자연의 기본 상수를 도입했다. 빛의 양자 하나에 담긴 에너지의 양은 빛의 진동수에 비례하며, 그 비례상수가 바로 플랑크 상수이다. 즉 빛 양자의 에너지는 진동수에 h를 곱한 것이다. 플랑크 상수를 수정한 $\hbar$가 더 편리하므로 아주 흔하게 사용된다. 'h바'라고 부르는 $\hbar$는 원래의 플랑크 상수 h를 2π로 나눈 것이다. 어떤 수식에 플랑크 상수가 등장한다는 것은 양자역학이 작용한다는 시그널이다.

플랑크 상수의 발견은 에너지, 질량, 길이, 시간과 같은 물리학 단위를 새롭게 정의할 수 있음을 암시한다. 에너지의 단위는 에르그erg나 줄Joule이나 킬로와트시kWh인 데 비해, 진동수의 단위는 1/초 같은 시간의 역수이다. 진동수란, 주어진 시간 동안 얼마나 많은 진동이 일어났는지를 알려주는 것이기 때문이다. 에너지가 진동수에 비례하기 위해서는 플랑크 상수의 단위가 에너지 곱하기 시간이어야 한다. 플랑크 자신은 플랑크 상수에 다른 기본 상수들(뉴턴의 중력 상수 G와 광속 c)을 조합하면, 길이나 시간 등의 보편적인 척도를 정의할 수 있음을 깨달았다. 플랑크 길이는 대략 10^{-33}센티미터이고 플랑크 시간은 대략 10^{-43}초이다. 플랑크 길이는 사실 매우 짧긴 하지만, 양자역학(h), 중력(G), 상대성 이론(c)이 동시에 모두 관련되어 있는 단위로서 짐작건대 물리적인 타당성을 지닌다.

흥미롭게도 플랑크의 마음은 곧바로 외계 문명과의 교신 가능성 쪽으로 옮겨갔다. 어느 날 성간 라디오 신호를 사용해 외계인과 이야기를 나누고 있다고 하자. 인간의 키가 대략 2미터라고 했을 때, 외계인은 이것이 무엇을 의미하는지 모를 것이다. 그러나 외계인도 적어도 우리만큼 물리학을 알고 있을 것이므로, 플랑크 단위에 대해서도 알고 있을 것이다. 이 제안이 아직은 그리 유용하지 않다. 하지만 플랑크 상수는 다른 곳에 엄청난 충격을 주었다.

빛이 진동수와 관계된 불연속적인 에너지 양자 형태로 방출된다는 생각은 우리를 당혹스럽게 한다. 빛에 관한 직관적인 지식으로는 빛이 운반하는 에너지가 빛의 '밝기'에 의존하지 빛의 '색'에는 의존하지 않는다고 보는 것이 맞다. 그러나 색에 의존한다는 가정이 플랑크로 하여금 올바른 공식을 유도하게 했고, 그래서 그 아이디어에 관련된 뭔가가 작용을 하는 것 같았다.

알베르트 아인슈타인은 독자적으로 전통적인 지혜를 버리고 새롭게 사고해 극적 도약을 해냈다. 1905년 아인슈타인은 빛이 특정 에너지로만 방출된다는 제안을 했다. 빛이 연속적인 파동이 아니고, 문자 그대로 개별 묶음으로 구성되어 있기 때문이다. 빛은 입자, 달리 이야기하면 오늘날의 '광자photon'이다. 빛이 에너지 양자로 개별 입자처럼 밀려든다는 아인슈타인의 생각으로부터 진정한 양자역학이 탄생했으며, 아인슈타인은 이 발견으로 1921년 노벨상을 받았다(아인슈타인은 상대성 이론으로 적어도 한 번 더 노벨상을 받아야 마땅했지만 그런 일은 일어나지 않았다). 아인슈타인은 바보가 아니었고 이 발견이 중요하다는 것을 깨달았다. 아인슈타인은 친구인 콘라트 하비히트에게 빛 양자 가설이 "아주 혁명적"이라고 이야기했다.

플랑크의 제안과 아인슈타인의 제안이 미묘하게 다르다는 점에 주목하라. 플랑크는 특정 진동수의 빛이 특정한 양의 에너지를 갖고 방출된다고 말했다. 반면 아인슈타인은 빛이 문자 그대로 개별 입자라고 이야기했다. 이것은 특정 커피머신이 정확히 한 번에 커피 한 컵을 만든다고 말하는 것과 커피가 오직 한 컵 크기의 양으로만 존재한다고 말하는 것의 차이다. 전자와 양성자 같은 물질 입자에 관해 이야기할 때는 이것이 이해가 되지만, 불과 수십 년 전만 해도 맥스웰이 빛은 입자가 아닌 파동이라고 자랑스럽게 설명했었다. 아인슈타인의 제안은 이런 업적에 위협이 되었고, 플랑크 자신도 이런 무모한 새 아이디어를 받아들이길 주저했다. 하지만 이 아이디어는 데이터를 설명해냈다. 무모한 새 아이디어를 인정받으려 할 때, 그건 강력한 이점이다.

o o o

그러는 동안 또 다른 문제가 입자 쪽에 잠복해 있었다. 원자를 원자핵 주위를 도는 전자라고 설명하는 러더퍼드 모형의 문제가 그것이다.

전자가 진동하면 전자가 빛을 방출한다는 것을 기억하자. '진동shake'은 가속된다는 것을 의미한다. 일정한 속도로 직선을 따라 움직이는 전자가 아니면 전자는 빛을 방출해야 한다.

전자가 원자핵 주위를 도는 러더퍼드 원자의 그림으로부터, 우리는 전자가 분명 직선을 따라 움직이지 않는다는 것을 알 수 있다. 그것들은 원 또는 타원 안에서 움직인다. 이는 고전적인 세계관에서는 전자가 분명 가속되고 있으며 따라서 전자가 필시 빛을 방출하고 있어야만 한다는 것을 뜻한다. 만약 고전역학이 옳다면, 우리 몸과 우리 주위 환경의 모든 원자 하나하나가 빛을 내야 한다. 이는 복사가 일어나면서 전자가 에너지를 잃고, 따라서 나선을 그리며 중앙에 있는 원자핵 쪽으로 빨려 들어간다는 것을 의미한다. 고전적으로 보자면, 전자 궤도는 불안정할 수밖에 없다.

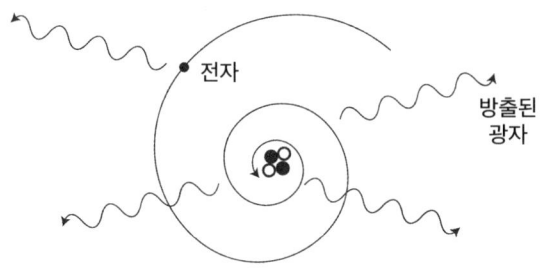

고전적인 러더퍼드 원자의 불안정성

아마 우리 몸의 모든 원자가 빛을 방출하지만, 빛이 너무 약해서 볼 수는 없을지 모른다. 같은 논리를 태양계의 행성에도 적용해볼 수 있다. 이 행성들도 중력파를 방출해야 한다. 가속 전하가 전자기장에 파문을 만들듯이 가속운동을 하는 물체는 중력장에 파문을 만들기 때문이다. 실제로 그런 일이 일어난다. 그게 의심된다면 2016

년을 떠올려보라. 당시 라이고-비르고 중력파 관측소의 연구자들은 지구로부터 수십억 광년 떨어진 두 블랙홀이 서로의 주위로 나선운동을 해서 생긴 중력파를 최초로 직접 관측했다고 발표했다.

그러나 태양계의 행성들은 이들 블랙홀보다 훨씬 더 작고 더 느리게 움직인다(그 블랙홀들은 각각 태양 질량의 30배 이상이었다). 결과적으로, 우리 이웃 행성들이 방출하는 중력파는 사실 매우 약하다. 공전하는 지구가 중력파로 방출하는 에너지는 대략 초당 200줄, 즉 200와트 정도로 이것은 전구 몇 개의 출력과 같다. 이 정도는 태양의 복사 에너지나 조력 에너지와 비교해 완전히 무시해도 될 정도로 미미하다. 중력파의 방출이 지구 궤도에 영향을 미치는 유일한 요소라고 가정하면, 지구가 태양과 충돌하는 데 10^{23}년의 시간이 걸린다. 원자의 경우에도 아마 이와 같을 수 있다. 전자 궤도가 실제로는 불안정하지만, 충분히 안정하다고 볼 수도 있는 것이다.

이것은 양적인 질문이며, 따라서 숫자를 대입해 어떤 결과가 나올지 알아보는 것은 어렵지 않다. 그 답은 파국적이다. 전자가 행성보다 훨씬 더 빠르게 움직이며 전자기력이 중력보다 훨씬 더 강하기 때문이다. 원자 속 전자가 원자핵과 충돌하는 데 걸리는 시간이 1,000억 분의 1초 정도라는 답이 나온다. 원자로 구성된 보통의 물질이 이 정도의 시간만 지속이 된다면, 이미 누군가 이런 사실을 알아차렸을 것이다.

이 사실이 많은 사람, 특히 1912년 잠시 러더퍼드에게 와서 연구하고 있었던 닐스 보어를 괴롭혔다. 1913년 보어는 나중에 "3부작"으로 불린 세 편의 논문을 연속으로 발표했다. 논문에서 보어는 초기 양자역학을 특징짓는 과감하면서도 느닷없는 아이디어를 내놓았다. 만약 전자가 아무 궤도에나 있을 수 없고 대신 어떤 특별한 궤도에만 머물러야 하기 때문에 나선을 그리며 원자핵으로 빨려 들어갈 수 없다면 어떨까? 최소 에너지의 궤도, 혹은 그보다 좀 더 높은 에너지를 가진 궤도 등등이 있을 것이다. 전자는 가장 낮은 궤도보다 더 가까이 원자핵에 접근할 수 없으며, 궤도 사이에도 머물 수 없다. 전자에게 허용된 궤도들은 양자화되어 있다.

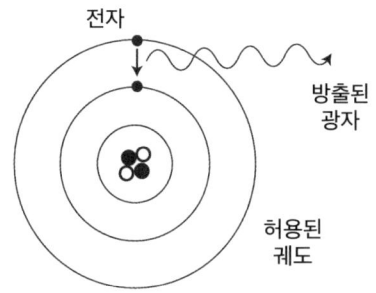

전자는 보어 원자의 허용된 궤도 사이에서
도약을 할 수 있다

보어의 제안은 처음엔 그리 이상해 보이지 않았다. 당시 물리학자들은 수소, 질소, 산소 같은 기체 형태의 원소들과 빛이 어떻게 상호작용하는지 연구해오고 있었다. 물리학자들은 차가운 기체 속으로 빛을 비추면 빛 일부가 흡수되는 것을 발견했다. 마찬가지로 기체를 채운 관에 전류를 흘리면 기체가 발광하는 것도 발견했다(이것이 오늘날에도 사용하고 있는 형광등의 원리다). 그런데 기체는 특정 진동수의 빛만을 방출하거나 흡수하고, 다른 색들은 그대로 통과시켰다. 특히 양성자

한 개와 전자 한 개를 가진 가장 간단한 원소인 수소는 방출하거나 흡수하는 빛의 진동수가 아주 규칙적인 패턴을 갖고 있었다.

고전적인 러더퍼드 원자 모형으로는 이런 사실을 전혀 설명할 수 없었다. 그러나 특정한 전자 궤도만이 허용되는 보어의 원자 모형으로는 즉시 설명이 가능했다. 전자는 허용된 전자 궤도 사이에는 머물 수 없을지라도, 한 궤도에서 다른 궤도로 '도약jump'할 수는 있다. 더 높은 에너지 궤도에 있는 전자는 더 낮은 에너지 궤도로 도약하면서 이 에너지 감소를 상쇄할 만큼의 빛을 방출한다. 또는 주위의 빛으로부터 적절한 크기의 에너지를 공급받으면, 전자가 높은 에너지 궤도로 도약할 수도 있다. 궤도 자체가 양자화되었기 때문에, 전자와 상호작용하는 특정 에너지의 빛만을 볼 수 있다. 빛의 진동수가 빛의 에너지와 관계되어 있다는 플랑크의 아이디어와 함께, 보어의 아이디어는 왜 물리학자들이 특정 진동수의 빛만이 방출되거나 흡수되는 것을 관측했는지를 설명해주었다.

보어는 자신의 예측과 수소가 방출하는 빛의 관측 데이터를 비교함으로써, 특정 전자 궤도만이 허용된다는 것을 알아냈을 뿐만 아니라 이 궤도들을 계산해냈다. 궤도를 따라 움직이는 입자들은 각운동량angular momentum이라는 물리량을 가지며, 이를 계산하기는 쉽다. 각운동량은 입자의 질량과 속도의 곱에, 궤도 중심에서 입자까지의 거리를 곱한 양이다. 보어는 허용된 전자 궤도의 각운동량이 특정 기본상수의 정수배가 된다고 제안했다. 그리고 전자가 궤도간 도약을 하면서 방출하는 에너지를 수소 기체가 방출하는 빛의 데이터와 비교함으로써 이 기본상수가 어떤 값이 되어야 하는지를 구했다. 답은 바로 플랑크 상수 h였다. 더 구체적으로, 수정된 h인 h바, 즉 $\hbar = h/2\pi$였다.

이런 일이 벌어지면 누구나 바른길에 들어섰다고 생각하게 된다. 보어는 원자 속에서 전자가 하는 행동을 설명하려고 전자가 특정 궤도를 따라서만 움직인다는 특별한 규칙을 세웠다. 또 이 규칙을 데이터와 일치시키는 과정에서 새로운 자연 상수가 등장했는데, 이 상수는 플랑크가 광자의 행동을 설명하려고 도입한 새로운 상수와 같은 것이었다. 이 모든 것이 곧 어그러질 듯하고 개략적으로 보이지만, 이를 종합하면 원자나 입자 영역에서 의미심장한 일, 즉 고전역학의 성스러운 규칙에는 들어맞지 않는 일이 일어나고 있음을 알 수 있었다. 훗날 1920년대 말에 등장한 하이젠베르크와 슈뢰딩거의 '신新 양자 이론'과 대비해, 이 기간에 등장한 아이디어들을 지금은 '구舊 양자 이론'이라고 부르기도 한다.

o o o

도발적인 구 양자 이론이 일시적인 성공을 거두었지만, 모두가 만족하지는 않았다. 플랑크와 아인슈타인의 빛 양자 아이디어는 많은 실험 결과들을 설명하는 데 도움이 되었지만, 빛은 전자기파라는 맥스웰 이론이 거둔 엄청난 성공과 화해하기가 어려웠다. 보어의 양자화된 전자 궤도라는 아이디어는 마술사가 모자 속에서 꺼낸 것처럼 보였고, 수소 이외의 원소에는 적용할 수 없었다. 심지어 '구 양자 이론'이란 이름이 붙기 이전에는 이 아이디어들이 자연의 훨씬 더 심오한 규칙들의 암시에 불과하다는 주장이 있었다.

보어의 원자 모형에서 가장 불만인 것 중 하나는 전자가 한 궤도에서 다른 궤도로 '도약'할 수 있다는 것이었다. 낮은 에너지의 전자가 특정 에너지의 빛을 흡수하면, 이 에너지 값에 꼭 맞는 다른 궤도로 도약한다는 것은 이해가 된다. 그러나 높은 에너지의 전자가 아래로 도약하면서 빛을 방출할 때, 전자가 정확히 얼마나 아래로 내려갈지, 또 어느 낮은 에너지의 궤도에 머물지는 '선택'을 해야 하는 것 같았다. 무엇이 이런 결정을 내릴까? 러더퍼드는 보어에게 보낸 편지에서 이 점을 염려했다.

> 내게는 당신의 가설에 중대한 결함이 있어 보입니다. 당신은 잘 알고 있으리라 생각하는데, 전자가 한 정상상태에서 다른 정상상태로 이동할 때, 어떤 진동수로 진동해야 할지를 어떻게 결정하는지 알고 있나요? 내가 보기에 당신은 전자가 어디서 멈출지 사전에 알고 있다고 가정하는 것 같습니다.

전자가 어디로 갈지 "결정"하는 일은 1913년의 물리학자들이 생각했던 것보다 훨씬 더 극적으로 고전물리학의 패러다임과 결별하는 것을 암시했다. 뉴턴 역학에서는 적어도 원리상 현재 상태로부터 세상의 모든 미래 역사를 예측할 수 있는 라플라스의 악마를 상상했다. 양자역학의 발전기인 당시 시점에서 누구도 이 그림을 완전히 버려야 한다고 예상하지 못했다.

더 완전한 체계인 '신 양자 이론'이 최종적으로 무대에 등장하기까지 10년 이상이 걸렸다. 사실 당시에 행렬역학matrix mechanics과 파동역학wave mechanics이라는 두 개의 경쟁하는 아이디어가 제안되었는데, 나중에 두 아이디어가 수학적으로 같은 것, 즉 현재 양자역학이라고 부르는 것임이 밝혀졌다.

행렬역학은 코펜하겐에서 닐스 보어와 함께 연구한 베르너 하이젠베르크에 의해 처음으로 만들어졌다. 이 두 사람과 공동연구자 볼프강 파울리는 양자역학의 코펜하겐 해석과도 관련이 있다. 그들은 이것이 앞으로 일어날 역사적, 철학적 논쟁의 주제가 되리라는 것을 정확히 알고 있었다.

무대에 등장한 젊은 세대의 무모함을 반영하듯 1926년 하이젠베르크는 양자계에서 실제로 무슨 일이 일어나는지는 접어두고 전적으로 실험 사실을 설명하는 데 집중했다. 보어는 왜 어떤 궤도는 허용되고 다른 궤도는 허용되지 않는지 설명하지 않은 채 양자화된 전자 궤도를 도입했다. 하이젠베르크는 전자 궤도를 완전히 무시했다. 전자가 무슨 일을 하는지는 잊어버리고, 전자에 관해 무엇을 관측할 수 있는지만 물어보라는 것이었다. 고전역학에서 전자는 위치position와 운동량momentum으로 규정된다. 하이젠베르크는 이 용어를 받아들였지만, 이것들이 측정과 무관하게 존재하는 양이라기보다는 측정이 가능한 결과라고 생각했다. 러더퍼드나 다른 연구자들을 피롭히던 예측 불가능한 도약이 하이젠베르크에게는 양자 세계를 이야기하는 가장 좋은 방법의 핵심이 되었다.

하이젠베르크는 스물네 살 때 처음으로 행렬역학을 만들었다. 그가 조숙한 천재였음이 분명하지만, 이 분야의 저명인사는 아니었다.

이듬해가 되어서야 대학에서 종신직을 얻을 수 있었다. 하이젠베르크는 그의 스승 중 하나인 막스 보른에게 보낸 편지에서 "미친 논문을 한 편 썼지만 감히 출판할 엄두가 나지 않습니다"라고 초조함을 토로했다. 그러나 막스 보른과 젊은 물리학자 파스쿠알 요르단과 함께 공동 연구를 해서, 결국 그들은 행렬역학을 명확하고 수학적으로 완벽하게 만들 수 있었다.

나는 하이젠베르크, 보른, 요르단이 행렬역학을 정립한 공로로 노벨상을 공동 수상하는 것이 당연하다고 생각해왔다. 사실 아인슈타인이 이들을 노벨상 후보로 추천하기도 했다. 그러나 1932년 노벨 위원회로부터 영예를 얻은 사람은 하이젠베르크뿐이었다. 요르단이 포함되면 문제가 발생할 것이라는 추측이 있었다. 정치적으로 공격적인 우익 성향이었던 요르단은 결국 나치당 당원이 되어 돌격대에 합류했기 때문이었다. 하지만 동시에 요르단은 아인슈타인을 비롯한 다른 유대인 과학자들을 옹호해 나치 동료들로부터 불신을 받고 있었다. 결국 요르단은 노벨상을 받지 못했다. 보른 역시 행렬역학으로는 노벨상을 받지 못했지만, 확률 규칙probability rule을 정식화한 공로로 1954년 노벨상 수상이라는 보상을 받았다. 이것이 양자역학의 토대에 대한 연구에 수여한 마지막 노벨상이 되었다.

제2차 세계대전이 일어나자 하이젠베르크는 독일 정부의 핵무기 개발 프로그램을 이끌었다. 하이젠베르크가 실제로 나치를 어떻게 생각하고 있었는지, 핵무기 개발 프로그램을 진전시키기 위해 얼마나 노력을 기울였는지가 역사적인 논쟁거리로 남아 있다. 다른 많은 독일 사람들처럼 하이젠베르크 역시 나치당을 싫어했지만, 소련에

패배하는 것보다는 독일이 승리하는 것이 낫다고 갈등했을 것 같다. 하이젠베르크가 적극적으로 핵폭탄 개발 프로그램을 저지하기 위해 노력했다는 증거는 없지만, 하이젠베르크 개발팀에 진전이 거의 없었음은 분명하다. 나치가 권력을 잡으면서 수많은 유능한 유대인 물리학자들이 독일을 탈출한 것을 한 가지 이유로 들 수 있다.

o o o

행렬역학은 인상적이었지만 이른바 마케팅 문제로 어려움을 겪었다. 관련 수학이 너무 추상적이고 이해하기 힘들었던 것이다. 행렬역학에 대한 아인슈타인의 반응이 대표적이었다. "마법사가 계산한 게 틀림없다. 이 이론은 매우 독창적이긴 하지만 위대한 복잡성으로 보호되고 있어 오류를 증명하기가 어렵다."(이것은 비유클리드 기하학으로 시공간을 기술한 사람이 한 말이다.) 곧이어 에르빈 슈뢰딩거가 발견한 파동역학은 물리학자들에게 아주 친숙한 개념들을 사용한 양자 이론이었다. 이는 새로운 패러다임이 받아들여지는 데 큰 도움이 됐다.

물리학자들은 파동을 오랫동안 공부해왔으며, 맥스웰의 전자기학 이론을 장 이론으로 받아들이면서 파동을 다루는 것에 익숙했다. 최초로 플랑크와 아인슈타인에 의해 양자역학이 암시되었을 때는 파동보다 입자 쪽으로 기울었으나, 보어의 원자는 이 입자가 원래의 입자와 다르다는 것을 보여주었다.

1924년 젊은 프랑스 물리학자 루이 드브로이는 아인슈타인의 빛 양자에 대해 생각하고 있었다. 당시 광자와 고전 전자기파 사이의 관계는 여전히 불명확했다. 빛이 입자와 파동 둘 다로 구성되어 있다는 것만이 분명했다. 즉 입자 같은 광자가 잘 알려진 전자기파에 의해 전달될 수 있다. 그리고 이것이 사실이라면, 전자에 대하여도 같은 일이 일어나지 않는다고 부정할 이유가 없었다. 혹시 전자 입자를 전달하는 파동 같은 어떤 것이 있지 않을까? 이것이 정확히 드브로이가 1924년 그의 박사학위 논문에서 주장한 것이다. 드브로이는 이 "물질파matter wave"의 운동량과 파장 사이의 관계식을 제안했다. 이 식은 플랑크의 빛에 관한 관계식과 유사한 것으로, 운동량이 클수록 파장은 더 짧다는 것이다.

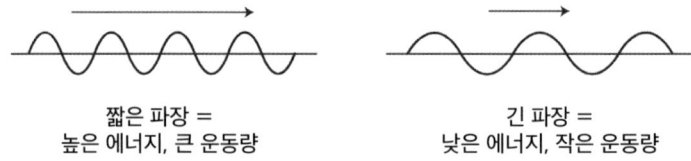

짧은 파장 =
높은 에너지, 큰 운동량

긴 파장 =
낮은 에너지, 작은 운동량

당시의 많은 제안들처럼 드브로이의 가설 역시 조금 이상하게 보였을 것이다. 그러나 이 가설이 갖는 의미는 매우 컸다. 특히 원자핵 주위를 도는 전자와 물질파는 어떤 관계가 있느냐고 묻는 것은 당연해 보였다. 기막힌 대답이 주어졌다. 파동이 정상파*를 이루려면, 그 파장이 해당 궤도 원주의 정수배가 되어야 한다. 원자핵 주위를 도는 전자를 파동과 간단하게 관련지음으로써, 보어의 양자화된 궤도가 단순한 가정을 넘어 도출될 수 있었다.

---

* 예를 들어 기타 줄을 튕길 때 나타나는 기본 진동을 말하며 파동의 골과 마루의 위치가 이동하지 않고 고정되어 있다(옮긴이).

기타 줄이나 바이올린 줄같이 양 끝이 고정된 줄을 생각해보자. 어느 한 지점은 원하는 대로 위아래로 움직일 수 있지만, 줄의 전체적인 행동은 양 끝이 고정되어 있다는 제약을 받는다. 그 결과 줄은 특정한 파장 또는 이 파장들의 조합으로 진동하게 된다. 악기들이 불분명한 잡음이 아닌 명확한 음을 낼 수 있는 것이 이 때문이다. 이런 특별한 진동을 줄의 모드mode라고 부른다. 마찬가지로 아원자 subatomic 세계의 본질적인 '양자' 특성이 생기는 까닭은 실체가 낱개 조각들로 나뉘어 있기 때문이 아니라, 물리계를 구성하고 있는 파동이 여러 자연 진동 모드를 갖기 때문이다.

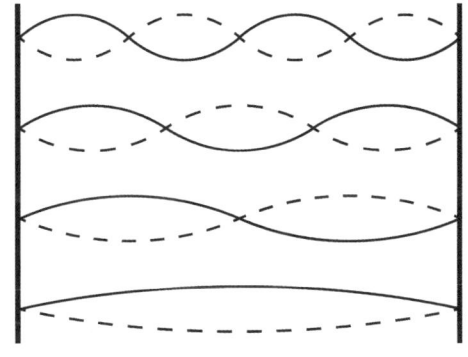

**양 끝을 묶은 줄에
허용된 파장 (모드)**

물질의 특정한 양을 뜻하는 '양자'라는 단어는 양자역학이 세상을 기본적으로 컴퓨터 모니터나 TV 화면을 확대했을 때처럼 분리되고 픽셀화된 모습으로 기술한다는 인상을 준다. 사실은 이와 반대이다. 양자역학은 세상을 연속적인 파동함수로 기술한다. 그러나 파동함수의 개별적인 부분들이 특정 방식으로 묶여 있는 알맞은 상황의 경우, 파동함수는 여러 다른 진동 모드가 조합된 형태를 가진다. 이러한 계를 관측하면, 우리는 그러한 별개의 가능성들을 보게 된다. 이것은 전자 궤도에 대해서도 동일하며, 양자장이 개별 입자들의 집합처럼 보이는 이유이기도 하다. 양자역학에서 세상은 근본적으로 파동이다. 양자로 분리된 것처럼 보이는 것은 이들 파동이 진동하는 특별한 방식 때문이다.

드브로이의 아이디어가 흥미롭긴 했지만, 포괄적인 이론을 제공하기에는 부족했다. 그 일은 에르빈 슈뢰딩거에게 맡겨졌다. 그는 1926년 파동함수가 따라야 할 방정식, 나중에 그의 이름을 따서 슈뢰딩거 방정식으로 불리는 방정식을 통해 파동함수를 동역학적으로 이해하게 해주었다. 물리학에서의 혁명은 일반적으로 젊은 사람들의 게임이며, 양자역학도 예외는 아니다. 그러나 슈뢰딩거는 이런 추세에 반하는 인물이었다. 1927년 솔베이 회의에 참석한 지도자들 가운데 아인슈타인이 48세, 보어가 42세, 보른이 44세로, 이들은 매우 나이 든 축에 속했다. 반면 하이젠베르크는 25세, 파울리는 27세, 디랙은 25세였다. 슈뢰딩거는 38세로 원숙한 나이였는데, 사람들은 그를 급진적인 새로운 아이디어를 갖고 무대에 등장한 늙은 사람 정도로 생각했다.

드브로이의 '물질파'가 슈뢰딩거의 '파동함수'로 전환된 것에 주목할 만하다. 슈뢰딩거가 드브로이의 발견에 큰 영향을 받기는 했지만, 슈뢰딩거의 개념은 이를 훨씬 뛰어넘은 것으로 별개의 이름을 가질 만하다. 아주 분명한 사실은, 어느 한 점에서의 물질파 값이 실수인 데 비해, 파동함수의 진폭은 복소수(실수와 허수의 합)라는 것이다.

더 중요한 점이 있다. 원래의 아이디어는 각 종류의 입자가 하나의 물질파와 관련되어 있을 것이라고 했다. 이는 슈뢰딩거의 파동함수가 행동하는 방식과는 다르다. 슈뢰딩거에 따르면 단 하나의 파동함수만이 존재하며, 이 함수는 우주에 있는 모든 입자들의 가능한 위치에 의존한다. 바로 이 간단한 전환이 세상을 바꾼 양자 얽힘 현상을 끌어냈다.

o o o

슈뢰딩거의 아이디어가 금방 유명하게 된 것은 그가 제안한 방정식 때문이다. 이 방정식은 파동함수가 시간에 따라 어떻게 변화하는지 알려준다. 좋은 방정식은 물리학자들에게 중요한 영향을 미친다. 그것은 매우 괜찮은 아이디어("입자는 파동 같은 성질을 지닌다")를 엄밀하고 무관용한 이론적 틀로 승격시킨다. 개인에게 무관용은 나쁜 성격처럼 들리지만, 과학 이론에서는 무관용적일수록 좋다. 정확한 예측을 가능하게 하는 속성이기 때문이다. 학생들이 오랜 시간 양자역학 교과서의 방정식을 푼다고 할 때, 주로 슈뢰딩거 방정식을 푸는 것을 의미한다.

슈뢰딩거 방정식은 '라플라스의 악마' 양자 버전이 우주의 미래를 예측하기 위해 풀어야 할 방정식이다. 아울러 슈뢰딩거가 써내려갔던 방정식의 원래 형태는 개별 입자들로 이루어진 계를 위해 고안된 것이었지만, 사실 그 방정식은 아주 일반적인 아이디어이다. 양자역학을 사용해 기술하고자 하는 스핀, 장, 초끈superstring, 다른 계 등에도 적용할 수 있다.

당시 물리학자들이 전혀 접해보지 못한 행렬로 표현된 행렬역학과는 달리, 슈뢰딩거의 파동 방정식은 오늘날 물리학과 학생들이 입는 티셔츠에 새겨진 맥스웰의 전자기 방정식의 형태와 크게 다르지 않았다. 파동함수를 가시화하거나, 적어도 가시화할 수 있다고 설득할 수 있었다. 물리학자들은 하이젠베르크의 이론을 가지고 어찌해야 할지 몰랐지만, 슈뢰딩거의 이론에 대해선 준비가 되어 있었다. 코펜하겐 멤버들(특히 하이젠베르크와 파울리 같은 아주 젊은 층들)은 경쟁 대상인 취리히 출신의 유명하지도 않은 노인이 제안한 아이디어에 그리 호의적이지 않았다. 그러나 얼마 지나지 않아 이들도 다른 연구자들처럼 파동함수를 가지고 생각하기 시작했다.

슈뢰딩거 방정식은 친숙하지 않은 기호를 포함하고 있지만, 기본 메시지는 이해하기 어렵지 않다. 드브로이는 파동의 파장이 짧아질수록 파동의 운동량이 증가한다고 제안했다. 슈뢰딩거는 에너지와 시간에 대해 유사한 관계를 제안했다. 즉 파동함수의 시간 미분이 파동함수가 가진 에너지가 얼마인지에 비례해 변화한다. 유명한 슈뢰딩거 방정식의 가장 일반적인 형태는 다음과 같다.

$$\frac{\partial \Psi}{\partial t} = \frac{1}{i\hbar} H\Psi$$

여기서 자세히 설명할 필요는 없지만, 물리학자들이 실제로 이와 같은 방정식을 생각하고 있다는 것을 알아두면 좋겠다. 수학을 사용하긴 했지만, 슈뢰딩거 방정식은 지금까지 설명한 아이디어를 기호로 번역한 것에 지나지 않는다.

Ψ(그리스 문자 프사이)가 파동함수이다. 방정식의 왼쪽은 파동함수의 시간 미분이다. 오른쪽에는 양자역학의 기본상수인 플랑크 상수 $\hbar$와 −1의 제곱근인 i가 포함된 비례상수가 있고, '해밀토니안Hamiltonian'이라고 부르는 H가 파동함수 Ψ에 작용한다. 해밀토니안은 "얼마의 에너지를 가지고 있나?"라고 묻는 조사관이라고 생각하면 된다. 양자역학에서 이 개념이 중심 역할을 담당하기 오래전인 1833년 아일랜드 수학자 윌리엄 로완 해밀턴이 고전계의 운동 법칙을 재정립하기 위해 도입한 것이다.

물리학자들은 다른 물리계의 모형을 만들려고 할 때, 해당 계의 해밀토니안을 만드는 것에서 출발한다. 이를테면 입자 집단 같은 뭔가의 해밀토니안을 알아내는 표준적인 방법은 입자들 그 자체의 에너지로부터 출발해, 입자들이 어떻게 서로 상호작용하는지를 기술하는 추가적인 기여분을 더하는 것이다. 입자들은 당구공처럼 서로 충돌하기도 하고, 상호간에 중력을 행사하기도 한다. 이런 가능성을 모두 고려해 특정 종류의 해밀토니안을 제안하게 된다. 그리고 해밀토니안을 알면 모든 것을 알 수 있다. 이것이 물리계의 모든 동역학적 성질을 찾아낼 수 있는 간편한 방법이다.

양자 파동함수가 어떤 명확한 에너지 값을 가진 계를 기술하는 경우, 해밀토니안은 단순히 그 에너지 값과 같다. 아울러 이때 슈뢰딩거 방정식은 해당 계가 고정된 에너지 값을 유지한다는 것을 알려준다. 파동함수는 여러 가능성들의 중첩이기 때문에, 계가 여러 에너지가 조합된 상태에 있는 경우를 더 흔하게 보게 된다. 이 경우 해밀토니안은 모든 에너지를 조금씩 가진다. 결론적으로 슈뢰딩거 방정식의 오른편은 각 에너지 성분이 양자 중첩에 있는 파동함수에 전달하는 에너지 기여분이 얼마인지를 규정한다. 즉 높은 에너지 성분은 파동함수를 빨리 변하게 하고, 낮은 에너지 성분은 느리게 변하게 한다.

특정한 결정론적 방정식이 존재한다는 것이 진짜 중요하다. 이 방정식을 알면 세상을 갖고 놀 수 있다.

o o o

파동역학이 큰 반향을 일으킨 지 얼마 지나지 않아 슈뢰딩거와 영국의 물리학자 폴 디랙 등이 파동역학과 행렬역학이 본래 동등하다는 것을 보여주었다. 이로써 양자 세계의 통일 이론이 생겨났다. 하지만 즐거운 일만 있는 건 아니었다. 지금도 여전히 물리학자들을 괴롭히고 있는 문제가 당시 물리학자들에게 남겨졌다. 실제로 파동함수는 무엇인가? 파동함수가 대표하는 물리적 실체는 무엇인가? 그런 실체가 있기나 한 걸까?

드브로이는 물질파가 입자를 안내하는 역할을 할 뿐이지 입자를 대신하지 못한다고 생각했다(그는 이 생각을 나중에 선도파pilot-wave 이론으로 발전시켰다. 이 이론은 오늘날 양자의 토대에 관한 실용적인 접근법으로 남아 있지만, 현역 물리학자들 사이에서는 인기가 없다). 이와 대조적으로 슈뢰딩거는 기본 입자라는 개념을 완전히 없애길 원했다. 그는 원래 슈뢰딩거 방정식이 비교적 작은 공간에 몰려 있는 진동 묶음packet을 기술하는 것이 기를 바랐다. 따라서 각 묶음은 거시적인 관찰자가 보기에 입자처럼 보일 것이다. 파동함수는 공간 속의 질량 밀도를 나타낸다고 생각되었다.

애석하게도 슈뢰딩거의 바람은 자신의 방정식에 의해 깨졌다. 빈 공간의 특정 지역에 몰려 있는 단일 입자를 기술하는 파동함수에 슈뢰딩거 방정식을 적용하고 어떤 일이 일어나는지를 보면 분명하게 알 수 있다. 파동함수가 금방 모든 장소로 퍼진다. 슈뢰딩거 방정식이 하는 대로 놔두면, 파동함수가 전혀 입자와 같지 않게 된다.*

하이젠베르크와 함께 행렬역학을 만든 막스 보른에게 잃어버린 마지막 조각을 찾는 과제가 남겨졌다. 입자를 관측할 때, 이 입자가 특정 위치에서 발견될 확률을 계산하는 수단이 파동함수라고 생각해야 한다. 특히 복소수 진폭의 실수부와 허수부 각각을 제곱한 뒤 둘을 더한다. 그 값이 해당 결과를 관찰할 확률이 된다(보른은 확률이 파동함수의 진폭 자체가 아니라 진폭의 제곱이라는 것을 1926년 논문 제출 직전에 각주로 추가했다). 입자를 관측한 후에는 파동함수가 붕괴하여 입자를 발견한 장소에 파동함수가 몰리게 된다.

슈뢰딩거 방정식의 결과를 확률로 해석하는 것을 싫어한 사람이 누구인지 아는가? 슈뢰딩거 자신이었다. 아인슈타인처럼 슈뢰딩거의 목표는 양자 현상에 대한 명확한 역학적 기반을 제공하려는 것이

---

* 나는 오직 하나의 파동함수, 즉 우주 파동함수만이 존재한다고 강조해왔지만, 예리한 독자라면 내가 자주 "입자 한 개의 파동함수"에 대해 얘기한 것을 기억할 것이다. 후자의 의미는 이 입자가 우주의 나머지 입자들과 얽혀 있지 않을 때만 맞다. 다행히 대개의 경우 이 조건을 만족한다. 하지만 일반적으로 이 조건을 만족하는지 세심하게 살펴봐야 한다.

었지 확률을 계산하는 수단을 얻는 것이 아니었다. "나는 이 방정식이 싫다. 내가 이런 일에 관여되어 유감이다"라고 불평했다. 유명한 '슈뢰딩거의 고양이' 사고실험(고양이의 파동함수가 슈뢰딩거 방정식에 따라 '살아 있음'과 '죽음'의 중첩 상태로 진화한다는 내용)의 핵심은 "와, 양자역학이 아주 신비롭네"라고 말하는 것이 아니었다. 사실은 "와, 양자역학은 아마도 맞을 수가 없겠네"라고 말하려 했다. 그러나 현재 우리가 아는 범위 내에서 양자역학은 옳다.

o   o   o

20세기의 처음 30년간 많은 지적인 행동들이 나왔다. 1800년대에 걸쳐 물리학자들은 물질과 힘의 본성에 관한 멋진 그림을 그릴 수 있었다. 물질은 입자로 구성되어 있고, 장은 힘을 전달하며, 모든 것이 고전역학의 보호 아래에 있었다. 그러나 실험 데이터가 나오면서 이런 패러다임을 초월하는 이론을 생각하게 되었다. 뜨거운 물체가 방출하는 복사를 설명하기 위해 플랑크는 빛의 에너지가 불연속적인 양으로 방출된다는 제안을 했고, 아인슈타인은 이 제안을 더 밀고나가 빛이 사실은 입자와 같은 양자 형태를 가진다고 제안했다. 한편 보어는 원자가 안정적이라는 사실과 기체가 방출하는 빛의 관측 결과로부터, 전자가 오직 허용된 궤도에서만 움직일 수 있으며 때때로 다른 궤도로 도약한다고 주장했다. 하이젠베르크, 보른, 요르단은 확률적인 도약을 정교하게 다듬어 행렬역학이라는 완전한 이론으로 만들었다. 다른 한편으로 드브로이는 전자와 같은 물질 입자가 실제로는 파동이라고 가정하면, 양자화된 궤도를 가정하지 않고도 보어의 궤도를 유도할 수 있음을 지적했다. 슈뢰딩거는 이 제안을 완전한 양자 이론으로 발전시켰고, 마침내 파동역학과 행렬역학 모두 같은 것을 알려주는 방법임이 증명되었다. 보른은 원래 파동역학이 이론의 기본 요소인 확률의 필요성을 없애주기를 바랐다. 그러나 특정한 측정 결과를 얻을 확률이 파동함수의 제곱이라고 해야 슈뢰딩거의 파동함수를 올바르게 해석하는 것임을 깨달았다.

휴. 1900년 플랑크의 발견에서부터 새로운 양자역학이 완벽한 형태로 등장한 1927년의 솔베이 회의에 이르기까지, 엄청나게 짧은 기간에 많은 일이 일어났다. 20세기 초 물리학자들의 공로는 지대하다. 그들은 실험 데이터의 요구를 기꺼이 받아들여, 고전적인 세계를 설명하는 데 환상적일 정도로 성공적이었던 뉴턴의 견해를 완전히 뒤집어놓았다.

하지만 그들은 자신들이 초래한 변화의 의미를 꽉 움켜쥐는 데는 덜 성공적이었다.

4장

존재하지 않기 때문에 알 수 없는 것
불확정성과 상보성

경찰이 과속으로 베르너 하이젠베르크를 멈춰 세웠다. "얼마나 과속을 했는지 아세요?"라고 경찰이 물었다. "아뇨"라고 하이젠베르크가 대답했다. "하지만 내가 어디에 있는지는 정확히 알아요."

나는 물리학 농담이 가장 웃기는 농담이라는 것에 모두가 수긍하리라 생각한다. 이런 농담이 물리학을 정확하게 전달하지는 못한다. 이 특별한 재담은 물체의 위치와 운동량을 동시에 정확히 알 수 없다는 그 유명한 하이젠베르크의 불확정성 원리를 알아야 이해할 수 있다. 그러나 실체는 이보다 더 의미심장하다.

불확정성 원리는 위치와 운동량을 알 수 없다는 것이 아니라, 두 물리량이 동시에 존재하지 않는다는 것이다. 극단적으로 물체의 파동함수가 오직 공간의 한 점에 몰려 있고 다른 곳에서는 0인 특수한 상황에서만 물체의 위치를 이야기할 수 있고, 속도에 대해서도 동일하다. 그리고 두 물리량 가운데 하나가 정확히 정의되면, 다른 하나를 측정할 때 문자 그대로 어느 값이라도 얻을 수 있다. 보통의 경우 파동함수가 두 물리량에 대해 여러 가능성을 갖고 있어 명확한 값을 가질 수 없다.

1920년대에는 이 모든 것이 불분명했다. 양자역학의 확률적 속성 때문에 양자역학은 불완전한 이론이고 좀 더 결정론적이고 고전적인 의미에서 건실한 이론이 발견되리라고 생각하는 것이 자연스러운 추세였다. 달리 이야기하자면 당시 사람들은 파동함수란 실제로 일어나는 일에 대한 완전한 진리를 알려주기보다는 실제로 일어나는 일에 대한 우리의 무지를 알려주는 방법일지 모른다고 생각했다. 불확정성 원리를 알게 된 후 과학자들이 첫 번째로 한 일 가운데 하나는 이 원리의 허점을 찾으려 한 것이었다. 실패로 끝나긴 했지만, 그 과정에서 양자적 실체가 우리에게 친숙한 고전적인 세계와 근본적으로 얼마나 다른지를 많이 배웠다.

양자역학을 처음 접했을 때 받아들이기 힘든 심층 속성 가운데 하나는, 실체의 핵심이 되는 구체적 물리량을 우리가 관측하는 물리량과 어렵지 않게 연결하는 것이 불가능하다는 것이다. 이 물리량들을 측정할 수 있음에도 불구하고 이들은 단순히 미지의 것이 아닌, 아예 존재하지 않는 물리량들이다.

양자역학으로 인해 우리가 보는 것과 실체 사이의 간격이 아주 큰 것을 알게 된다. 불확정성 원리를 통해 어떻게 이러한 간격이 드러나는지 이 장에서 보게 될 것이다. 그리고 다음 장에서는 얽힘 현상에서 다시 이런 간격을 보게 될 것이다.

○ ○ ○

양자역학에서 위치와 운동량(질량과 속도를 곱한 물리량) 사이의 관계가 고전역학에서 이들의 관계와는 근본적으로 다르기 때문에, 불확정성 원리가 존재한다. 고전역학에서는 시간에 따른 입자의 위치를 측정해 이 입자가 얼마나 빠르게 움직이는지 알아냄으로써 운동량을 측정할 수 있다. 그러나 단 한 순간에 대한 정보만 알고 있다면, 위치와 운동량은 서로 완전히 독립적이다. 한 입자가 어떤 순간에 특정한 위치에 있다고 말한 다음 어떤 것도 더 말하지 않는다면, 이 입자의 속력이 무엇인지 전혀 알 길이 없으며, 그 반대도 마찬가지다.

물리학자들은 계의 '자유도degrees of freedom' 같은 것을 명시하기 위해 여러 가지 숫자를 사용한다. 뉴턴 역학에서는 입자 집단의 완전한 상태를 이야기하기 위해 모든 입자의 위치와 운동량을 알아야 한다. 따라서 자유도는 이들의 위치와 운동량이 된다. 가속도는 자유도가 아니다. 일단 계에 작용하는 힘을 알아야 가속도가 계산될 수 있기 때문이다. 자유도의 핵심은 다른 것에 의존하지 않아야 한다는 것이다.

양자역학으로 돌아가 슈뢰딩거의 파동함수를 생각해보면 상황이 조금 다르다. 단일 입자에 대한 파동함수를 만들기 위해 이 입자를 관측한다고 가정하면, 입자가 발견될 수 있는 모든 위치를 생각해야 한다. 그리고 나서 각 위치에 진폭을 부여해야 한다. 진폭은 복소수로 이 수의 제곱이 입자를 그 위치에서 발견할 확률이 된다. 파동함수는 모든 진폭의 제곱을 더하면 정확히 1이 되는 제약조건을 가지고 있다. 이 입자를 어디선가 발견할 전체 확률이 1과 같기 때문이다(때로 퍼센트로 확률을 이야기하기도 한다. 이 경우 실제 확률에 숫자 100을 곱하면 된다. 확률이 0.2라는 것은 가능성이 20퍼센트인 것과 같다).

우리가 속도나 운동량에 대해 언급하지 않은 것에 주목하라. 고전역학에서는 운동량을 따로 명시해야 하지만, 양자역학에서는 그렇게 하지 않아도 되기 때문이다. 어느 특정 속도를 측정할 확률이 파동함수에 의해 모든 위치에서 완전히 결정되어 있다. 속도는 위치와 무관한 독립된 자유도가 아니다. 알다시피 파동함수가 파동이기 때문에 그렇다. 고전적인 입자와 달리 하나의 위치와 하나의 운동량만을 가지고 있지 않으며, 모든 가능한 위치가 포함된 함수를 가지고 있으며, 이 함수는 보통 위아래로 진동하는 함수이다. 이 진동의 진동수가 속도나 운동량을 측정할 때, 어떤 결과를 얻게 될지를 결정한다.

공간에서 주기적으로 위아래로 진동하는 단순한 사인파를 생각해보자. 이런 파동함수를 슈뢰딩거 방정식에 대입하고 어떻게 진화하는지 알아보자. 우리는 곧 사인파가 특정한 운동량을 가지는 것을 발견하게 된다(이때 파장이 짧을수록 속도가 더 크다). 그러나 사인파의 위치는 명확하지 않다. 반대로 사인파는 모든 곳에 퍼져 있다. 그리고 좀 더 일반적인 형태의 파동함수(어느 한 지점에 몰려 있지도 않고, 고정된 파장을 가진 완전한 사인파처럼 퍼져 있지도 않은 파동함수)는 명확한 위치와 명확한 운동량을 갖고 있지 않으며 이들이 혼합되어 있다.

근본적인 딜레마가 있다. 우리가 파동함수를 공간적으로 몰아놓으려 하면, 운동량이 더욱더 퍼지게 된다. 파동함수(또한 운동량)를 한

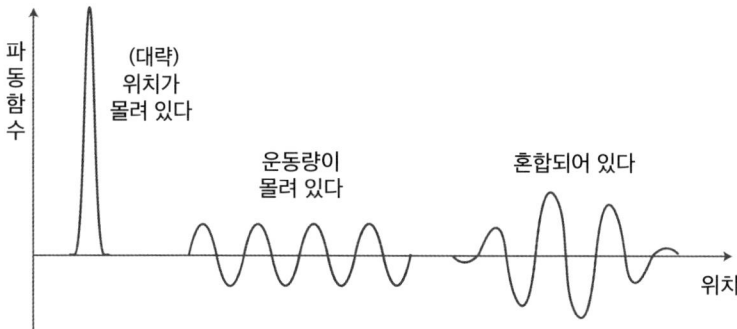

파장에 고정시키려 하면, 파동함수의 위치 퍼짐이 더 커진다. 이것이 불확정성 원리이다. 두 물리량을 동시에 '알 수 없다'는 것이 불확정성 원리가 아니다. 위치를 특정 장소에 집중시키면 운동량을 전혀 결정할 수 없으며 그 반대도 마찬가지라는 파동함수의 작동 방식을 말해주는 것이 불확정성 원리이다. 위치와 운동량이라고 일컫는 오래된 고전적인 물리량들은 실제 값을 가진 물리량이 아니며, 이들은 측정 가능한 결과에 지나지 않는다.

때로 방정식으로 가득 찬 물리학 교과서가 아닌 일상생활 속에서도 불확정성 원리에 관해 이야기하곤 한다. 그러므로 불확정성 원리와 관련이 '없는' 것이 무엇인지 강조할 필요가 있다. 불확성성 원리는 "모든 것이 불확실하다"라고 주장하는 것이 아니다. 적절한 양자 상태에서 위치와 운동량 가운데 어느 하나는 분명하다. 두 가지가 동시에 분명할 수 없을 뿐이다.

그리고 불확정성 원리는 계를 측정할 때 어쩔 수 없이 계를 교란할 수밖에 없다고 이야기하지 않는다. 한 입자가 명확한 운동량을 가지고 있다면, 이 운동량에 전혀 변화를 주지 않고도 얼마든지 측정을 할 수 있다. 핵심은 위치와 운동량 모두가 동시에 명확한 상태가 존재하지 않는다는 것이다. 불확정성 원리는 양자 상태의 본질과 그것의 관측 가능한 물리량에 대한 관계를 알리는 성명서이지, 측정이라는 물리적 행위에 관한 성명서가 아니다.

마지막으로, 불확정성 원리는 계에 관한 우리 지식의 한계를 알리는 성명서가 아니다. 우리는 양자 상태를 정확히 알 수 있으며, 이것이 우리가 알아야 할 전부이다. 즉 우리는 여전히 미래에 있을 모든 가능한 관측 결과를 완벽하게 예측할 수 없다. 파동함수가 주어졌음에도 "우리가 알지 못하는 뭔가가 존재한다"라고 생각하는 것은 우리가 관측하는 것이 실제로 존재한다는 우리의 본능적인 주장에서 나온 낡은 유물에 불과하다. 양자역학은 그렇지 않다는 것을 가르쳐주고 있다.

o o o

가끔 불확정성 원리 때문에 양자역학이 자신의 논리에 위배된다는 말을 듣기도 한다. 어처구니가 없다. 논리적으로 보면, 공리로부터 정리를 유도하고, 그 결과 정리는 사실이 된다. 공리는 물리적 상황에 적용할 수도 있고 적용하지 못할 수도 있다. 직각삼각형 빗변의 제곱이 다른 두 변의 제곱과 같다는 피타고라스의 정리는 비록 유클리드 기하학의 공리가 평면이 아닌 곡면을 다룰 때 성립하지 않는다고 하더라도 유클리드 공리로부터 정식으로 유도한 것이므로 옳다.

양자역학이 논리에 위배된다는 주장은 원자가 대부분 비어 있다는 주장과 유사하다(유사하게 나쁘다). 두 주장 모두 우리가 알게 된 그 모든 것들에도 불구하고 입자가 퍼져 있는 파동함수가 아니라 실제로는 특정 위치와 운동량을 가진 점들이라는 뿌리 깊은 믿음으로부터 유래했다.

상자 속에 들어 있는 입자를 생각해보자. 상자 안에 평면을 그려 왼쪽과 오른쪽으로 나눈다. 이 입자의 파동함수는 상자 전체에 퍼져 있다. 명제 P는 "입자가 상자의 왼쪽에 있다"이고 명제 Q는 "입자가 상자의 오른쪽에 있다"라고 하자. 파동함수가 상자 양쪽에 퍼져 있기 때문에, 두 명제 모두 틀렸다고 생각하기 쉽다. 그러나 입자가 상자 안에 있기 때문에, 명제 'P or Q'는 사실이어야 한다. 고전 논리학에서는 P와 Q 모두가 틀릴 수 없고, 'P or Q'만이 옳다. 그러므로 양자 세계에서는 뭔가 수상한 일이 벌어지고 있는 셈이다.

수상쩍은 것은 논리나 양자역학이 아닌, 명제 P와 Q가 참이냐 아니냐를 결정할 때 양자 상태의 본질을 무시하는 우리의 태도이다. 이런 명제들은 참도 아니고 거짓도 아니다. 이들에 대한 정의를 명확하게 하지 못했을 뿐이다. '상자에서 입자가 위치해 있는 쪽' 같은 것은 없다. 만약 파동함수가 상자의 한쪽에만 몰려 있고 다른 쪽에는 없는 경우라면, P와 Q 어느 것이 참인지 규정할 수 있다. 그 경우에는 하나가 참이고 다른 하나가 거짓일 테고, 고전 논리학을 적용해도 무방할 것이다.

고전 논리학을 직절히 적용했을 때는 언제나 고전 논리학이 완벽히 성립한다. 하지만 그럼에도 불구하고 존 폰 노이만과 그의 동료인 개릿 버코프는 '양자논리학'이라는 좀 더 일반적인 접근법을 개척했다. 표준적인 공리와는 조금 다른 논리적 공리로부터 출발하면 일련의 규칙들을 유도할 수 있는데, 이 규칙들은 양자역학에서 보른의 규칙이 시사하는 확률들을 따른다. 이런 점에서 양자논리학은 흥미로울 뿐 아니라 유용하다. 하지만 양자논리학이 존재한다고 해서, 적절한 상황에서 사용되는 보통의 논리학이 옳다는 것이 무효화되지는 않는다.

o o o

닐스 보어는 무엇이 양자 이론을 아주 독특하게 만드는지 알아내기 위해 상보성complementarity이라는 개념을 제안했다. 이것은 양자계를 관찰하는 두 가지 이상의 방법이 있음을 의미한다. 각 방법이 동일하게 유효하지만, 동시에 적용할 수 없다는 특성을 갖고 있다. 입자의 파동함수는 위치 또는 운동량으로 기술할 수 있지만, 동시에 두 물리량으로 기술할 수는 없다. 마찬가지로 전자가 입자 또는 파동의 성질을 보인다고 생각할 수 있지만, 동시에 입자이면서 파동일 수는 없다.

유명한 이중 슬릿 실험처럼 이 속성을 잘 보여주는 것은 없다. 이 실험은 제안된 지 한참 지난 1970년대에 들어와서야 비로소 실제로 실험이 이루어졌다. 이론 물리학자들이 결과를 이해하기 위해 새로운 사고방식을 찾아내야 할 정도로 놀라운 진짜 실험이라기보다, 양자 이론에 내포된 의미를 극적으로 보여주는 사고실험이라고 봐야

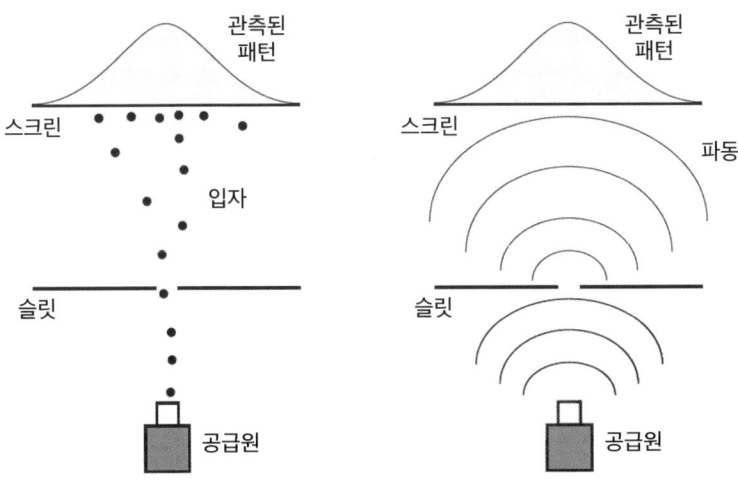

한다. 이 사고실험의 원래 형태는 보어와 논쟁을 벌이는 동안 아인슈타인이 제시했고, 훗날 리처드 파인만이 캘리포니아공과대학 학부생들에게 가르친 강의록에 실려 대중화되었다.

이 실험의 목적은 입자와 파동의 차이를 보여주는 것이다. 고전적인 입자 공급원을 생각해보자(예를 들면 다소 예측할 수 없는 방향으로 총알이 발사되는 공기총). 가느다란 단일 슬릿(폭이 가는 홈―옮긴이)을 통과하도록 입자를 쏘고, 슬릿의 뒤편에 있는 스크린에서 입자를 탐지하도록 한다. 만약 입자가 슬릿의 옆면에 부딪친다면 아마 아주 약간의 편차가 생기겠지만, 대부분의 입자는 정확하게 슬릿을 통과해 빠져나갈 것이다. 그러므로 우리가 탐지기에서 보게 되는 개별 점들은 대략 슬릿 같은 패턴으로 배열이 이루어지게 된다.

파동을 가지고도 같은 실험을 할 수 있다. 예를 들어 욕조 물에 슬릿을 세우고 파동을 만들어 슬릿을 통과하게 한다. 파동은 슬릿을

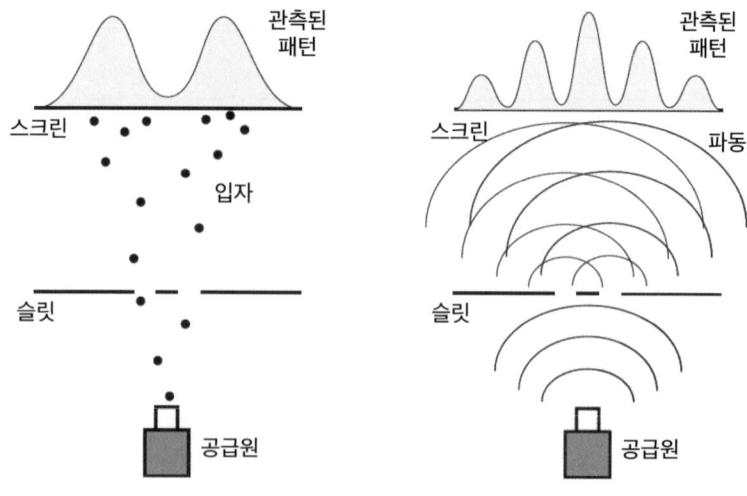

통과해 반원형 패턴을 그리며 퍼져나가 스크린에 도달한다. 물론 파동이 스크린에 닿을 때 입자의 경우와 같이 점이 관찰되지는 않는다. 그러나 특수 스크린을 설치해 스크린의 특정한 점에 파동이 닿을 때, 파동의 진폭에 비례해 이 점이 밝아진다고 가정해보자. 슬릿에서 가장 가까운 스크린 위의 점이 가장 밝고, 멀어질수록 밝기가 서서히 감소한다.

이제 같은 실험을 단일 슬릿이 아닌 두 개의 슬릿을 가지고 해보자. 입자의 경우 입자 공급원이 충분히 무작위적이어서 입자들이 양쪽 슬릿을 모두 통과한다면, 반대편 스크린에서 보게 되는 것은 점으로 이루어진 두 개의 선으로, 각 슬릿이 하나의 선을 만들게 된다(또는 슬릿 사이의 거리가 아주 가까우면 하나의 굵은 선이 나타나게 된다). 그러나 파동의 경우 결과가 흥미롭게 바뀐다. 파동은 위 또는 아래로 진동할 수 있으며, 서로 반대 방향으로 진동하는 두 파동은 서로 상쇄된다(간섭 현상). 따라서 파동이 양쪽 슬릿을 통과하자마자 반원을 그리며 퍼져 나가지만, 다른 한편으로 간섭무늬가 만들어진다. 그 결과 최종적으로 스크린 위 파동의 진폭을 관찰하면, 단순히 두 개의 밝은 선을 보게 되지 않는다. 양쪽 슬릿에서 가장 가까운 중앙 부분에 밝은 선 하나가 나타나고, 그 양쪽으로 어두운 부분과 밝은 부분이 교대로 점차 희미해지면서 이어진다.

지금까지 우리에게 친숙한 고전적인 세계에 관해 이야기해봤다. 그 세계에서는 입자와 파동이 서로 다른 존재이고 모두가 쉽게 그 둘을 구분할 수 있다. 이제 공기총이나 파동 발생기 대신 양자역학적 특성을 모두 지닌 전자 공급원을 상상해보자. 실험 장치에 몇 가지 변화를 주고, 각각의 변화가 어떤 도발적인 결과를 가져오는지 살펴보자.

첫 번째로 단일 슬릿을 생각해보자. 이 경우 전자는 고전적인 입자처럼 행동한다. 각 전자는 슬릿을 지난 후 반대편 스크린에 단일 입자와 유사한 흔적을 남긴다. 수많은 전자가 슬릿을 통과하면 중앙선 주위에 흩어진 흔적을 남기는데, 전자들이 통과한 슬릿의 모양과 유사하다. 흥미로운 점은 전혀 없다.

이제 이중 슬릿을 사용해보자(제대로 된 실험을 하려면, 두 슬릿이 아주 가까이 위치해 있어야 한다. 이것 때문에 이 실험을 실제로 하기까지 오랜 시간이 걸렸다). 또다시 전자가 슬릿을 통과한 후 반대편 스크린에 개별 흔적을 남긴다. 하지만 전자의 흔적은 고전적인 총알이 만드는 흔적인 두 개의 선이 아니다. 대신 전자는 일련의 선들을 형성한다. 중앙에는 밀도가 높은 선이 나타나고, 이 중앙선을 서서히 흔적이 줄어드는 평행선들이

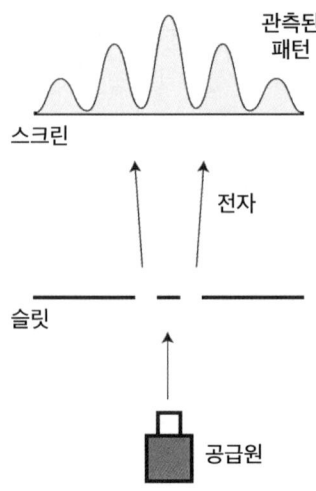

둘러싸고 있다. 각 선은 거의 흔적이 없는 검은 부분으로 분리되어 있다.

달리 말해 두 슬릿을 통과한 전자들은 입자처럼 스크린과 충돌해 개별 흔적만을 남김에도 불구하고, 파동이 그랬던 것처럼 명확한 간섭무늬를 남긴다. 이 현상을 놓고 전자가 '사실' 입자인지 파동인지, 또는 때로 입자 같은 것인지 파동 같은 것인지 등에 관한 별 도움이 안 되는 수천 가지 논쟁이 일어났다. 그게 뭐든 간에, 전자가 스크린 쪽으로 이동할 때 뭔가가 양쪽 슬릿을 모두 통과한다는 사실에는 반박의 여지가 없다.

이 시점에서 이것은 전혀 놀랍지 않다. 슬릿을 통과하는 전자는 파동함수로 기술되며, 파동함수는 고전적인 파동처럼 두 슬릿을 모두 통과한 후 위아래로 진동할 것이므로, 우리가 간섭무늬를 보게 되는 것은 당연하다. 전자가 스크린에 충돌할 때 전자가 관측되고,

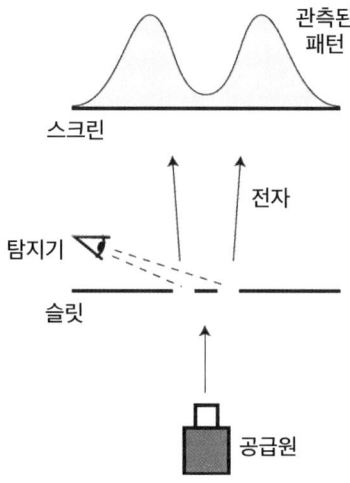

바로 이때 우리에게 전자가 입자처럼 보이게 된다.

한 가지 묘안을 추가해보자. 각 슬릿에 작은 탐지기를 설치해 전자가 어느 슬릿을 통과하는지 알 수 있다고 가정하자. 그러면 한 전자가 두 슬릿을 통과한다는 미친 소리를 완전히 멈추게 할 수 있을 것이다.

어떤 결과를 얻을지 예상해보라. 탐지기는 두 슬릿 각각을 통과하는 절반의 전자는 측정하지 못한다. 탐지기는 매번 한 슬릿을 통과하는 한 개의 완전한 전자를 측정할 수 있고, 다른 슬릿을 통과하는 전자는 측정하지 못한다. 측정 장치 구실을 하는 탐지기가 전자를 측정할 때, 전자를 입자로 보기 때문이다.

그러나 전자가 슬릿을 통과하면서 또 달라지는 것이 있다. 슬릿의 반대편에 있는 스크린에서 간섭무늬가 사라지고 우리는 다시 두 개의 띠 모양 흔적을 보게 된다. 탐지기가 작동하면 전자가 슬릿을 통과할 때 파동함수가 붕괴된다. 그래서 파동이 두 슬릿을 동시에 통과할 때 나타나는 그런 간섭 현상을 관측할 수 없다.

이중 슬릿 실험은 전자가 그저 고전적인 단일한 점이며, 파동함수는 단순히 이 점들이 어디에 있을지에 대한 우리의 무지를 나타낸다는 믿음을 고집하기 어렵게 만든다. 우리의 무지가 간섭무늬를 만들지는 않는다. 파동함수에는 실제적인 어떤 것이 존재한다.

o o o

파동함수가 실제일 수는 있지만, 추상적이라는 걸 부정할 수 없다. 한 번에 하나 이상의 입자를 고려하기 시작하면, 파동함수는 시각화되기 어렵다. 앞으로 실제 양자 현상과 관련된 수많은 미묘한 예를 다루기 위해 두고두고 사용할 간단하고 이해가 가능한 예를 들어두는 게 아주 유용할 것이다. 입자의 스핀spin(위치나 운동량 외의 또 다른 자유도)이 바로 우리가 찾고 있던 것이다. 양자역학에서 스핀이 가지는 의미를 조금 생각해볼 필요가 있으며, 한 번 이해하게 되면 편안하게 느껴질 것이다.

스핀 개념 자체는 이해가 어렵지 않다. 지구가 매일 자전하거나 발레리나가 발끝으로 회전하는 것처럼 스핀은 회전축에 대한 회전을 가리킨다. 그러나 원자핵 주위를 도는 전자의 에너지처럼, 양자역학에서 입자의 스핀을 측정하면 단지 특정한 불연속적인 결과만을 얻게 된다.

예를 들어 전자 스핀의 경우 두 가지 측정 결과가 가능하다. 우선 스핀을 측정할 축을 선택하자. 이 축을 따라 보았을 때, 전자는 항상 시계 방향 또는 반시계 방향으로만 회전하며 회전 속력rate은 같다. 이런 스핀을 위 스핀spin-up과 아래 스핀spin-down이라고 부른다. '오른손의 규칙'을 기억하라. 즉 오른손의 네 손가락을 회전 방향으로 감았을 때, 엄지손가락이 위/아래의 회전축을 가리키게 될 것이다.

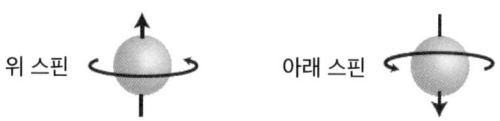

회전하는 전자는 작은 자석으로, 회전축이 북극을 향해 있는 지구와 아주 유사하게 남극과 북극을 가진다. 특정 전자의 스핀을 측정하는 한 가지 방법은 자기장 속으로 이 전자를 입사하는 것이다. 자기장은 전자가 어떤 스핀을 가졌느냐에 따라 전자를 조금 휘게 한다 (기술적으로 자기장이 올바르게 집중되어 있어야 한다. 측정에 성공하려면 자기력선이 한쪽으로는 퍼져 있고 다른 쪽으로는 아주 밀집되어 있어야 한다.)

전자가 특정한 전체 스핀을 갖고 있다면, 이 실험 결과에 대해 다음과 같은 예측을 할 수 있다. 스핀 축이 외부 자기장 방향과 일치하면 위로 휘고, 스핀 축이 자기장 방향과 반대이면 아래로 휘며, 스핀 축이 중간 어딘가에 있다면 중간 각도로 휜다. 그러나 우리에게 관측되는 건 이렇지 않다.

스핀이라는 개념이 등장하기도 전인 1922년 독일의 물리학자 오토 슈테른(막스 보른의 조수)과 발터 게를라흐가 처음으로 이 실험을 했다. 이들이 본 것은 아주 놀라웠다. 전자는 자기장을 통과한 후 실제로 경로가 휘었지만, 위 또는 아래로만 휘었고 중간은 없었다. 자기장을 회전시켜도 전자는 여전히 통과하는 자기장이 같은 방향이냐 반대 방향이냐에 따라서만 휘었고, 중간 값은 없었다. 원자핵 주위를 도는 전자의 에너지처럼, 측정된 스핀 역시 양자화된 것처럼 보였다.

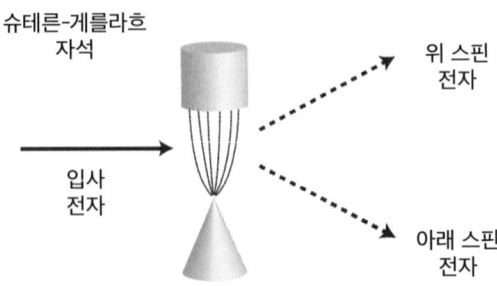

이것은 놀라워 보인다. 원자핵 주위를 도는 전자의 에너지가 특정한 양자화된 값만을 가진다는 생각을 받아들인다고 하더라도, 적어도 이 에너지는 전자의 객관적인 성질처럼 보인다. 그러나 우리가 전자의 '스핀'이라고 부르는 것은 어떻게 측정을 하느냐에 따라 다른 답을 주는 것 같다. 스핀을 측정하는 방향과 상관없이 단지 두 가지 결과만을 얻을 수 있다.

이것이 이상하지 않다는 것을 증명하기 위해 전자가 두 자석을 연속해서 통과한다고 가정해보자. 교과서 양자역학의 규칙에 의하면, 특정한 측정 결과를 얻은 후 곧바로 동일계를 다시 측정하면 항상 같은 답을 얻게 된다는 것을 기억하라. 그리고 실제로 그런 일이 일어난다. 전자가 한 자석에 의해 위로 휘면(따라서 전자는 위 스핀 상태에 있다) 같은 방향으로 정렬된 다음 자석에 의해서도 위로 휘게 된다.

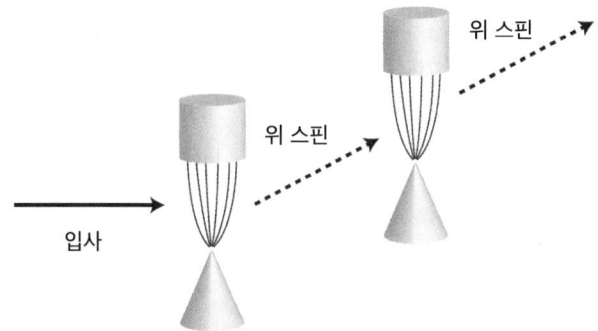

만약 자석 하나를 90도 회전시키면 어떤 일이 생길까? 즉 수직으로 정렬된 자석으로 측정하면, 초기 전자빔(빔은 입자들의 좁은 흐름—옮긴이)은 위 스핀과 아래 스핀으로 분리된다. 이제 위 스핀 전자들만을 선택하여 수평 방향 자석을 통과하게 한다. 그러면 어떤 일이 일어날까? 수직 방향의 위 스핀 전자들을 억지로 수평축 방향으로 측정하기 때문에 전자들이 숨죽이며 통과를 거부할까?

아니다. 대신 두 번째 자석은 위 스핀 전자들을 두 전자빔으로 나눈다. 빔의 절반은 오른쪽(두 번째 자석 방향으로)으로 휘고 나머지 절반의 빔은 왼쪽으로 휜다.

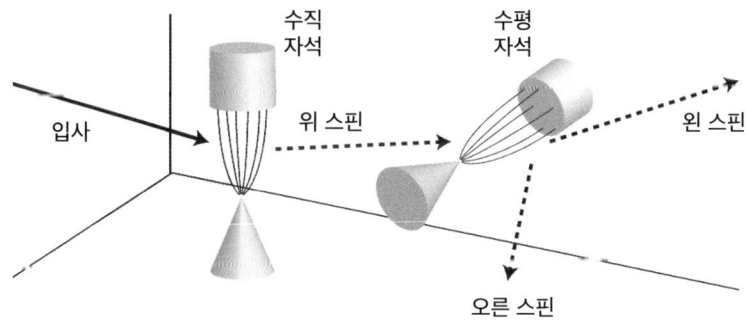

4장 / 존재하지 않기 때문에 알 수 없는 것   103

미친 것 같다. 고전적인 직관에 의하면 '전자가 자전하는 축'이 존재하고, 이 축에 대한 스핀이 양자화되어 있어야 맞다. 그러나 실험은 스핀이 양자화되어 있는 그 축이 입자 자신에 의해 미리 결정되어 있지 않다는 것을 보여준다. 즉 우리가 자석을 적절히 회전시켜 축을 원하는 대로 선택할 수 있으며, 스핀은 이 축에 대해 양자화가 된다.

여기서 다시 불확정성 원리가 등장하는 것을 보게 된다. '위치'와 '운동량'은 전자가 가진 성질이 아니며, 단지 전자에 대해 측정 가능한 양임을 앞서 알게 되었다. 특히 어떠한 입자라도 동시에 두 양의 값을 명확하게 알 수 없다. 하지만 먼저 위치를 정확히 측정하고 나면 특정 운동량을 관측할 확률이 완전히 결정되며, 그 반대도 성립한다.

'수직 스핀'과 '수평 스핀'에 대해서도 동일하다.* 이들은 전자가 가질 수 있는 분리된 성질이 아니다. 이들은 단지 측정할 수 있는 다른 물리량에 지나지 않는다. 우리가 양자 상태를 수직 스핀 관점에서 보면, 왼 수평 스핀이나 오른 수평 스핀을 관측할 확률이 완전히 결정된다. 얻게 될 측정 결과는 양자 상태에 의해 결정되는데, 이 양자 상태는 수직 스핀 또는 수평 스핀의 관점에서 다르지만 동등한 방식으로 표현할 수 있다. 모든 특별한 양자 상태에 대해 측정을 할 때 양립할 수 없는 결과들이 나올 수 있다고 불확정성 원리를 표현할 수 있다.

---

* 그리고 측정 불가능한 세 번째 수직 방향의 스핀은 '앞 스핀forward spin'이라고 부른다.

○ ○ ○

양자역학에서 두 가지 측정 결과가 가능한 계는 너무 흔하고 유용한 까닭에 큐비트qubit라는 귀여운 이름이 주어졌다. 이 이름은 고전적인 '비트bit'가 단지 두 개의 값, 즉 0과 1만을 가진 것에서 유래한다. 큐비트(양자 비트)는 두 가지 가능한 측정 결과, 말하자면 특정한 축에 대해 위 스핀과 아래 스핀을 가진 계이다. 일반적인 큐비트의 상태는 두 가능성의 중첩 상태이며, 각 가능성은 복소수, 또는 진폭으로 주어진다. 보통의 컴퓨터가 고전적인 비트를 조작하듯이 양자 컴퓨터는 큐비트를 조작한다.

큐비트의 기능을 다음과 같이 적을 수 있다.

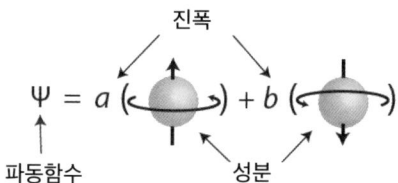

기호 a와 b는 복소수이며, 각각 위 스핀과 아래 스핀의 진폭을 나타낸다. 다른 가능한 측정 결과(지금의 경우에는 위/아래 스핀)를 대표하는 파동함수의 조각들은 성분component이라고 불린다. 이 상태에서 입자가 위 스핀을 가질 확률은 $|a|^2$이고 아래 스핀을 가질 확률은 $|b|^2$이다. 예를 들어 a와 b가 모두 1/2의 제곱근과 같다면 위 스핀이나 아래 스핀을 관측할 확률은 1/2이 된다.

파동함수의 결정적인 속성을 이해하는 데 큐비트가 도움이 된다.

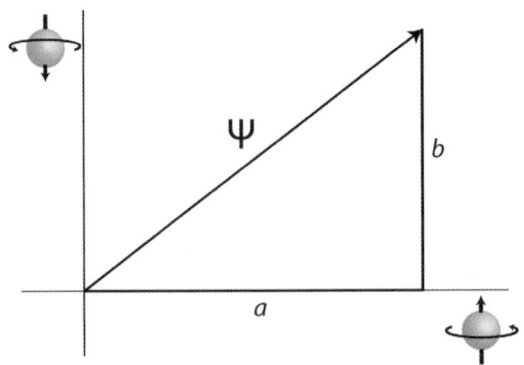

큐비트는 직각삼각형의 빗변과 같은데, 말하자면 짧은 변들은 각각의 가능한 측정 결과에 대한 진폭에 해당한다. 달리 말해 파동함수는 길이와 방향을 가진 화살인 벡터vector와 같다.

지금 이야기하고 있는 벡터는 실제 물리적 공간에서 '위' 또는 '북쪽'과 같이 방향을 가리키는 벡터가 아니다. 그 대신 모든 가능한 측정 결과로 정의되는 공간에서의 방향을 가리킨다. 단일 스핀 큐비트의 경우, (한 번 측정할 방향의 축을 결정하고 나면) 위 스핀 또는 아래 스핀만 존재한다. "큐비트가 위 스핀과 아래 스핀의 중첩 상태에 있다"고 말하는 것은 실제로 "양자 상태를 대표하는 벡터가 위 스핀 방향 성분과 아래 스핀 방향 성분을 가지고 있다"는 것을 의미한다.

위 스핀과 아래 스핀을 반대 방향으로 생각하는 것이 자연스럽다. 내 말은 화살표만 보라는 것이다. 그러나 양자 상태의 두 스핀은 서로 수직이다. 즉 완전히 위 스핀 상태에 있는 큐비트는 아래 스핀 성분을 전혀 가지고 있지 않으며, 그 반대도 마찬가지이다. 입자의 위치에 대한 파동함수를 보통 전체 공간에서 연속 함수로 가시화하지만, 심지어는 이 파동함수도 벡터이다. 공간에 있는 모든 점이 여러 성분을 정의하며 파동함수는 그 모든 점이 중첩된 것이라고 생각하는 것이 요령이다. 이러한 벡터의 수는 무한하므로, 힐베르트 공간 Hilbert space이라고 부르는 모든 가능한 양자 상태 공간의 차원은 단일 입자의 위치에 대해서 무한 차원이 된다. 바로 이것이 큐비트가 생각 면에서 아주 쉬운 까닭이다. 두 개의 차원은 무한 차원보다 시각화하기가 쉽다.

양자 상태에 무한개가 아닌 두 개의 성분만 존재할 경우, 이를 '파동함수'로 생각하기란 쉽지 않다. 이 상태는 전혀 파동 같지 않으며, 공간의 연속 함수처럼 보이지도 않는다. 사실 거꾸로 생각하면 이 상태를 올바르게 기술할 수 있다. 양자 상태는 통상적인 공간의 함수가 아니다. 그것은 추상적인 '측정 결과 공간'의 함수이며, 큐비트에 대한 함수의 경우 두 가능성만을 가진다. 관측할 것이 단일 입자의 위치라면 양자 상태는 모든 가능한 위치에 진폭을 부여하는데, 이것은 통상적인 공간의 파동과 흡사하다. 하지만 이것은 예외적인 경우이다. 파동함수는 더 추상적인 것으로 한 개 이상의 입자와 관계된 파동함수는 시각화하기가 어렵다. 그러나 어쩔 수 없이 "파동함수"라는 용어를 사용해야 한다. 적어도 큐비트의 파동함수는 단지 두 성분만을 가진다는 점에서 큐비트가 훨씬 좋다.

o o o

불필요한 수학을 다룬 것처럼 보이지만, 파동함수를 벡터로 생각하면 즉시 이득을 보게 된다. 한 가지 이득은 특정한 측정 결과를 얻을 확률이 진폭의 제곱으로 주어진다는 보른의 규칙을 설명할 수 있다는 점이다. 세부적인 설명은 나중에 하겠지만, 왜 이 규칙이 성립하는지 알기는 어렵지 않다. 파동함수는 벡터이므로 길이를 가진다. 이 길이는 시간에 따라 늘어나거나 줄어들 수 있지만, 그런 일은 생기지 않는다. 슈뢰딩거 방정식에 따르면, 파동함수는 일정한 길이를 유지하면서 '방향'만 변화한다. 그리고 고등학교 기하학에서 배운 피타고라스의 정리를 사용해 이 길이를 계산할 수 있다.

벡터 길이의 값은 관계가 없다. 값은 편한 값을 고르면 되고, 이 값이 일정하게 유지된다는 것만 알고 있으면 된다. 값을 1로 잡아보자. 모든 파동함수는 길이가 1인 벡터가 된다. 이 벡터는 직각삼각형의 빗변과 같으며, 성분은 짧은 변에 해당한다. 그러므로 피타고라스 정리로부터 진폭의 제곱을 더하면 1이 되는, 즉 $|a|^2 + |b|^2 = 1$인 간단한 관계식을 얻는다.

이것이 양자 확률에 관한 보른의 규칙의 기반이 되는 간단한 기하학적 사실이다. 진폭을 더하면 1이 되지 않지만, 진폭의 제곱을 더하면 1이 된다. 이것은 확률이 가진 중요한 속성과 정확히 같다. 서로 다른 결과들에 대한 확률의 합은 1이어야 한다(무슨 일인가 일어난다면, 이런 모든 일이 일어날 확률을 더할 때 1이 된다). 또 다른 규칙은 확률이 음수가 되지 않아야 한다는 것이다. 다시 한 번, 진폭의 제곱은 이 규칙을 만족시킨다. 진폭은 음수(또는 복소수)가 될 수 있지만, 진폭의 제곱은 음의 실수가 될 수 없다.

그러므로 너무 고심할 필요 없이 '진폭의 제곱'은 결과에 대한 확률이 될 올바른 성질을 갖고 있다고 말할 수 있다. 진폭의 제곱은 일련의 양수로서, 더하면 항상 1이 된다. 왜냐하면 진폭의 제곱이 파동함수의 길이이기 때문이다. 이것이 이야기 전체의 핵심이다. 보른의 규칙은 근본적으로 피타고라스의 정리로, 피타고라스의 정리가 다른 가지들의 진폭에 적용된 것이다. 이것이 바로 진폭의 제곱인 까닭이다. 진폭 자체가 아니며, 진폭의 제곱근도, 또는 이와 유사하게 진폭을 조작한 어떤 것도 아니다.

또한 벡터 그림은 불확정성 원리를 우아하게 설명해준다. 위 스핀 전자가 수평 자석을 통과한 뒤 50 대 50의 확률로 오른 스핀 전자와 왼 스핀 전자로 나뉜 것을 기억하라. 이것은 위 스핀 상태의 전자가 오른 스핀 전자와 왼 스핀 전자의 중첩과 동등하다는 것을 암시하며, 아래 스핀의 전자에 대해서도 이와 마찬가지이다.

$$\text{↑} = \sqrt{\frac{1}{2}}(\text{→}) + \sqrt{\frac{1}{2}}(\text{←})$$

$$\text{↓} = \sqrt{\frac{1}{2}}(\text{→}) - \sqrt{\frac{1}{2}}(\text{←})$$

그러므로 왼 스핀이나 오른 스핀은 위 스핀이나 아래 스핀과 독립적이지 않다. 한 스핀은 다른 스핀들의 중첩이라고 생각할 수 있다. 위 스핀과 아래 스핀은 함께 큐비트 상태의 기저basis를 형성한다. 모든 양자 상태는 이 두 가능성의 중첩으로 표시할 수 있다. 그러나 왼 스핀과 오른 스핀은 또 다른 기저를 형성한다. 뚜렷이 다르지만 동등하게 유용한 기저이다. 스핀을 한 기저를 사용해 적으면, 다른 기저를 사용했을 때의 표현도 완전히 결정된다.

이것을 벡터를 사용해 생각해보자. 수평축이 위 스핀, 수직축이 아래 스핀인 이차원 평면을 그리면, 오른 스핀과 왼 스핀은 이 축에 대해 45도 방향을 향하는 것을 알 수 있다. 어느 파동함수가 주어지면 그 파동함수를 위/아래 스핀 기저에 표현할 수 있다. 그러나 마찬가지로 그 파동함수를 오른/왼 스핀 기저로도 잘 표현할 수 있다. 한 기저축을 다른 기저축에 대해 회전했지만, 두 기저축 모두 임의의 벡터를 완전히 올바로 표현할 수 있다.

이제 불확정성 원리가 어디서 유래했는지 알았을 것이다. 단일 스

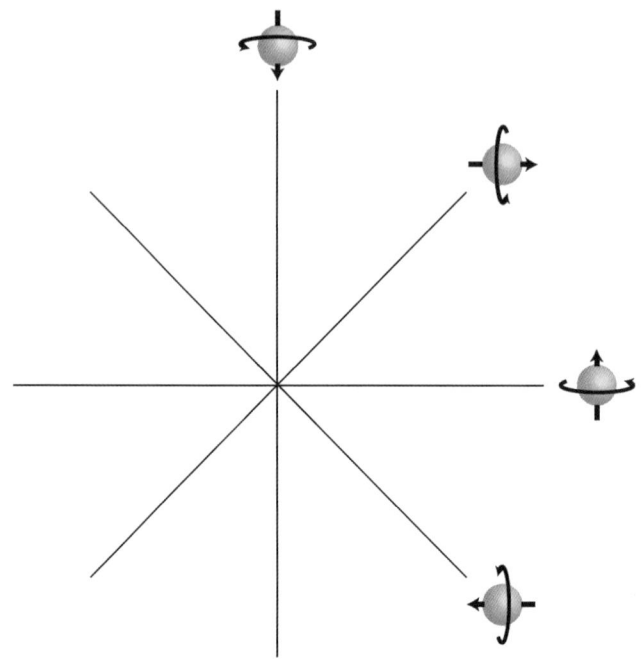

핀의 경우 불확정성 원리가 말해주는 것은 원래 축(위/아래) 방향의 스핀과 회전된 축(오른/왼) 방향의 스핀이 동시에 특정한 값을 가질 수 있는 상태가 존재할 수 없다는 것이다. 그림을 보면 이 사실을 분명히 알 수 있다. 전자가 위 스핀 상태에 있다면, 이 전자는 자동적으로 왼 스핀과 오른 스핀의 조합이 되며, 그 반대도 성립한다.

위치와 운동량이 동시에 한곳에 밀집된 양자 상태는 존재하지 않는 것처럼, 수직 스핀과 수평 스핀이 동시에 한곳에 밀집된 양자 상태 역시 존재하지 않는다. 불확정성 원리는 실제로 존재하는 것(양자 상태)과 측정할 수 있는 것(한 번에 하나의 측정만) 사이의 관계를 반영하고 있다.

5장

얽힘은 싫어
중첩 상태의 파동함수

아인슈타인과 보어 사이의 논쟁에 관한 잘 알려진 이야기들을 통해 우리는 흔히 아인슈타인이 불확정성 원리를 받아들이지 못해 이 원리를 회피할 영리한 방법을 발견하는 데 전념했다는 인상을 받는다. 그러나 아인슈타인을 괴롭혔던 양자역학 문제는 명백한 비국소성nonlocality, 즉 공간의 한 점에서 일어난 사건이 아주 멀리서 진행하는 실험에 즉시 영향을 미치는 것 같다는 것이었다. 아인슈타인은 그의 우려를 잘 정리된 반대 입장으로 성문화하기까지 시간이 제법 걸렸다. 이 과정에서 아인슈타인은 양자 세계의 가장 의미심장한 속성 가운데 하나인 얽힘entanglement 현상을 밝히는 데 도움을 주었다.

우주의 각 부분이 독립적인 파동함수를 갖지 않고, 우주 전체가 단 하나의 파동함수를 갖기 때문에 얽힘이 생긴다. 이 사실을 어떻게 알 수 있을까? 왜 모든 입자나 장에 대한 하나의 파동함수만을 가질 수는 없을까?

속도의 크기는 같고 방향은 반대인 두 개의 전자를 서로를 향해 발사하는 실험을 생각해보자. 이 둘은 모두 음의 전하를 가지고 있어 서로 반발할 것이다. 고전물리학적으로 볼 때, 전자들의 초기 위치와 속도가 주어지면 각 전자가 산란하는 방향을 정확히 계산할 수 있다. 하지만 양자역학적으로 볼 때 우리가 할 수 있는 것이라고는, 두 전자가 상호작용한 후 각 전자를 여러 경로에서 관측할 확률을 계산하는 것뿐이다. 전자를 끝내 관측해 전자가 움직이는 명확한 방향을 고정시킬 때까지, 각 전자의 파동함수는 대략 구형으로 퍼져나간다.

실제로 이런 실험을 해서 산란 후 전자들을 관측하면 중요한 것을 알게 된다. 초기에 전자들이 크기는 같고 방향이 반대인 속도를 갖고 있었기 때문에 전체 운동량은 0이다. 그리고 운동량이 보존되므로 상호작용 후의 운동량 역시 0이어야 한다. 이것은 전자들이 여러 방향으로 움직이며 튀어나오는 동안 한 전자가 어느 방향으로 움직이든지 다른 전자는 정확히 반대 방향으로 움직여야 한다는 것을 의미한다.

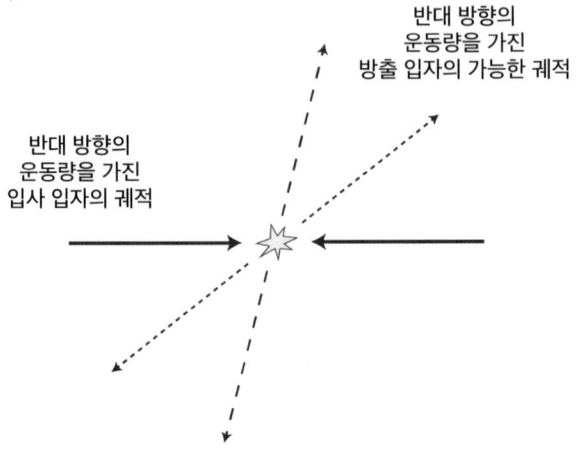

생각해보면 좀 이상하다. 첫 번째 전자가 여러 방향으로 산란할 수 있으므로, 두 번째 전자 역시 여러 방향으로 산란할 수 있다. 그러나 두 전자가 독립적인 파동함수를 갖고 있다면, 이 두 확률은 완전히 무관해야 한다. 이렇게 상상해보자. 단지 하나의 전자만을 관측해 이 전자가 움직이는 방향을 측정하는데, 이때 다른 전자는 전혀 영향을 받지 않는다고. 실제로 한 전자를 측정할 때 다른 전자는 자신이 반대 방향으로 움직여야 한다는 것을 어떻게 알 수 있을까?

우리는 이미 답을 알고 있다. 두 전자는 독립적인 파동함수를 가질 수 없다. 이들의 행동은 전체 우주의 단일 파동함수에 의해 기술된다. 여기서는 우주의 나머지 부분을 무시하고 두 전자에만 초점을 맞추도록 한다. 그러나 전자 가운데 하나를 무시하고 다른 전자에만 초점을 맞출 수 없다. 어느 한 전자의 관측 결과를 예측하는 일은 다른 전자의 관측 결과에 의해 엄청난 영향을 받게 된다. 전자들이 서로 얽혀 있기 때문이다.

파동함수는 가능한 각 측정 결과에 진폭이라는 복소수를 부여한 것으로, 진폭의 제곱은 측정할 때 각 결과를 관측할 확률이 된다. 우리가 하나 이상의 입자에 대해 이야기할 때, 그것은 모든 입자를 한꺼번에 관측하는 것의 가능한 모든 결과에 대해 진폭을 부여하는 것을 의미한다. 예를 들어 위치를 측정한다고 하면, 우주 파동함수는 우주의 모든 입자의 위치에 관한 모든 가능한 조합에 진폭을 부여하는 것으로 생각할 수 있다.

이를 시각화하는 것이 가능한지 의아하게 생각할 수 있다. 예를 들어 가느다란 구리선에 갇혀 있는 전자 한 개처럼 일차원 직선을 따라 움직이는 단일 입자라는 단순한 경우에는 이 일이 가능하다. 입자의 위치를 나타내는 직선을 그리고, 각 위치에 대한 진폭을 나타내는 함수를 그리면 된다(이 간단한 문맥에서 편의상 복소수 함수가 아닌 실수 함수를 그린다고 했지만, 문제가 되지는 않는다). 같은 일차원 운동을 하는 두 입자의 경우, 두 입자 각각의 위치를 나타내는 이차원 평면을 그리고, 파동함수를 삼차원 등고선 지도로 그리면 된다. 이것은 이차원 공간에 있는 단일 입자의 지도가 아님에 주목하라. 이것은 두 입자의 지도이며, 각 입자는 일차원 공간에서 움직인다. 따라서 파동함수는 입자의 두 위치를 모두 기술하는 이차원 평면에서 정의된다.

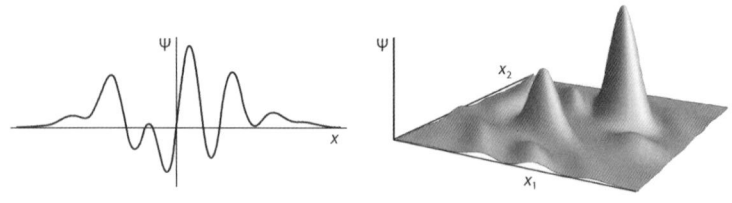

위치 X에 대한 단일 입자의 파동함수   위치 X_1, X_2에 대한 두 입자의 파동함수

빅뱅 이후의 유한한 광속과 유한한 시간 때문에 우리는 "관측 가능한 우주"라고 부르는 우주의 유한한 지역만을 볼 수 있다. 관측 가능한 우주에는 대략 10^{88}개의 입자가 있으며, 대부분은 광자와 뉴트리노이다. 이 숫자는 2보다 훨씬 크다. 그리고 각 입자는 일차원 직선이 아닌 삼차원 공간에 위치한다. 삼차원 공간에 흩어져 있는 10^{88}개 입자의 모든 가능한 배열에 대한 파동함수를 어떻게 시각화할 수 있을까?

미안하지만 그런 일은 불가능하다. 인간의 상상력으로는 양자역학에서 일상적으로 사용하는 어마어마하게 큰 수학적 공간을 가시화할 수 없다. 한 개나 두 개 입자에 대해서는 어렵지 않게 시각화가 가능하다. 그 이상이 되면 언어와 방정식으로 이들을 기술해야 한다. 다행히 슈뢰딩거 방정식은 파동함수가 어떻게 행동하는지 단순하고 명확하게 말해준다. 두 입자에 대해 어떤 일이 일어나는지를 이해하면, 10^{88}개 입자의 경우로 일반화하는 것은 단지 수학적 문제이다.

o   o   o

파동함수가 너무 커서 파동함수를 생각하는 것이 조금 어려울 수 있다. 고맙게도 훨씬 간단한 몇 개의 큐비트를 사용해 우리는 얽힘이 가진 흥미로운 사실을 모두 이야기할 수 있다.

양자 물리학자들은 암호기법 문헌의 별난 전통에 따라, 서로 큐비트를 공유하는 두 사람인 앨리스와 밥을 등장시키곤 한다. 두 전자를 상상해보자. 전자 A는 앨리스가 가지고 있고, 전자 B는 밥이 가지고 있다. 이들 두 전자의 스핀이 두 큐비트 계를 구성하게 되며, 파동함수로 이 계를 기술한다. 파동함수는 계 전체의 각 배열에 대해, 예를 들면 수직 방향에 대한 전자들의 스핀과 같이 우리가 측정하는 어떤 것에 대해 진폭을 부여한다. 이 경우에 네 개의 가능한 측정 결과가 존재할 수 있다. 즉 모두 위 스핀, 모두 아래 스핀, A는 위 스핀이고 B는 아래 스핀, 그리고 A는 아래 스핀이고 B는 위 스핀을 가진 것을 관측할 수 있다. 이 계의 상태는 기저인 이들 네 가지 가능성의 중첩 상태가 된다. 아래 그림의 각 괄호에서 첫 번째 스핀이 앨리스의 것이고 두 번째 스핀은 밥의 것이다.

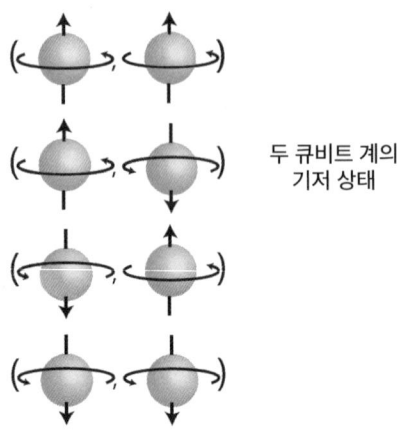

두 큐비트 계의 기저 상태

큐비트가 두 개라고 해서 큐비트들이 반드시 얽혀 있을 필요는 없다. 예를 들어 두 큐비트 모두 위 스핀인 한 가지 기저 상태를 생각해보자. 앨리스가 수직 방향으로 그녀의 큐비트를 측정한다면, 항상 위 스핀을 관측하게 될 것이다. 밥 역시 같은 관측을 하게 된다. 앨리스가 수평축 방향으로 스핀을 측정한다면, 50 대 50의 확률로 오른 스핀과 왼 스핀을 관측하게 될 것이며, 밥 역시 동일하다. 그러나 각 경우에 앨리스가 자신의 측정 결과를 알았다고 해서 밥이 무엇을 측정하게 될지는 알 수 없다. 계의 다른 부분들이 얽히지 않았다는 것을 알고 있기 때문에, 보통 "한 개 입자의 파동함수"라는 이야기를 아무렇지 않게 사용할 수 있다. 각 큐비트는 자신들만의 파동함수를 가진 것처럼 행동한다.

이번에는 모두 위 스핀인 상태와 모두 아래 스핀인 상태의 두 기저 상태가 같은 비율로 중첩된 경우를 생각해보자.

$$\Psi = \sqrt{\frac{1}{2}}(\uparrow, \uparrow) + \sqrt{\frac{1}{2}}(\downarrow, \downarrow)$$

앨리스가 수직축 방향으로 스핀을 측정하면, 위 스핀과 아래 스핀을 50 대 50의 확률로 관측하게 되고, 밥 역시 동일하다. 앞의 경우와의 차이는 밥이 측정을 하기 전에 앨리스의 결과를 알면, 밥의 측정 결과를 100퍼센트 확신할 수 있다는 것이다. 즉 밥은 앨리스의 측정 결과와 같은 결과를 얻게 된다. 양자역학 교과서에는 앨리스의 측정으로 인해 파동함수가 두 기저 상태 가운데 하나로 붕괴해 밥의 측정 결과가 확정되었다고 표현한다(다세계 이론의 언어로 표현하자면, 앨리스의 측정으로 인해 파동함수가 가지를 쳐서 두 명의 다른 밥이 만들어지고, 각각의 밥은 특정 결과를 얻게 된다). 이것이 얽힘이 하는 일이다.

o o o

1927년 솔베이 회의가 끝난 뒤 아인슈타인은 특히 코펜하겐 학파의 양자역학 해석이 실험 결과를 예측하는 데는 아주 성공적이었지만, 물리적인 세계를 기술하는 완전한 이론이라 하기에는 크게 부족하다는 것을 확신하게 되었다. 이런 아인슈타인의 관심이 마침내 1935년 보리스 포돌스키와 네이선 로즌과 함께 발표한, 보통 줄여서 EPR이라고 부르는 논문으로 결실을 맺는다. 나중에 아인슈타인은 주 아이디어는 자신이 냈고, 로즌은 계산을 담당했으며, 포돌스키는 논문 작성의 대부분을 담당했다고 말했다.

EPR 논문은 서로 반대 방향으로 움직이는 두 입자의 위치와 운동량을 다루고 있지만, 큐비트로 바꾸어 생각하면 편하다. 위에서 언급한 것처럼 얽힌 두 스핀에 대해 생각해보자(이 상태를 실험실에서 아주 쉽게 만들 수 있다). 앨리스는 큐비트와 함께 집에 머무는 반면, 밥은 큐비트를 가지고 먼 여행을 떠난다. 예를 들면 밥은 로켓 우주선에 올라 4광년 떨어진 알파 센타우리 별로 날아간다. 두 입자 사이의 얽힘은 그들이 서로 멀어지더라도 깨지지 않는다. 앨리스나 밥이 자신의 큐비트 스핀을 측정하지 않는 한, 전체 양자 상태는 동일한 상태로 남아 있을 것이다.

밥이 알파 센타우리 별에 무사히 도착한 후, 앨리스가 수직축에 대한 자기 입자의 스핀을 측정한다. 이 측정을 하기 전 우리는 앨리스가 어떤 스핀을 관측할지 전혀 알지 못하며, 밥에 대해서도 마찬가지이다. 앨리스가 위 스핀을 관측했다고 가정해보자. 그러면 양자역학의 규칙에 의해 밥이 언제 측정을 하든지 상관없이, 밥 역시 위 스핀을 관측할 것임을 즉시 알 수 있다.

참 이상하다. 그보다 30년 전에 아인슈타인은 특수상대성 이론의 규칙들을 확립했다. 이 규칙들 가운데는 신호가 광속보다 빨리 전달될 수 없다는 것이 있다. 그런데 양자역학에 의하면 앨리스가 지금 이곳에서 한 측정이 4광년이나 떨어진 밥의 큐비트에 즉시 영향을 미친다는 것이다. 앨리스가 측정을 끝마쳤을 때, 그 결과가 무엇인지를 밥의 큐비트는 어떻게 즉시 알 수 있었을까? 이것이 바로 아인슈타인을 그토록 괴롭히던 "기괴한 원격작용"이다.

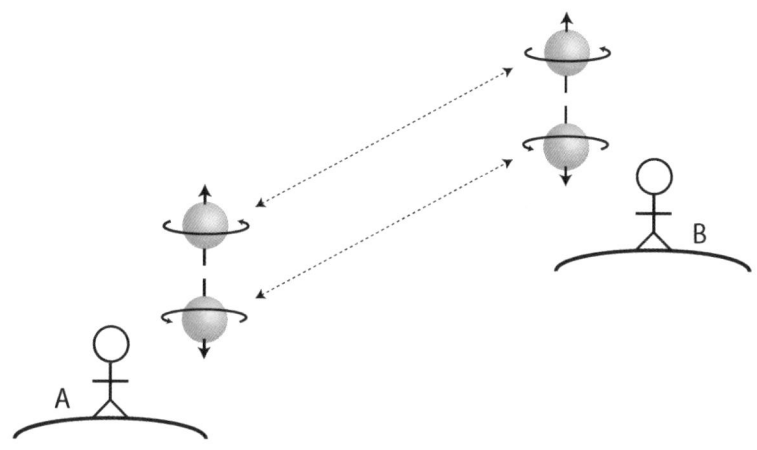

　원격작용은 그리 나빠 보이지 않다. 겉보기에 양자역학이 광속보다 빠르게 영향을 미칠 수 있다는 이야기를 들으면, 우선 이 현상을 이용해 먼 거리에 떨어져서도 즉시 통신을 할 수 있지 않을까 하는 생각이 들 것이다. 광속의 제한을 전혀 받지 않는 양자 얽힘 전화기를 만들 수 있지 않을까?

　그렇지 않다. 다음의 간단한 예를 통해 아주 분명하게 알 수 있다. 앨리스가 위 스핀을 관측하고 밥이 시간을 내어 측정하면, 밥 역시 위 스핀을 관측하리라는 것을 앨리스는 즉시 알 수 있다. 그러나 밥은 그런 사실을 모른다. 밥이 자기 입자의 스핀이 무엇인지 알기 위해서는 앨리스가 밥에게 광속의 제한을 받는 통상적인 수단을 통해 그녀의 측정 결과를 알려줘야 한다.

　루프홀이 있다고 생각할지 모르겠다. 앨리스가 자기 큐비트의 스핀을 측정하지 않아서 무작위적인 답을 얻는 대신, 결과가 위 스핀이 되도록 강제하면 어떻게 될까? 그러면 밥 역시 위 스핀을 관측하게 된다. 즉 정보가 순간적으로 전달된 것처럼 보이게 된다.

문제는 중첩 상태에 있으면서도 특정한 측정 결과를 강제하는 양자계를 만들어내는 방법이 간단치 않다는 것이다. 앨리스가 단순히 스핀을 측정한다면, 같은 확률로 위 스핀이나 아래 스핀을 관측할 것이다. 이런 측정 결과에 '만약' '그리고' '그러나' 같은 것은 없다. 다른 한편 앨리스는 측정 전에 스핀을 조작할 수도 있다. 이 경우에 중첩 상태가 아닌 100퍼센트 위 스핀 상태에 있게 된다. 예를 들어 앨리스는 전자에 광자를 쏠 수 있다. 전자가 위 스핀을 가지고 있으면 광자가 전자의 스핀을 바꾸지 않고, 전자가 아래 스핀을 가지고 있으면 광자가 전자를 위 스핀으로 바꾼다. 이제 앨리스가 가진 원래 전자는 분명히 위 스핀을 가지게 된다. 그러나 이 전자는 더 이상 밥의 전자와 얽힘 상태에 있지 않게 된다. 이제 얽힘이 광자로 옮겨가서 '앨리스의 전자를 건드리지 않은 상태'와 '앨리스의 전자와 충돌한 상태'의 중첩에 있게 된다. 밥의 전자는 앨리스의 관측에 전혀 영향을 받지 않게 되어, 밥은 50 대 50의 확률로 위 스핀과 아래 스핀을 관측하게 된다. 따라서 아무런 정보도 전송되지 않는다.

이것이 양자 얽힘이 가진 일반적인 속성으로, 신호불가 정리no-signaling theorem라고 부른다. 이 정리에 따르면 입자의 얽힘 쌍은 빛보다 빠른 속도로 두 집단 사이에 정보를 전송하는 데에 실제로 사용될 수 없다. 따라서 양자역학은 어떤 감지하기 힘든 루프홀을 활용하는 것처럼 보인다. 상대성 이론의 정신(무엇도 광속보다 빠르게 이동할 수는 없다)을 위반하기는 하지만, 그 법칙의 문구(실제의 물리적 입자 및 이들이 전달하는 어떠한 유용한 정보도 광속보다 빠르게 이동할 순 없다)는 따르는 것이다.

○   ○   ○

일명 EPR역설(이것은 전혀 역설이 아니며 단지 양자역학의 한 속성이다)은 기괴한 원격작용 같은 단순한 우려 이상의 내용을 담고 있다. 아인슈타인은 양자역학이 기괴할 뿐 아니라 완전한 이론이 아니라는 것을 보여주고자 했다. 따라서 양자역학이 단순히 유용한 근사에 지나지 않는다는 것을 보여줄 간단한 근본 모형을 제시하려고 했다.

EPR은 국소성 원리principle of locality를 믿었다. 국소성 원리란, 자연을 기술하는 물리량들은 시공간의 특정한 점에서만 정의되지 여러 장소에 퍼져 있지 않으며, 멀지 않고 가까이 있는 다른 물리량들과만 직접 상호작용한다는 것이다. 달리 이야기하면 특수상대성 이론에서 광속 제한이 주어져 있을 때, 국소성 원리는 한 장소에 있는 입자가 아주 멀리 떨어진 다른 입자에 대한 측정에 즉시 영향을 미칠 수 없음을 암시하는 것처럼 보인다.

언뜻 생각해보면, 멀리 떨어져 있는 두 입자가 얽혀 있다는 사실은 양자역학에선 국소성 원리가 깨진다는 걸 의미하는 것처럼 보인다. 그러나 EPR은 국소성 원리가 모두 만족되는 멋진 해결 방법은 없다는 것을 조금 더 철저하게 보여주려고 했다.

이들은 다음과 같은 원리를 제안했다. 즉 한 물리계가 특정 상태에 있고, 이 계에 결과가 무엇일지 100퍼센트 알 수 있는 어느 측정치가 있다면, 이 측정 결과를 실체의 요소element of reality와 연관지을 수 있다. 고전역학에서는 각 입자의 위치와 운동량이 실체의 요소가 될 수 있다. 양자역학에서 큐비트가 순수한 위 스핀 상태에 있다면,

이것이 수직 방향의 스핀에 상응하는 실체의 요소가 될 수 있다. 하지만 수평 방향의 스핀에 상응하는 실체의 요소가 될 수는 없는데, 수평 방향으로 스핀을 측정할 때 어떤 결과를 얻을지 알 수 없기 때문이다. EPR 논문에서 "완전한" 이론이란 모든 실체의 요소가 직접적인 대응물counterpart을 가진 이론을 말한다. 그리고 이들은 양자역학이 이런 기준에서 볼 때 완전하지 않다고 주장했다.

앨리스와 밥, 그리고 이들의 얽혀 있는 큐비트를 다시 불러내보자. 조금 전 앨리스가 자기 입자의 스핀을 측정해 위 스핀인 것을 알았다고 가정하자. 밥 자신은 모르지만, 밥 역시 위 스핀을 측정할 것임을 우리는 알고 있다. 그러므로 EPR의 논문에 따라 밥의 입자에 부여된 실체의 요소, 말하자면 위 스핀이 존재한다. 밥이 아주 멀리 떨어져 있기 때문에, 앨리스의 측정에 의해 이 실체의 요소가 생긴 것은 아니다. 그리고 국소성 원리는 실체의 요소가 반드시 입자가 존재하는 곳에 위치해야 한다고 말해준다. 즉 실체의 요소는 틀림없이 거기에 줄곧 있어왔다.

그러나 이제 앨리스가 수직 스핀 측정을 하지 않고 대신 수평축 방향으로 스핀을 측정한다고 상상해보자. 앨리스가 오른 스핀을 관측했다고 하자. 양자가 얽혀 있는 상태이기 때문에 앨리스가 스핀을 어떤 방향으로 측정하든지 상관없이 밥과 앨리스는 동일한 측정 결과를 얻을 것이다. 그러므로 우리는 밥 역시 오른 스핀을 관측할 것임을 알고 있으며, EPR의 주장처럼 "수평축 방향으로 측정하면 밥의 큐비트는 오른 스핀이다"라고 알려주는 실체의 요소가 전부터 쭉 존재했다.

앨리스의 입자나 밥의 입자가 앨리스의 측정 결과를 미리 알 수는 없다. 그러므로 밥의 큐비트를 수직 방향으로 측정하면 위 스핀을, 수평 방향으로 측정하면 오른 스핀을 관측하리라는 것을 보장하는 실체의 요소를 밥의 큐비트가 갖고 있어야 한다.

불확정성 원리에 의하면 이런 일은 절대 일어날 수 없다. 적어도 전통적인 양자역학의 규칙을 따른다면, 수직 스핀이 정확히 정해질 때 수평 스핀이 무엇인지 전혀 알 수가 없으며, 그 반대도 마찬가지이다. 수직 스핀과 수평 스핀을 동시에 결정할 수 있는 양자역학은 존재하지 않는다. 그러므로 EPR은 당당하게 양자역학에 뭔가 놓친 것이 존재하며, 양자역학이 물리적 실체를 완벽하게 기술할 수 없다는 결론을 내렸다.

EPR 논문이 일으킨 소동은 전문 물리학자 커뮤니티를 넘어 멀리까지 확산되었다. 포돌스키의 제보를 받은 〈뉴욕타임스〉는 신문 표지에 EPR의 주장과 관련된 기사를 실었다. 이에 격분한 아인슈타인은 〈뉴욕타임스〉에 단호한 어투의 편지를 보냈고, 〈뉴욕타임스〉는 이 편지를 신문에 실었다. 편지에서 아인슈타인은 과학적 결과가 "세속적인 언론"에 미리 발표되는 것을 비난했다. 그리고 앞으로 포돌스키와는 절대 이야기하지 않겠다고 적었다.

전문 과학자들의 반응 역시 신속했다. 닐스 보어는 EPR 논문에 관한 답변 격의 논문을 긴급하게 작성했는데, 그 논문에서 보어는 모든 퍼즐이 해결되었다고 많은 물리학자가 주장한다고 적었다. 그런데 정작 보어의 논문이 정확히 어떻게 퍼즐을 해결했다는 것인지는 명확하지 않다. 보어는 창의적인 사고에는 뛰어났지만, 그가 인

EINSTEIN ATTACKS QUANTUM THEORY

Scientist and Two Colleagues Find It Is Not 'Complete' Even Though 'Correct.'

SEE FULLER ONE POSSIBLE

Believe a Whole Description of 'the Physical Reality' Can Be Provided Eventually.

아인슈타인
양자 이론을 공격하다

아인슈타인과 두 공저자가
양자 이론은 '옳지만'
'완전하지' 않다는 사실을 밝히다

전체 기사를 볼 것

마침내 '물리적 실체'를
온전히 기술하는 것이
가능해졌다고 믿다

정했듯이 특히 의사 전달능력이 좋지 않았다. 그의 논문에는 다음과 같은 문장들이 가득했다. "이 단계에서 계의 다음 행동과 관련된 가능한 예측의 종류를 정의하는 정확한 조건에 영향을 미치는 본질적인 문제가 발생한다." 대략 그는 계를 어떻게 관측할 것인지를 고려하지 않고 계에 실체의 요소를 부여해서는 안 된다고 주장했다. 보어는 실체가 측정 행위뿐만 아니라 측정 방법에도 의존한다고 말하고 싶었다.

o o o

아인슈타인과 공저자들은 물리 이론에 대한 자신들의 합리적 기준을 내놓았다. 국소성, 그리고 확실하게 예측 가능한 물리량에 실체의 요소를 관련짓는 것이었다. 그리고 이들은 양자역학이 이 두 기준을 만족하지 못한다는 것을 보여주었다. 그러나 단지 완전하지 못하다고 해서 양자역학이 틀렸다고 결론짓지는 않았다. 언젠가 국소성과 실체의 요소를 모두 만족시키는 더 나은 이론이 발견되리라는 희망을 버리지 않았다.

스위스 제네바의 CERN연구소에서 일하던 북아일랜드 출신 물리학자 존 스튜이트 벨이 이런 희망을 완전히 깨버렸다. 그는 1960년대에 양자역학의 토대에 관심을 갖게 되었는데, 당시에는 그런 주제를 생각하는 데 시간을 들이는 것이 물리학 역사상 평판에 아주 안 좋은 때였다. 물론 오늘날 얽힘에 관한 벨의 정리는 물리학에서 가장 중요한 결과 중의 하나로 간주된다.

벨의 정리는 다시 한 번 앨리스와 밥, 그리고 정렬된 스핀을 가진 채 얽혀 있는 이들의 큐비트에 대해 생각하도록 우리를 이끈다(이런 양자 상태가 지금은 '벨 상태'로 알려져 있으나, 이 상태를 이용해 EPR 미스터리를 처음으로 설명한 사람은 데이비드 봄이다). 앨리스가 자기 입자의 수직 스핀을 측정해 위 스핀이라는 결과를 얻었다고 상상해보자. 이제 우리는 밥이 자기 입자의 수직 스핀을 측정하면, 똑같이 위 스핀이라는 결과를 얻을 것임을 알고 있다. 또한 정상적인 양자역학의 규칙에 따라, 밥이 수평 스핀을 측정하면 50 대 50의 확률로 오른 스핀과 왼 스핀을 측정하게 되리라는 것도 우리는 알고 있다. 밥이 수직 스핀을 측정하면, 그가 얻은 결과와 앨리스가 얻은 결과 사이의 상관관계가 100퍼센트라고 말할 수 있다(즉 우리는 밥이 어떤 결과를 얻게 될지 정확히 알고 있다). 반면 밥이 수평 스핀을 측정한다면, 상관관계는 0퍼센트가 된다(즉 그가 어떤 결과를 얻을지 전혀 알 수 없다).

만약 알파 센타우리 별 주위를 공전하는 우주선에서 지루해진 밥이 수평과 수직 사이에 있는 어떤 축을 따라 자기 입자의 스핀을 측정한다면 어떤 일이 일어날까?(쉽게 말해 앨리스와 밥이 실제로 벨 상태의 얽힘 쌍 다수를 공유하며 측정을 계속할 수 있다고 가정한다. 이때 우리의 유일한 관심사는 앨리스가 위 스핀을 관측했을 때 벌어지는 일들이다.) 이 경우 밥은 항상 그런 것은 아니지만, 대개 입자의 스핀 방향이 수직 '위' 방향에 더 가까운 것을 관측하게 된다. 실제 계산을 통해서도 확인할 수 있다. 밥의 축이 수직축과 수평축의 정확히 중간인 45도 방향을 향한다면, 밥과 앨리스의 측정 결과 사이의 상관관계는 71퍼센트이다(이 값은 루트2분의 1에서 나왔다).

벨은 합리적으로 보이는 어떤 가정 아래, 양자역학적인 예측이 어떠한 국소 이론에서도 나올 수 없다는 것을 보여주었다. 실제로 벨은 자신이 제시한 부등식을 증명했다. 이 부등식에 따르면, 밥의 측정 축을 앨리스의 축에 대해 45도 회전했을 때, 기괴한 원격작용의 도움 없이 얻을 수 있는 앨리스와 밥 사이의 상관관계는 최대 50퍼센트이다. 상관관계가 71퍼센트라는 양자 예측은 벨의 부등식에 위배된다. 단순한 형태의 근본적인 국소 동역학을 바라는 꿈과 실제 세상에 대한 양자역학의 예측 사이에는 분명하고도 부정할 수 없는 차이가 존재한다.

о о о

지금쯤 당신은 다음과 같이 자문하고 있으리라. "벨이 합리적으로 보이는 가정을 했다는 게 무슨 소리야? 자세히 설명해봐. 합리적인지 아닌지는 내가 결정할 거야."

충분히 이해할 수 있다. 벨의 정리에는 특히 의심이 가는 두 가지 가정이 있다. 하나는 밥이 자기 큐비트의 스핀을 특정 축 방향으로 측정하고자 "결심"한다는 간단한 가정이다. 인간 선택의 한 요소인 자유의지가 양자역학에 관한 벨의 정리 속에 스며들어 있는 것 같다. 물론 이것은 새롭지 않다. 과학자들은 항상 원하는 것을 측정할 수 있다고 가정한다. 그러나 편하게 얘기해서 그렇지, 사실 과학자 자신도 물리학 법칙을 따르는 입자와 힘으로 구성되어 있다. 그러므로 초결정주의superdeterminism를 불러내는 것을 상상할 수 있다 (초결정주의란, 물리학의 진정한 법칙은 전적으로 결정되어 있으며 무작위적인 것은 전혀 없다는 주장이다. 이 입장은 더 나아가 빅뱅 때부터 우주의 초기 조건을 특정 값들로 "선택"하는 것이 절대 불가능하도록 결정되어 있었다고까지 이야기한다). 우주가 단순히 그런 식으로 나타나도록 예정되었기 때문에, 누군가 양자 얽힘의 예측을 모방해낼 수 있는 완벽한 초결정적 국소 이론을 발견하는 것도 상상할 수 있다. 이런 상상을 하는 것이 대부분의 물리학자에게는 불쾌하게 느껴질 것이다. 특정 결과가 나오도록 미묘하게 이론을 수정할 수 있다면, 다른 원하는 결과가 나오도록 수정할 수도 있기 때문이다. 그렇다면 물리학을 할 이유가 무엇인가? 그러나 일부 머리 좋은 물리학자들은 이 아이디어를 추구하고 있다.

잠재적으로 의심할 만한 또 다른 가정은 언뜻 전혀 논란의 여지가 없는 것처럼 보인다. 바로 '측정을 하면 명확한 결과가 나온다'는 가정이나. 어떤 축에 대해 측정을 하는지 상관없이, 입자의 스핀을 측정하면 위 스핀 또는 아래 스핀과 같은 실제 결과를 얻을 수 있다.

이것은 합리적으로 보이지 않은가?

기다려보라. 우리는 실제로 측정의 결과가 명확하지 않다고 주장하는 이론을 알고 있다. 바로, 극도로 간결한 에버렛의 양자역학이다. 에버렛의 이론에서 사실 전자의 스핀을 측정하면, 위 스핀 또는 아래 스핀으로 판명이 나지 않는다. 파동함수의 한 가지branch에서는 위 스핀을 관측하고, 파동함수의 다른 가지에서는 아래 스핀을 관측한다. 전체로서의 우주는 이 측정에 대해 한 가지 결과만을 가지지 않는다. 여러 가지 결과를 가진다. 그렇다고 다세계 이론에서 벨의 정리가 틀렸다는 의미는 아니다. 가정만 받아들인다면 벨의 정리는 분명히 옳다. 단지 벨의 정리가 적용되지 않는다는 뜻이다. 따분하고 오래된 단일세계 이론에 기괴한 원격작용을 도입한 것처럼, 에버렛의 양자역학에도 그것을 도입해야 한다는 암시가 벨의 정리에 있는 것도 아니다. 상관관계는 광속보다 빨리 전달되는 모종의 영향력 때문에 생기는 것이 아니고, 파동함수가 다른 세계들로 분기하기 때문에 생긴다. 그리고 이들 다른 세계들에서는 서로 연관성 있는 상황들이 벌어진다.

당신이 양자역학의 토대를 연구하는 학자라면, 벨의 정리와 당신 작업의 연관성은 당신이 정확히 뭘 하려고 하는지에 달려 있다. 측정을 하면 명확한 결과가 나오는 새로운 버전의 양자역학을 무에서부터 만들어내려고 전념하고 있다면, 벨의 부등식은 염두에 둬야 할 가장 중요한 길잡이일 것이다. 반면 다세계 이론에 만족하면서 관측 경험과 이론을 일치시키는 퍼즐을 풀고 싶다면, 벨의 결과는 이론을 전개하는 데 있어 고려해야 할 부수적인 제약 조건이 아닌, 근본적인 방정식이 자동으로 초래하는 결과물이 된다.

 벨의 정리가 보여준 놀라운 사실 중 하나는 기괴한 양자 얽힘을 이해하기 쉬운 실험적 질문으로 바꾸었다는 것이다. 자연은 태생적으로 멀리 떨어진 입자 사이에 비非국소적인 상관관계를 보이는가, 보이지 않는가? 이미 실험이 끝났고, 양자역학의 예측이 매번 멋지게 증명되었다는 소식을 듣게 되어 당신은 행복할 것이다. 대중 매체는 이를테면 "양자적 실체가 이전에 믿고 있었던 것보다 훨씬 더 기괴하다"와 같은 숨 가쁜 제목의 기사를 쓰는 전통이 있다. 그러나 실제로 언론이 보도한 결과들을 살펴보면, 이들은 1927년 또는 적어도 1935년까지 정립된 양자역학 이론을 사용해 얻은 예측들을 확인한 또 다른 실험에 지나지 않는다. 우리는 당시보다 훨씬 더 양자역학을 잘 이해하고 있지만, 양자역학 이론 자체는 변하지 않았다.

 그 실험들이 중요하지 않거나 인상적이 아니라는 말이 아니다. 실험은 중요하다. 예를 들어 벨의 예측을 검증하는 데 확실히 해야 할 문제가 하나 있다. 바로 기존의 기괴한 고전적 상관관계로 인해, 양자역학이 예측하는 추가적인 상관관계가 생기지 않는다는 것이다. 이것을 확실히 해야 한다. 과거의 어떤 숨겨진 사건이 몰래 영향을 미치는지 그렇지 않은지 어떻게 알 수 있을까? 스핀의 측정 방법을 어떻게 선택할지, 측정 결과가 무엇일지 등에 영향을 줄 수도 있지 않을까?

 물리학자들은 이런 가능성을 배제하기 위해 많은 노력을 기울였고, "허점loophole이 없는 벨 테스트"를 연구하는 소규모 그룹까지 등장했다. 실험실에서 일어나는 미지의 과정이 스핀의 측정 방법을 선택하는 데 영향을 줄 가능성을 제거한 최근의 연구 결과도 나왔다. 즉 실험 조교가 측정 방법을 선택하는 대신 근처 탁자 위에 놓인 난수 발생기를 사용하거나 여러 광년 떨어진 별들에서 방출된 광자의 편광에 기초해 측정 방법을 선택하는 실험을 진행했다. 이 세상을 양자역학적으로 보이게 하려는 사악한 음모가 있었다면, 빛이 그 별들을 떠나는 수백 년 전에 미리 준비를 끝냈어야 했을 것이다. 가능성이 있긴 하지만 희박해 보인다.

다시 한 번, 양자역학은 옳은 것처럼 보인다. 지금까지 양자역학은 항상 옳았다.

2부

갈라짐

6장

우주의 갈라짐
결풀림과 평행세계

양자 얽힘에 관한 1935년 아인슈타인-포돌스키-로즌EPR의 논문과 이 논문에 대한 닐스 보어의 응답은 대중에게 알려진 양자역학의 토대에 대한 아인슈타인-보어 논쟁의 마지막 주요 내용이 되었다. 1913년 보어가 양자화된 전자 궤도 모형을 제안한 직후부터 보어와 아인슈타인은 편지를 주고받았으며, 1927년 솔베이 회의에서 이들의 논쟁이 극도로 격렬해졌다. 대중적으로 알려진 이야기에 따르면, 아인슈타인은 이 회의에서 보어와 대화를 나누던 중 당시 급속하게 합의를 이루어나가고 있는 코펜하겐 해석에 대해 몇 가지 반론을 제기했다고 한다. 그날 저녁 보어는 이 문제들 때문에 초조한 모습을 보였으나, 다음 날 아침 당당하게 문제에 답을 하여 아인슈타인의 기를 꺾었다고 한다. 아인슈타인은 불확정성 원리와 신이 우주를 가지고 주사위 놀이를 한다는 개념을 잘 이해하지 못했다는 이야기이다.

하지만 이는 사실이 아니다. 아인슈타인의 주된 관심사는 무작위성이 아니라 사실주의와 국소성이었다. 이 원리를 구제해야겠다는 아인슈타인의 결심이 EPR 논문과 양자역학이 불완전하다는 주장으로 이어졌다. 그러나 아인슈타인은 당시 홍보전에서 패해, 전 세계 물리학자들은 양자역학의 코펜하겐 접근법을 받아들였다. 물리학자들은 새롭게 떠오르는 입자물리학과 양자장 이론뿐만이 아니라, 원자물리학과 핵물리학의 기술적인 문제에 양자역학을 적용하기 시작했다. EPR 논문의 내용은 물리학계에서 거의 무시되었다. 좀 더 와닿는 물리학 문제를 연구하는 것이 아니고, 양자 이론의 핵심을 둘러싼 혼란과 씨름하는 것은 조금 이상하다고 여겨졌다. 대신 이전에 생산적이었던 물리학자들이 나이가 들자 실제적인 연구를 내려놓고 이 문제에 시간을 투자했다.

1933년 아인슈타인은 독일을 떠나 미국 뉴저지주 프린스턴 고등과학원에 자리를 잡았으며, 1955년 사망할 때까지 그곳에 머물렀다. 1935년 이후 그는 고전적인 일반상대성 이론과 중력-전자기력의 통일장 이론에 대한 연구에 집중했다. 그러나 다른 한편으로는 양자역학에 관한 생각을 멈추지 않았다. 보어도 때때로 프린스턴을 방문해 아인슈타인과 대화를 이어나갔다.

1934년 존 아치볼드 휠러가 고등과학원과 아인슈타인 사무실 근처에 있는 프린스턴대학의 물리학과 조교수로 오게 되었다. 나중에 휠러는 일반상대성 이론에 관한 세계적인 전문가 중의 한 명이 되었으며 '블랙홀'과 '웜홀'이라는 용어를 유행시켰는데, 연구 초기에는 양자 문제에 집중했다. 휠러는 코펜하겐에서 잠시 보어와 같이 연구를 해 1939년 공동으로 핵분열에 관한 선구적인 논문을 발표하기도 했다. 휠러는 아인슈타인을 대단히 칭송하면서도 보어를 존경했다. 나중에 휠러는 "클람펜보르 숲의 너도밤나무 아래에서 닐스 보어와 함께 거닐며 대화를 하면서, 공자와 석가, 예수와 페리클레스, 에라스무스와 링컨의 지혜를 가진 인류의 친구들이 존재했었다는 사실을 가장 잘 깨달을 수 있었다"라고 썼다.

휠러는 여러 면에서 물리학에 충격을 줬는데, 그중 하나는 미래에 노벨상 수상자가 될 리처드 파인만과 킵 손 같은 재능 많은 대학원 학생들의 멘토가 된 것이었다. 이 대학원생 가운데 한 명이 휴 에버렛 3세로, 그는 양자역학의 토대에 대해 생각하는 새롭고도 극적인 접근법을 도입한 장본인이다. 그의 기본 아이디어는 이미 앞에서 스케치해놓았다(파동함수는 실체를 대표하며, 연속적으로 진화한다. 그리고 이런 진화는 양자 측정이 이루어질 때 여러 다른 세계들을 만든다). 그러나 이제야 그것을 제대로 다룰 도구를 갖게 되었다.

o   o   o

1957년 에버렛의 프린스턴대학 박사학위 논문이 된 그의 제안은 휠러가 좋아하는 원리 가운데 하나, 즉 이론물리학은 "과격할 정도로 보수적"이어야 한다는 원리를 가장 순수하게 구체화한 것이라 볼 수 있다. 휠러는 성공적인 물리학 이론이란 실험 데이터에 맞서 검증된 것이라고 생각했다. 단, 이는 실험 물리학자들이 실제로 수행할 수 있는 테두리 안에서만 해당되는 이야기이다. 보수적이라는 말은 새로운 현상이 등장할 때마다 새로운 접근법을 임의로 도입하는 것이 아니라, 이미 성공적이라고 인정받은 이론과 원리로부터 출발해야 한다는 의미였다. 그러나 또한 과격해야 하는데, 이는 이론의 예측과 이론이 함축하고 있는 내용이 검증받은 영역 밖에서도 심각하게 받아들여져야 한다는 의미였다. 여기서 "출발해야 한다"와 "심각하게 받아들여져야 한다"는 구절이 아주 중요하다. 물론 낡은 이론이 데이터와 크게 모순될 경우에는 새로운 이론이 정당화된다. '예측을 심각하게 받아들인다'는 것이 '새로운 정보에 근거해 이론이 수정될 수 없다'는 의미는 아니기 때문이다. 그러나 휠러의 철학은 우리가 신중하게 시작해야 한다는 것이었다. 우리가 이해한다고 믿고 있는 자연의 속성에 근거해 조심스레 출발해야 한다. 그리고 최상의 아이디어들을 우주의 끝자락까지 적용해나가면서 과감하게 행동해야 한다는 게 그의 철학이었다.

  에버렛은 휠러가 당시 관심을 가지기 시작한 양자 중력 이론에 관한 연구로부터 영감을 일부 얻었다. 나머지 물리학들, 이를테면 물질, 전자기, 핵력 등은 양자역학의 틀 안에 잘 들어맞는 것 같았다. 그러나 중력은 고집이 센 예외였다(여전히 그렇다). 1915년 아인슈타인은 일반상대성 이론을 제안했는데, 이 이론에 따르면 시공간 자체가 동역학적 독립체이며, 이것이 휘고 구부러진 것을 우리는 중력으로 인식한다. 그러나 일반상대성 이론은 철저하게 고전적인 이론으로 시공간의 곡률을 위치 및 운동량과 유사한 물리량들로 표현하며, 이 양들을 어떻게 측정할 것인지에 대한 아무런 제한이 없다는 면에서 그렇다. 일반상대성 이론을 '양자화'하는 것, 즉 '특별한 고전적인 시공간들'이 아닌 '시공간의 파동함수들'에 관한 이론을 구축하는 것은 어렵다는 것이 밝혀졌다.

양자 중력은 기술적인 면(계산 값이 커져 무한히 큰 답이 나오는 경향이 있다)과 개념적인 면 모두에서 어렵다. 특정 입자가 정확히 어디에 있는지 말할 수 없는 양자역학에서조차 '공간의 점'이라는 개념은 완벽하게 정의되어 있다. 위치를 지정하고 입자를 이 근처에서 발견할 확률이 무엇인지 물을 수 있다. 그러나 실체가 공간에 퍼진 물질로 구성되어 있지 않고, 가능한 다른 시공간들의 중첩으로 기술되는 양자 파동함수라면, 도대체 우리는 특정 입자가 '어디서' 관측됐는지 어떻게 질문할 수 있을까?

측정 문제로 눈을 돌리면 더 어려워진다. 1950년대에 이르러 코펜하겐 학파는 교리를 정립했고, 물리학자들은 측정이 일어날 때 파동함수가 붕괴된다는 주장을 받아들였다. 심지어 이들은 자연을 가장 잘 기술하기 위한 근본 요소로서 측정 과정을 취급하는 데 기꺼이 동의했다. 적어도 그것에 크게 신경을 쓰지 않았다.

그러나 고려 중인 양자계가 우주 전체라면 어떤 일이 일어날까? 코펜하겐 접근법에서 가장 중요한 점은 측정 대상인 양자계와 측정 주체인 고전적인 관측자가 구분된다는 것이다. 그런데 양자계가 우주 전체일 경우, 우리 모두 그 안에 소속되어 있다. 우리 부탁을 들어줄 외부 관측자는 존재하지 않는다. 몇 년 후에 스티븐 호킹을 비롯한 과학자들이 양자 우주론을 연구하게 되는데, 그들은 어떻게 자기충족적인 우주에 빅뱅으로 불리는 태초의 시간이 존재하는지를 논의했다.

휠러 등의 과학자들이 양자 중력에 관한 기술적인 도전을 생각하는 동안, 에버렛은 개념적인 문제들, 특히 측정을 어떻게 다뤄야 하는지에 마음을 뺏겼다. 다세계 이론의 씨앗은 1954년의 어느 밤으로 거슬러 올라간다. 그날 밤 에버렛은 젊은 동료 물리학자인 찰스 미즈너(그 역시 휠러의 학생이었다)와 오게 페테르센(보어의 조수로 코펜하겐에서 방문했다)과 토론을 했다. 상당량의 셰리주와 함께였다.

에버렛은 양자 용어로 우주에 관해 이야기해서는 고전적인 영역을 결코 분리해낼 수 없다고 생각했다. 우주의 모든 부분이 양자역학의 규칙에 따라 다루어져야 한다. 관측자도 우주에 속해 있기 때문에 예외가 아니다. 오직 단일한 양자 상태만이 존재할 것이다. 에버렛은 이를 "보편 파동함수universal wave function"(지금은 "우주 파동함수 wave function of the universe")라고 불렀다.

만약 모든 것이 양자이고 우주가 단일 파동함수로 기술된다면, 어떻게 측정이 이루어질 수 있을까? 에버렛은 우주의 한 부분이 우주의 다른 부분과 적절히 상호작용할 때, 측정이 이루어지는 게 틀림없다고 추론했다. 단순히 슈뢰딩거 방정식에 따라 보편 파동함수가 변하기 때문에 측정이 자동으로 일어날 것이다. 측정에 관한 특수 규칙은 전혀 필요하지 않다. 각 부분은 항상 다른 부분과 서로 충돌을 하기 때문이다.

이런 이유로 에버렛은 이 주제에 대한 최종 논문의 제목을 "양자역학의 '상대적 상태' 이론'Relative State' Formulation of Quantum Mechanics"이라고 정했다. 측정 장치가 양자계와 상호작용하면서 이 둘이 서로 얽힌다. 파동함수의 붕괴도, 고전적인 영역도 없다. 장치 자체가 관측 대상의 상태와 얽혀 중첩 상태로 진화한다. 명확해 보이는 측정 결과('전자의 스핀이 위 스핀이다')는 장치의 특정 상태('나는 전자의 스핀이 위 스핀이라는 것을 측정했다')하고만 관련된다. 다른 가능한 측정 결과가 여전히 존재하며, 딱 분리된 세계들로서 완벽하게 실재한다. 우리가 해야 할 일은 지금까지 양자역학이 우리에게 이야기하려고 했던 것을 용감하게 직면하는 것뿐이다.

o o o

에버렛의 이론에 따라 측정을 할 때 어떤 일이 일어나는지 좀 더 구체적으로 살펴보자.

스핀 상태인 입자 하나가 있다고 상상해보자. 그 입자는 임의로 선택한 축에 대해 위 스핀 또는 아래 스핀 상태로 관측될 수 있다. 측정하기 전, 이 전자는 보통 위 스핀과 아래 스핀이 중첩된 상태에 있을 것이다. 또한 측정 장치도 하나 있다고 해보자. 이 장치는 당연하게도 양자계로, 세 가지 다른 가능성의 중첩 상태에 있다고 가정한다. 즉, 스핀이 위라는 것을 측정할 수도 있고(위 측정 상태), 스핀이 아래라는 것을 측정할 수도 있으며(아래 측정 상태), 아직 스핀을 전혀 측정하지 않은 상태(이른바 "준비" 상태)일 수도 있다.

측정 장치가 작동할 경우, 스핀-장치 결합계의 양자 상태가 슈뢰딩거 방정식에 따라 어떻게 진화할지를 알 수 있다. 다시 말해 현재 측정 장치는 준비 상태이고 전자는 위 스핀 상태라면, 분명히 장치가 순수한 위 측정 상태로 진화할 것이다.

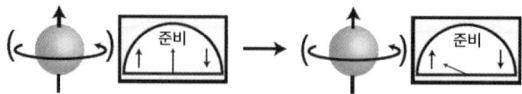

왼편에 있는 초기 상태는 '전자가 위 스핀 상태에 있고, 장치는 준비 상태에 있다'는 것을 보여준다. 반면 바늘이 위 화살표를 가리키고 있는 오른편 그림은 '전자가 위 스핀 상태에 있고, 장치는 스핀이 위라고 측정하고 있다'는 것을 보여준다.

마찬가지로 순수한 아래 스핀을 성공적으로 측정하려면, 장치가 준비 상태에서 아래 측정 상태로 진화해야 한다.

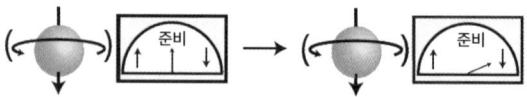

물론 우리는 초기 상태가 순수한 위 스핀 또는 아래 스핀이 아니라, 양쪽 스핀 모두 중첩되어 있을 때 어떤 일이 일어나는지 이해하고 싶다. 좋은 소식은 우리가 필요로 하는 모든 것을 이미 알고 있다는 것이다. 양자역학의 규칙은 분명하다. 두 가지 다른 상태로부터 출발해 계가 어떻게 진화하는지 안다면, 두 상태의 중첩이 진화하는 것은 두 상태가 진화한 것의 중첩에 지나지 않는다는 것이다. 달리 표현하면, 중첩된 스핀과 준비 상태의 측정 장치로부터 출발해 우리는 다음 그림과 같은 결과를 얻게 된다.

이제 최종 상태는 '얽힌 중첩entangled superposition' 상태가 되었다. 스핀이 위이면 측정 결과도 위이고, 스핀이 아래이면 측정 결과도

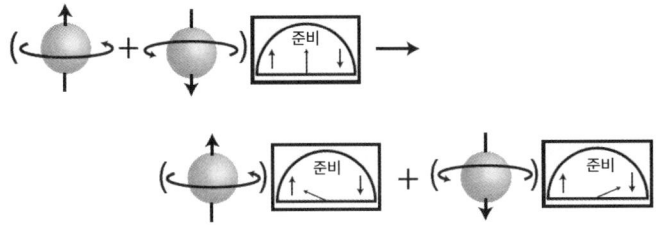

아래이다. 이 시점에서 "스핀이 중첩 상태에 있다"라거나 "장치가 중첩 상태에 있다"라고 말하는 것은 옳지 않다. 얽힘 때문에 스핀의 파동함수나 측정 장치의 파동함수를 따로 떼어서 이야기할 수 없다. 왜냐하면 어느 하나를 측정하는 일이 다른 어떤 것을 측정하는 일에 의존하기 때문이다. 우리가 말할 수 있는 것은 "스핀-장치 계가 중첩 상태에 있다"라는 것뿐이다.

파동함수가 슈뢰딩거 방정식에 따라 진화한다면, 이 최종 상태는 분명하고 애매모호하지 않으며 명확한 스핀-장치 결합계의 파동함수이다. 이것이 에버렛의 양자역학에 숨겨진 비밀이다. 슈뢰딩거 방정식은 정확한 측정 장치가 거시적인 중첩 상태로 변할evolve 것이며, 우리는 궁극적으로 이것을 분리된 세계들로 분기하는 것으로 해석하리라는 걸 말해준다. 세계를 추가한 것이 아니다. 세계는 항상 거기에 있었으며, 슈뢰딩거 방정식이 필연적으로 이들 세계에 생명을 불어넣은 것이다. 문제는 거대한 거시적인 물체가 연루되어 있는 중첩을 우리가 전혀 이해하지 못하는 것 같다는 것이다.

이에 대한 전통적인 처방은 양자역학의 근본 규칙에 그럭저럭 손대는 것이있다. 어떤 접근법들은 슈뢰딩거 방정식을 항상 적용할 수는 없다고 이야기하고, 또 다른 접근법들은 파동함수 이외의 추가적인 변수들이 존재한다고 이야기한다. 코펜하겐 접근법은 우선 측정 장치를 양자계로 취급하는 것을 허용하지 않으며, 파동함수의 붕괴를 양자 상태가 진화하는 독립된 방법으로 생각한다. 이들 접근법 모두가 어떻게 해서든지 앞에서 언급한 중첩을 자연의 올바르고 완전한 기술로 받아들이지 않기 위해서 사실을 왜곡한다. 에버렛은 나중에 이렇게 썼다. "코펜하겐 해석은 희망이 없을 만큼 불완전하다. 선험적으로 고전물리학에 의존하고 있기 때문이다. (…) 그뿐 아니라 거시 세계에 대해서는 실체 개념을 간직하고 소우주microcosm에 대해서는 실체 개념을 부정하는 철학적인 기괴함도 있다."

에버렛의 처방은 단순했다. 사실을 왜곡하지 말고 슈뢰딩거 방정식이 예측하는 것의 현실성을 인정하라는 것이다. 최종 파동함수의 두 부분 모두 실제로 존재한다. 이들은 독립된, 절대 다시 상호작용하지 않을 세계라고 간단히 말할 수 있다.

에버렛은 양자역학에 새로운 어떤 것도 도입하지 않았다. 그는 이론에서 관계가 없는 불필요한 조각들을 제거했다. 물리학자 테드 번이 얘기했듯이, 에버렛 이론이 아닌 모든 양자역학 이론들은 "사라지는 세계"에 관한 이론이다. 다세계가 성가시다면, 양자 상태의 본질이나 그 정상적인 진화를 조작하면 된다. 과연 그럴 만한 가치가 있을까?

o o o

여기 걱정되는 질문이 하나 있다. 어떻게 파동함수가 다른 가능한 측정 결과들의 중첩을 대표하는지에 대해서 친숙해졌을 것이다. 전자 한 개의 파동함수를 위 스핀과 아래 스핀의 중첩 상태뿐만 아니라 가능한 여러 장소의 중첩 상태로도 만들 수 있다. 그러나 중첩의 각 부분이 독립된 '세계'였다고는 절대 이야기하지 않았다. 사실 그렇게 하는 것은 논리에 맞지 않는다. 수직축에 대해 순수한 위 스핀 상태에 있는 전자가 수평축에 대해서는 위 스핀과 아래 스핀의 중첩 상태에 있게 된다. 그럼 이것은 한 세계를 기술하고 있는 것인가, 아니면 두 세계를 기술하고 있는 것인가?

에버렛은 거시적인 대상을 포함한 중첩을 독립된 세계로 기술하는 것이 논리적으로 맞다고 이야기했다. 그러나 그가 논문을 쓰고 있을 때, 물리학자들은 에버렛의 주장을 완벽한 형태로 바꿀 기술적인 도구를 아직 개발하지 못했다. 나중에 결풀림decoherence 현상을 인정하면서 비로소 이해가 가능해졌다. 독일 물리학자 한스 디터 체에 의해 1970년에 도입된 결풀림 아이디어는 물리학자들이 양자 동역학을 생각하는 방법의 중심 부분이 되었다. 현대의 에버렛 지지자들에게 결풀림은 양자역학을 이해하는 데 있어 절대적으로 중요하다. 결풀림은 양자계를 측정할 때 왜 파동함수가 붕괴하는지(또 실제로 '측정'이란 무엇인지) 완전하면서도 최종적으로 설명해준다.

우리는 단지 하나의 파동함수, 즉 우주 파동함수만이 존재한다는 것을 알고 있다. 그러나 미시적인 개별 입자들을 얘기할 때, 이들은 나머지 세계와 얽히지 않은 양자 상태에 머물 수 있다. 이 경우 "특정 전자의 파동함수" 등으로 센스 있게 얘기할 수 있다. 난, 이것은 계가 다른 것들과 얽혀 있지 않을 때만 유용하게 사용할 수 있는 지름길이라는 것을 명심해야 한다.

거시적인 대상의 경우 문제가 그리 단순하지 않다. 스핀-측정 장치를 생각해보자. 이 계가 위 스핀과 아래 스핀의 중첩 상태에 있다고 상상해보자. 측정 장치의 눈금판은 위 또는 아래를 가리키는 바늘을 갖고 있다. 이와 같은 장치는 나머지 세계와 분리되어 있지 않다. 장치가 그냥 거기에 있는 것처럼 보일지라도 실제로는 방 안의 공기 분자들이 계속해서 장치와 부딪치고, 또 빛 광자가 장치에서 튕겨나오는 등의 일이 벌어진다. 다른 모든 사물(나머지 우주 전체)을 환경environment이라고 부르자. 정상적인 상황에서는 거시적인 대상이 환경과 아주 약하게라도 상호작용하는 것을 막을 수 없다. 이런 상호작용 때문에 측정 장치가 환경과 얽히게 된다. 예를 들면 바늘이 어떤 위치에 있을 때는 광자가 눈금판에서 반사되지만, 바늘이 다른 위치에 있을 때는 바늘이 광자를 흡수해서 얽힘이 일어난다.

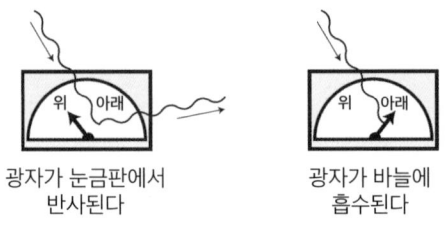

광자가 눈금판에서 반사된다 / 광자가 바늘에 흡수된다

그러므로 앞에서 언급한, 측정 장치가 큐비트와 얽힌 파동함수가 이야기의 전부는 아니다. 아래 그림에서처럼 환경의 상태를 중괄호 속에 넣어 파동함수를 표시해야 한다.

환경의 상태가 무엇인지 실제로는 그리 중요하지 않기 때문에

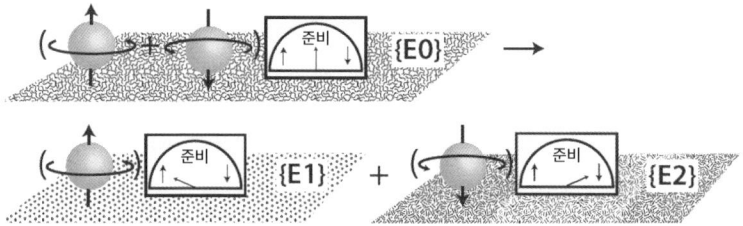

{E0}, {E1}, {E2}라고 표시를 붙여 배경으로 처리했다. 우리는 환경 속에서 정확히 어떤 일이 벌어지는지 추적할 수 없다(일반적으로 불가능하다). 너무 복잡하기 때문이다. 측정 장치의 파동함수에 속한 여러 다른 부분들과 각기 다르게 상호작용하는 단일 광자만이 있는 것이 아니라 수많은 광자가 존재한다. 누구도 방 안의 모든 광자나 모든 입자를 추적할 수는 없다.

이런 간단한 과정(거시적인 대상이 추적이 불가능한 환경과 얽힌다)이 결풀림이며, 결풀림은 우주를 바꾸는 결과를 초래한다. 결풀림은 파동함수를 다세계로 분열split 또는 분기branch시킨다. 어느 관측자라도 나머지 우주와 함께 여러 복제물으로 갈라질 수 있다. 분기된 이후에 원래 관측자의 각 복제물은 자신들이 특정한 측정 결과를 가진 세계 속에 있는 것을 발견하게 된다. 이들 복제물에게는 파동함수가 붕괴한 것'처럼' 보인다. 우리는 붕괴가 파동함수를 분열시킨 결풀림에서 기인한 것으로, 단지 겉보기에 불과하다는 것을 잘 알고 있다.

분기가 얼마나 자주 일어나는지는 알 수 없으며, 이런 질문이 의미가 있는지도 알지 못한다. 이 질문은 현재까지도 해결 못한 기초물리학의 문제이며, 깊은 우주에 유한 또는 무한의 사유노가 존재하는지에 달려 있다. 그러나 우리는 수많은 분기가 일어나고 있다는 것은 알고 있다. 중첩 상태의 양자계가 환경과 얽힐 때마다 분기가 일어난다. 보통의 인체에서는 매초 대략 5,000개의 원자가 방사성 붕괴를 일으킨다. 모든 방사성 붕괴가 파동함수를 둘로 갈라지게 한다고 가정하면, 매초 2^{5000}번의 새로운 분기가 일어난다. 엄청 많다.

o   o   o

대체 무엇이 '세계'를 만들까? 우리는 그저 한 개의 스핀, 한 개의 측정 장치와 하나의 환경을 기술하는 단일 양자계에 대해 얘기했다. 어째서 이 계가 하나가 아닌 두 세계를 기술한다고 말할 수 있을까?

당신은 세계의 여러 부분들이, 적어도 원리상으로, 서로에게 영향을 미칠 수 있기를 원한다. 다음과 같은 '유령세계'(실제 세계가 아닌, 멋진 유사세계) 시나리오를 생각해보자. 유령세계에서는 생물이 죽으면 모두 유령이 된다. 이 유령들은 다른 유령들을 보거나 유령들과 이야기할 수 있지만, 우리를 보거나 우리에게 이야기를 걸 수는 없다. 우리 역시 유령을 보거나 유령에게 말을 걸 수 없다. 유령들은 따로 떨어진 유령 지구에 살며, 집을 짓고 직장에 다닌다. 그러나 유령과 그 주위 환경 모두 우리와 우리 주위의 사물들과 상호작용할 수 없다. 이 경우 이 유령들은 진짜 따로 떨어진 유령세계에 거주한다고 말할 수 있다. 왜냐하면, 근본적으로 유령세계에서 일어날 일이 우리 세계에서 일어날 일과 절대적으로 관련이 없기 때문이다.

이제 이 기준을 양자역학에 적용해보자. 스핀과 측정 장치가 서로에게 영향을 미치는지 아닌지는 무시한다(실제로는 영향을 미치는 것이 분명하다). 우리의 관심을 끄는 것은, 말하자면 측정 장치의 파동함수 한 부분(예를 들어 바늘이 위를 가리키는 부분)이 또 다른 부분(예를 들면 바늘이 아래를 가리키는 부분)에 영향을 미칠 수 있느냐는 것이다. 앞서 이와 유사한 상황을 경험한 적이 있다. 이중 슬릿 실험의 간섭 현상에서 파동함수가 자기 자신에게 영향을 미쳤다. 전자가 어느 슬릿을 통과하는지 측정하지 않은 채 이중 슬릿을 통과시키면, 간섭무늬가 스크린 위에 나타나는 것을 보았다. 간섭무늬는 각 슬릿이 전체 확률에 기여를 하는 정도가 상쇄되어 만들어진다고 했다. 중요한 사실은 전자가 이동하는 동안 상호작용하지 않고 어느 것과도 얽히지 않는다는 것을 묵시적으로 가정했다는 것이다. 즉, 결풀림이 없었다.

대신 전자가 어느 슬릿을 통과했는지 탐지하면 간섭무늬가 사라지는데, 이것은 측정으로 인해 한 슬릿 또는 다른 슬릿에서 전자 파동함수가 붕괴했기 때문이라고 이야기했다. 에버렛은 훨씬 더 흥미를 끄는 이야기를 제시하고 있다.

실제로는 전자가 슬릿을 통과하면서 탐지기와 얽히고, 탐지기는 신속하게 환경과 얽힌다. 이 과정은 위에서 언급한 스핀에 일어난 일과 정확하게 유사하다(단, 전자가 왼쪽 슬릿 L을 통과했는지 오른쪽 슬릿 R을 통과했는지 측정하고 있다는 것을 제외하고).

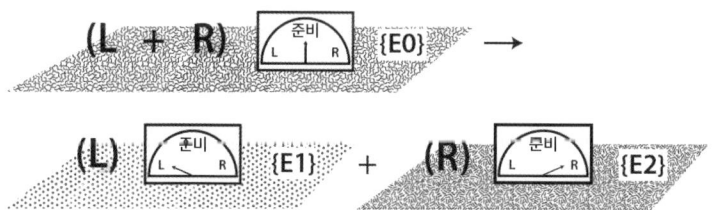

불가사의한 파동함수의 붕괴가 일어나지 않는다. 즉 전체 파동함수는 그대로이며, 슈뢰딩거 방정식에 따라 선선히 진화해 두 개의 얽힌 부분들의 중첩 상태에 있게 된다. 그런데 전자가 스크린을 향해 계속 이동할 때 무슨 일이 일어나는지 주목하라. 이전과 마찬가지로, 스크린의 어느 주어진 지점에 있는 전자의 상태는 슬릿 L을 통과한 것의 기여도와 슬릿 R을 통과한 것의 기여도 모두에 의해 결정된다. 그러나 이제 두 기여도는 '서로 간섭을 일으키지 않는다'. 간섭무늬를 얻기 위해서는, 크기가 같고 부호가 반대인 두 개의 양을 더하면 된다.

1+(-1)=0

그러나 전자의 파동함수에 미치는 슬릿 L과 R의 기여도가 크기는 같고 부호는 반대인 지점이 스크린에 존재하지 않는다. 왜냐하면 이중 슬릿을 통과하면서 전자가 그 나머지 세계의 여러 다른 상태들과 얽히기 때문이다. 크기가 같고 부호가 반대라는 의미는 '얽힌 것들을 제외하고 크기가 같다'는 것이 아니라, 정확히 크기가 같고 부호가 반대라는 것이다. 탐지기와 환경의 다른 상태들과 얽힌다는 것, 달리 이야기해 결풀림이 일어난다는 것은 전자의 파동함수의 두 부분이 더 이상 간섭을 일으키지 않는다는 것을 의미한다. 그리고 두 부분이 절대로 상호작용할 수 없다는 것도 의미한다. 또한 사실상 이들이 분리된 세계의 부분이라는 의미도 가진다. 파동함수의 어느 한 가지branch와 얽혀 있는 사물의 관점에서 보면, 다른 가지에는 유령들이 살고 있을지 모른다.*

양자역학의 다세계 이론은 측정 과정과 파동함수의 붕괴에 관련된 모든 신비를 영원히 제거했다. 이 이론에서는 관측에 관한 특수한 규칙들이 전혀 필요하지 않다. 파동함수가 슈뢰딩거 방정식에 따라 계속해서 진화하는 것이 앞으로 일어날 일의 전부이다. 그리고 '측정'과 '관측자'에 대한 전혀 특별한 내용이 없다. 측정이란 양자계가 환경과 얽히도록 이끄는 상호작용이며(결풀림을 일으키고 분리된 세계로 갈라지게 한다), 관측자란 그러한 상호작용을 일으키는 계일 따름이다. 특히 측정은 의식과 아무런 관계가 없다. 지렁이, 현미경, 바위조차 관측자가 될 수 있다. 거시계가 환경과 상호작용해 얽히게 된다는 사실만 제외하면, 거시계도 전혀 특별할 것이 없다. 이런 강력하면서도 단순한 양자 동역학의 통일 이론에 지불할 대가는 수많은 분리된 세계들을 받아들이는 것뿐이다.

o o o

에버렛 자신은 결풀림이 거북했다. 그래서 그의 그림은 우리가 그린 그림처럼 확실하고 완전하지 않았다. 그러나 그가 측정의 문제를 제고해 양자 동역학의 통합된 그림을 제시하는 방식은 처음부터 강렬한 주목을 받았다. 이론물리학에서조차 운이 좋으면 중요한 아이

---

* 파동함수 가지branch들의 집합체는 우주론자들이 '다중우주multiverse'라고 부르는 것과는 다르다. 사실 우주론적인 다중우주는 일반적으로 서로 멀리 떨어져 있고 국소 조건들이 매우 다른 우주 공간 지역들의 집합체를 의미한다.

디어를 더 많이 발견할 수 있다. 이들이 똑똑해서가 아니라 적당한 시기에 적당한 장소에 있었기 때문이다. 휴 에버렛의 경우는 이와 달랐다. 그를 아는 사람들은 하나같이 그의 놀라운 지적 재능에 대해 증언하고 있으며, 에버렛이 자신의 아이디어가 가진 의미를 완전히 이해하고 있었다고 분명하게 말하고 있다. 그가 아직 살아 있어 양자역학의 토대에 관해 토론한다면, 에버렛은 아주 편안한 마음으로 토론에 임했을 것이다.

그의 아이디어를 지도교수를 포함해 다른 연구자들이 받아들이게 하는 일은 어려웠다. 휠러는 개인적으로는 에버렛을 크게 지지했지만, 다른 한편으로 그의 멘토인 보어에 대한 충성심 때문에 코펜하겐 접근법이 근본적으로 건전하다고 확신했다. 휠러는 에버렛의 아이디어를 널리 알리는 동시에, 이 아이디어가 양자역학에 대한 보어의 사고방식을 직접 공격하는 것으로 오해받지 않기를 원했다.

그러나 에버렛의 이론은 보어의 구상에 대한 직접적인 공격이었다. 에버렛 자신도 이를 알고 있었고, 생생한 언어로 공격하는 것을 즐거워했다. 학위 논문 초고에서 에버렛은 파동함수의 분기를 아메바의 분열에 비유했다. "좋은 기억력을 가진 똑똑한 아메바를 상상해보라. 시간이 지나면서 아메바가 계속해서 분열한다. 분열할 때마다 생겨난 아메바는 부모 아메바와 동일한 기억을 가진다. 따라서 아메바는 생명선life line이 아닌, 생명수life tree를 가진다." 휠러는 에버렛의 (아주 정확한) 은유에 담긴 분명한 메시지에 섬뜩함을 느끼고, 에버렛 논문의 여백에 "분열split? 더 나은 단어가 필요함"이라고 적었다. 지도교수와 학생은 늘 새로운 이론을 표현할 최선의 방법을 놓고 논쟁을 벌인다. 휠러는 조심성과 신중함을 지지한 반면, 에버렛은 과감한 명료성을 선호했다.

1956년 에버렛이 박사학위 논문을 끝내기 위해 노력하고 있을 때, 휠러는 코펜하겐을 방문해 보어와 오게 페테르센을 포함한 동료들 앞에서 에버렛의 새로운 시나리오를 발표했다. 이즈음에는 '정확히 어떤 방식으로 파동함수가 붕괴되는지에 관해 곤혹스러운 질문을 하지 말 것'이라고 하는 학파의 이론이 전통적인 지혜로 굳어졌다. 그리고 그 이론을 받아들이는 사람들은 흥미로운 응용 연구들이 그렇게나 많이 이루어졌음에도 불구하고 양자역학의 토대를 다시 돌아보는 데 관심이 없었다. 이런 분위기 속에서 어쨌거나 휠러는 에버렛의 생각을 발표하려고 애썼다. 휠러, 에버렛, 페테르센이 쓴 편지들이 대서양을 오갔으며, 이러한 서신 교환은 휠러가 프린스턴으로 돌아와 에버렛이 박사학위 논문의 최종본을 완성할 때까지 계속되었다. 이 과정에서 고뇌한 것들이 논문 자체의 변화에 반영되어 있다. 이를테면 논문 초고의 제목은 "보편 파동함수의 방법에 의한 양자역학Quantum Mechanics by the Method of the Universal Wave Function"이었지만, 수정본의 제목은 "확률이 필요 없는 파동역학Wave Mechanics Without Probability"이었다. 이 문서는 나중에 논문의 "긴 버전"으로 불렸는데, 1973년까지 출판되지 않았다. "양자역학의 토대에 대하여On the Foundations of Quantum Mechanics"라는 제목의 "짧은 버전"이 에버렛의 박사학위 논문으로 최종 제출되었고, 1957년 마침내 "양자역학의 '상대적 상태' 이론'Relative State' Formulation of Quantum Mechanics"이라는 제목으로 발표되었다. 이 논문에는 에버렛이 원래부터 생각하고 있었던 많은 흥미로운 부분이 빠져 있다. 이를테면 확률 및 정보 이론의 토대에 대한 검토라든가, 양자 측정 문제에 대한 개관 등이 논문 내용에 없다. 대신 이 논문은 양자 우주론에 응용하는 것에 초점을 맞췄다(이 논문에는 아메바가 등장하지 않지만, 수정본의 각주에 "갈라짐splitting"이라는 단어가 추가되었다. 휠러는 수정본을 미처 보지 못했다). 한편 에버렛의 논문과 함께 발표된 "평가" 기사에서 휠러는 이 새로운 이론이 과격하지만 중요하다는 점을 이야기했다. 아울러 그는 이 이론이 코펜하겐 접근법과 분명한 차이를 보인다는 점을 설명하려고 했다.

큰 진전 없이 논쟁이 계속되었다. 에버렛이 페테르센에게 보낸 편지를 인용할 필요가 있다. 이 편지에는 에버렛의 불만이 잘 드러나 있다.

내 논문에 대한 토론이 완전히 죽어 끝나버리지 않도록 (…) 불에 연료를 추가해 넣으려고 합니다. (…) '코펜하겐 해석'에 대한 비판 말입니다. 선생은 나의 관점이 단순히 보어의 입장을 오해하는 것이라고 일축하시진 않겠지요. (…) 양자역학의 근거를 고전물리학에 두는 것은 필수적인 임시 단계였지만, 이제는 달라질 때가 되었다고 믿습니다. (…) [양자역학] 자체를 고전물리학에 의존하지 않는 기본 이론으로 취급해야 하며, 양자역학으로부터 고전물리학을 유도할 때가 되었습니다. (…)

몇 가지 짜증나는 코펜하겐 해석의 특징에 대해 언급하고 싶군요. (측정의 사슬을 끊는 방법을 논의하면서) 선생은 더 이상의 양자 효과들을 무시하게 만드는 거시계의 거대함에 관해서는 이야기했지만, 이런 평범한 교리의 정당성을 결코 설명하지 않았습니다. [그리고] 이런 측정 과정의 '불가역성'에 관한 일관된 설명을 어느 곳에서도 찾을 수 없습니다. 고전역학이나 파동역학 어디에도 이것이 암시되어 있지 않다는 것이 거듭 분명합니다. 또 다른 독립적인 가정이 있나요?

그러나 에버렛은 학구적인 싸움을 계속하지 않기로 결심했다. 박사학위를 끝내기 전에 에버렛은 미국 국방부의 무기체계 평가그룹에 취직했고, 거기서 핵무기의 영향을 연구했다. 에버렛은 전략, 게임이론, 최적화에 관한 연구를 계속했으며, 몇몇 새로운 회사를 창업하는 역할을 담당했다. 에버렛이 의도적으로 교수직에 지원하지 않은 이유가 그의 건방진 새 이론에 대한 비판 때문인지, 아니면 단지 학계에 대한 조바심 때문인지 분명하지 않다.

그러나 에버렛은 이후에 논문을 전혀 발표하지 않았음에도 불구하고, 양자역학에 관한 관심을 이어나갔다. 그가 박사학위 심사를 끝내고 이미 미국 국방성에서 일하기 시작한 다음에, 휠러는 에버렛에게 코펜하겐을 방문해 보어를 비롯한 다른 연구자들과 이야기하라고 권했다. 하지만 방문은 이루어지지 않았다. 나중에 에버렛은 자신의 이론이 "애초부터 불운했다"라는 평가를 내렸다.

에버렛의 논문이 발표된 학회지의 편집을 맡았던 미국의 물리학자 브라이스 디윗은 에버렛에게 불평 섞인 편지를 보냈다. 우리는 세상이 "분기branch"하는 것을 결코 경험하지 않기 때문에, 실제 세상은 분기하지 않는 것이 명백하다는 것이었다. 에버렛은 답장에서 태양이 지구 주위를 도는 것이 아니라 지구가 태양 주위를 돈다는 코페르니쿠스의 대담한 아이디어를 인용하면서 "지구의 운동을 느낄 수 있느냐는 질문을 하지 않을 수 없습니다"라고 썼다. 디윗은 에버렛의 답변이 훌륭하다고 인정했다. 그는 한동안 이 문제에 대해 심사숙고한 뒤, 1970년이 되어 에버렛의 열광적인 지지자가 되었다. 디윗은 사람들에게 잊힌 채 시들어버린 에베렛의 이론이 더 광범위하게 공적인 인정을 받도록 많은 노력을 기울였다. 수많은 논평뿐만 아니라, 《피직스 투데이》에 실린 영향력 있는 1970년 기사, 에버렛의 논문 긴 버전이 수록된 1973년의 에세이집 등도 모두 디윗의 전략이었다. 에세이집의 경우에는 간략하게 "양자역학의 다세계 해석 The Many-Worlds Interpretation of Quantum Mechanics"이라고 불리며, 이후 이 선명한 이름이 계속 사용되고 있다.

    1976년 존 휠러는 프린스턴대학에서 정년퇴직한 후, 디윗이 교수로 재직하던 텍사스대학으로 자리를 옮겼다. 1977년 이들은 함께 다세계 이론에 대한 워크숍을 기획했으며, 휠러는 에버렛에게 국방 연구를 잠시 잊고 워크숍에 참석하라고 설득했다. 워크숍은 성공적이었고, 에버렛은 청중으로 온 물리학자들에게 강한 인상을 남겼다. 그 가운데 한 사람이 젊은 연구자 데이비드 도이치였는데, 그는 나중에 다세계 이론의 주요 지지자이자 양자 컴퓨팅의 초기 선구자가 된다. 휠러는 미국 산타바바라에 새로운 연구소를 세울 것을 제안하기까지 했는데, 이곳에 에버렛이 돌아와 양자역학 연구에 전념할 수 있도록 하기 위해서였다. 하지만 결국 아무것도 이루어지지 않았다.

    1982년, 에버렛이 갑작스런 심장 마비로 51세에 사망했다. 그는 건강한 생활 습관과는 거리가 멀었다. 폭식은 물론 흡연과 음주까지

했다. (일스Eels라는 이름의 밴드 활동을 하는) 아들 마크 에버렛은 아버지가 스스로를 관리하지 않아 예전에는 속상한 마음이었다고 한다. 하지만 나중에 마음을 바꿨다.

아버지의 생활 방식에 어떤 가치가 있다는 걸 문득 알게 됐거든요. 아버지는 먹고 싶으면 먹고, 담배도 피우고 싶으면 피웠어요. 술도 마찬가지고요. 그러다 어느 날 갑자기 순식간에 돌아가셨죠. 제가 봐온 몇몇 다른 선택들을 고려해볼 때, 즐기면서 살다가 갑자기 죽는 건 그렇게 혹독한 길이 아니라고 생각돼요.

7장

질서와 무질서
확률의 발생지

영국 케임브리지의 어느 화창한 날, 엘리자베스 앤스콤이 스승 루트비히 비트겐슈타인과 우연히 마주쳤다. "사람들은 어째서," 비트겐슈타인은 자신만의 독특한 스타일로 말문을 열었다. "지구가 자전을 한다고 생각하기보다, 태양이 지구 주위를 돈다고 생각하는 게 자연스럽다고 말하지?" 앤스콤은 빤한 대답을 했다. "태양이 지구 주위를 도는 것처럼 보이니까요." "글쎄," 비트겐슈타인이 대꾸했다. "그럼 지구가 자전한다면 어떻게 보일까?"

이 일화(앤스콤 자신이 전하고 톰 스토파드가 그의 연극 〈점퍼들〉에서 재구성해 들려주었다)는 에버렛 지지자들이 가장 좋아하는 이야기이다. 물리학자 시드니 콜먼은 강의 시간에 이 이야기를 들려주곤 했고, 물리철학자 데이비드 월리스는 그의 책 《다중우주의 창발The Emergent Multiverse》의 서문에 이 이야기를 사용했다. 이 이야기는 휴 에버렛이 브라이스 디윗에게 한 언급과 아주 유사하다.

이러한 이야기가 왜 그렇게나 의미가 있는지 이해하기란 어렵지 않다. 다세계에 대한 이야기를 처음 들으면, 어떤 이성적인 사람이라도 즉시 본능적으로 반발하게 된다. 측정이 일어날 때마다 자신이 여러 사람으로 갈라지는 것처럼 느끼지 못하기 때문이다. 그리고 자신이 속한 우주와 평행하게 모든 종류의 다른 우주가 존재하는 것 같지 않은 것도 분명하다.

"글쎄요"라면서 에버렛의 지지자들은 비트겐슈타인 식으로 묻는다. 다세계가 참이라면, 그것은 어떻게 느껴지고 어떻게 보일까?

그들의 희망 사항은 에버렛의 우주에 사는 사람들도 우리가 실제로 경험하는 것과 같은 것을 경험하는 것이다. 그러니까 물리적 세계가 상당히 정확하게 교과서 양자역학의 규칙을 따르는 것처럼 보이길, 그리고 많은 경우 고전역학으로 잘 가늠되길 바란다. 그러나 '연속적으로 진화하는 파동함수'와 이 파동함수로 설명하고자 하는 실험 데이터 사이의 개념적 간격이 아주 크다. 비트겐슈타인의 질문에 대해 우리가 줄 수 있는 답변이 우리가 원하는 것인지 분명하지 않은 것이다. 에버렛 이론의 수식들은 극도로 간결할지 모르지만, 이 이론에 함축된 의미를 충분히 끄집어내기 위해서는 여전히 많은 연구가 필요하다.

이 장에서 다세계의 주요 의문점인 확률의 근원과 본질을 만나게 될 것이다. 슈뢰딩거 방정식은 완벽하게 결정론을 따른다. 그런데 왜 확률이 등장하는가? 또 왜 확률은 보른의 규칙('각 측정 결과와 관련된 파동함수의 복소수 진폭의 제곱은 확률과 같다')을 따르는가? 모든 가지마다 각 버전의 미래가 있다면, 특정 가지로 가게 될 확률을 이야기하는 것이 의미가 있을까?

교과서 양자역학이나 코펜하겐 학파에서는 확률에 관한 보른의 규칙을 '유도'할 필요가 없다. 이론의 가설 가운데 하나로 제시하기만 하면 된다. 그런데 다세계에 대해서는 왜 같은 방법을 채택할 수 없을까?

보른의 규칙이 두 경우 모두 동일하게 보일지라도('확률은 파동함수의 제곱으로 주어진다'), 그 의미는 매우 다르다. 교과서에 나오는 보른의 규칙은 사실 얼마나 자주 그런 일이 일어나는지 또는 미래에 얼마나 자주 그런 일이 일어날지에 관한 진술이다. 다세계는 이런 부수적인 가설이 존재할 여지가 없다. 파동함수가 슈뢰딩거 방정식을 따른다는 기본 규칙으로부터 우리는 무슨 일이 일어날지 정확히 알 수 있다. 다세계 이론에서 확률은 필연적으로 '우리가 무엇을 믿어야 할지'와 '우리가 어떻게 행동해야 할지'에 대한 진술이지, '얼마나 자주 그런 일이 일어나야 할지'에 대한 진술은 아니다. 그리고 '우리가 무엇을 믿어야 할지'는 실제로 물리학 이론의 가설에 자리를 차지하고 있지 않다. 가설이 이것을 암시하고 있어야 한다.

더욱이 앞으로 알게 되겠지만, 부수적인 가설이 들어설 자리도 없고 그럴 필요도 없다. 양자역학의 기본 구조가 주어지면, 보른의 규칙은 자연히 자동적으로 등장한다. 자연에서 보른의 규칙과 같은 행동을 흔히 보게 되기 때문에, 우리가 올바른 궤도에 들어섰다는 확신을 갖게 된다. 만약 다른 나머지가 모두 같다면, 중요한 결과를 더 근본적인 가설로부터 유도할 수 있는 구조가 가설을 따로 가정해야 하는 구조에 비해 선호되어야 한다.

이 질문에 답하는 데 성공한다면 우리는 중대한 진전을 이룰 수 있을 것이다. 다세계가 참인지 아닌지 알기를 기대하는 세계가 우리가 실제로 아는 바로 그 세계라는 것을 보여줄 수 있을 것이다. 즉, 고전물리학으로 상당히 어림잡을 수 있는 세계 말이다. 이때 양자 측정 사건들은 제외되는데, 그 사건들이 일어나는 동안 어느 특정 결과를 얻을 확률이 보른의 규칙에 의해 주어진다.

o   o   o

확률의 문제라고 하면 흔히 떠올리는 문제가 있다. 왜 확률이 진폭의 제곱으로 주어지는가? 이것을 유도하려고 시도하는 것이 문제라고들 한다. 그러나 실제로 가장 어려운 부분은 이것이 아니다. 사실 확률을 알기 위해 진폭을 제곱하는 것은 매우 자연스러운 행동이다(파동함수의 5승이든 몇 승이든 별 문제가 되지 않는다). 5장에서 큐비트를 언급하면서 이를 살펴본 바 있다. 내가 해당 대목에서 큐비트를 사용한 까닭은 파동함수를 벡터로 생각할 수 있음을 설명하기 위해서였다. 이 벡터는 직각삼각형의 빗변에 해당하고, 개별 진폭은 직각삼각형의 짧은 변에 해당한다. 벡터의 길이는 1이고, 피타고라스의 정리에 의해 모든 진폭의 제곱의 합 역시 1이다. 그러므로 진폭의 제곱은 자연스럽게 확률처럼 보이게 된다. 이 값들은 양수이며 더하면 1이 된다.

더 의미심장한 확률의 문제는 따로 있다. 왜 에버렛의 양자역학에는 전혀 예측 불가능한 것이 없는가? 또 만약 그렇다면 왜 확률에 대한 구체적인 규칙이 존재하는가? 이것이야말로 문제이다. 다세계에서 한 순간의 파동함수를 알고 있다면, 슈뢰딩거 방정식을 풀어서 다른 시간에 무슨 일이 일어날지 정확히 알아낼 수 있다. 여기에 우연적인 요소는 전혀 없다. 자, 어떻게 이런 그림으로 우리가 관측하는 것들, 그러니까 핵붕괴나 스핀의 측정처럼 분명 무작위로 보이는 것들의 실체를 밝힐 수 있을까?

우리가 가장 좋아하는 예, 그러니까 전자의 스핀을 측정하는 걸 생각해보자. 전자가 수직축에 대해 위 스핀과 아래 스핀이 동일한 확률로 중첩된 상태에 있고, 이 상태에서 출발해 슈테른-게를라흐 자석을 통과한다고 가정해보자. 교과서 양자역학에 의하면, 파동함수가 위 스핀으로 붕괴될 확률이 50퍼센트, 아래 스핀으로 붕괴될 확률이 50퍼센트이다. 반면 다세계 이론에 의하면, 우주 파동함수가 한 세계로부터 두 세계로 진화할 확률은 100퍼센트이다. 사실이 그렇다. 한 세계의 실험자들은 위 스핀을 관측하고, 다른 세계의 실험자들은 아래 스핀을 관측한다. 그러나 두 세계 모두 반박의 여지없이 '거기에' 있다. "실험자가 파동함수의 위 스핀 가지에 있을 확률은 얼마나 되는가"라고 묻는다면? 거기엔 답이 없어 보인다. 분명히 지금의 단일 실험자가 두 명의 실험자로 진화하겠지만, 한 실험자가 동시에 다른 실험자가 될 수는 없다. 우리는 어떻게 이런 상황에서 확률에 대해 이야기할 수 있을까?

좋은 질문이다. 이 질문에 답하려면 조금 철학적이 되어 생각해봐야 한다. '확률probability'이란 진정 무엇을 뜻하는가.

o o o

확률의 문제를 놓고 여러 학파가 경쟁하고 있다는 것은 그리 놀랍지 않다. 공정한 동전 던지기를 생각해보자. '공정한'의 의미는 동전의 앞면이 나올 확률이 50퍼센트, 뒷면이 나올 확률이 50퍼센트라는 것이다. 장기적으로 그렇다는 얘기다. 동전을 두 번 던졌을 때 두 번 모두 뒷면이 나온다고 해서 놀랄 사람은 아무도 없다.

'장기적'이라는 조건은 우리가 확률로 의도하고자 하는 바를 시사한다. 동전을 단 몇 차례 던졌을 때는 어떤 결과가 나오든 별로 놀랍지 않을 것이다. 그러나 계속해서 던지면 동전의 앞면이 나올 확률이 50퍼센트에 접근할 것이라고 예상할 수 있다. 그러므로 동전을 무한히 많이 던진다면, 앞면이 나올 확률을 전체 횟수에 대한 실제로 앞면이 나온 횟수의 비로 정의할 수 있다.

이러한 개념을 종종 빈도주의frequentism라고 부르는데. 이는 해당 입장이 정의하는 확률이란 '아주 많은 시도가 이루어졌을 때 어떤 사건이 일어날 상대적 빈도'이기 때문이다. 빈도주의는 동전 던지기, 주사위 굴리기, 카드놀이 등에서 확률이 어떻게 기능하는지에 관한 우리의 직관적인 개념과 아주 잘 일치한다. 빈도주의자들에게 확률은 객관적 개념이다. 확률은 동전(또는 우리가 이야기하고 있는 다른 계들)의 속성에만 의존하지, 우리 또는 우리의 지식에 의존하지 않기 때문이다.

빈도주의는 교과서 양자역학은 물론 보른의 규칙과도 잘 들어맞는다. 스핀을 측정하기 위해 실제로 무한개까지는 아니지만 아주 많은 수의 전자를 자기장 속으로 입사한다(슈테른-게를라흐 실험은 물리학 전공 학부생의 과목에서 되풀이될 만큼 가장 인기 높은 실험이므로 오랫동안 이런 방식으로 수많은 스핀을 측정했다). 이를 통해 양자역학의 확률이 실제로 파동함수의 제곱이라는 사실을 확인시켜주기에 충분한 통계를 얻을 수 있다.

다세계 이론은 이와 다른 이야기를 한다. 위 스핀과 아래 스핀이 동일하게 중첩되어 있는 전자 하나가 있고, 이 전자의 스핀을 측정한다고 하자. 이때 측정을 아주 여러 번 반복한다. 매번 측정할 때마다 파동함수가 위 스핀의 결과를 보이는 세계와 아래 스핀의 결과를 보이는 세계로 갈라진다. 위 스핀에는 '0', 아래 스핀에는 '1'의 표지를 붙여 그 결과들을 기록한다고 상상해보자. 50번의 측정을 끝냈을 때 다음과 같은 결과가 기록된 세계가 존재할 것이다.

10101011110110010110010101000111011000111010000001

이 기록이 아주 무작위적으로 보이지만 통계학을 적절히 따르는 것 같다. 즉 24개의 0과 26개의 1이 들어 있다. 정확히 50 대 50은 아니지만 예상했던 것과 충분히 유사하다.

그러나 모든 측정이 위 스핀만을 보여주는, 따라서 단지 0만 나열된 기록을 가진 세계 역시 존재할 것이다. 그리고 모든 스핀이 아래를 가리키는, 즉 50개의 1만이 나열된 세계도 존재할 것이다. 그리고 0과 1로 이루어진 다른 문자열도 모두 가능하다. 에버렛이 옳다면 각각의 가능성이 어떤 특정한 세계에서 실현될 확률은 100퍼센트다.

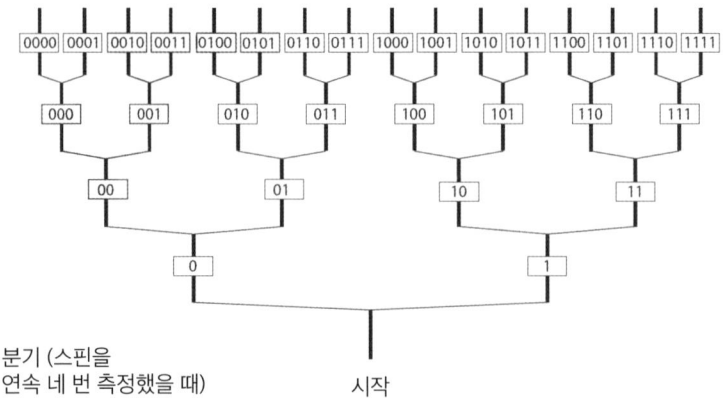

분기 (스핀을
연속 네 번 측정했을 때)   시작

사실 한 가지 고백할 것이 있다. 바로 이런 세계들이 실제로 존재한다는 것이다. 앞의 문자열은 무작위적으로 보이도록 내가 만든 것도 아니고, 고전적인 난수 발생기로 만든 것도 아니다. 실제로는 '양자' 난수 발생기로 만든 것이다. 양자 난수 발생기는 양자 측정을 한 후, 그 결과를 사용해 0과 1을 무작위로 나열하는 장치이다. 다세계 이론에 의하면, 내가 이런 난수를 만들 때 우주가 2^{50}개(이 값은 1,125,899,906,842,624, 대략 1,000조)의 복제물로 갈라지며, 각 복제물은 조금씩 다른 숫자를 갖는다.

만약 다른 세계에 있는 나의 모든 복제물들이 자신이 얻은 수를 이 책의 본문에 삽입하려고 고집한다면, 우주 파동함수 속에 '깊숙이 숨겨져 있는 어떤 것Something Deeply Hidden'의 변형들, 그러니까 1,000조 개 이상의 다른 변형된 본문들이 존재하게 된다. 본문의 변형은 대부분 0과 1을 몇 개 재배열하는 사소한 것들이다. 그러나 나의 복제물 가운데 일부 복제물은 모두가 0 또는 1이 되는 불운이 따른다. 그들은 지금 무슨 생각을 할까? 아마 난수 발생기가 고장 났다고 생각하지 않을까. 그들은 분명 지금 이 순간 내가 입력하고 있는 본문을 정확하게 적지 않았다.

나 또는 나의 다른 복제물이 이 상황을 어떻게 생각을 하든 상관없이, 이 상황은 확률에 관한 빈도주의자들의 패러다임과 아주 다르다. 무한 번의 시도를 한다고 해도 파동함수 속 어딘가의 각각의 시도마다 각각의 결과가 나온다면, 이런 제한 속에서 빈도를 이야기한다는 것은 무의미하다. 이제 확률이 무엇을 의미하는지에 대한 또 다른 견해를 살펴볼 필요가 있다.

o   o   o

다행히도 양자역학이 등장하기 오래전부터 확률에 대한 또 다른 접근법이 존재했다. 바로 인식론적epistemic 확률의 개념으로, 이것은 가상적인 무한 번의 시도보다 우리의 상식과 더 관련이 있다.

"필라델피아 세븐티식서스(미국 프로농구팀 —옮긴이)가 2020년 NBA 우승팀이 될 확률이 얼마나 되는가?"라는 질문에 대해 생각해보자 (개인적으로는 확률이 높다고 생각하지만, 다른 팀 팬들은 동의하지 않을 것이다). 이것은 무한히 반복할 수 있는 사건이 아니다. 적어도 농구선수들이 나이를 먹으면 경기에 영향을 주기 때문이다. 2020년 NBA 결승은 단 한 번뿐이며, 어느 팀이 이길지 알 수 없지만 분명 답이 존재한다. 그러나 직업 도박사들은 이런 상황에서 확률을 예상하는 데 주저함이 없다. 우리 일상생활에서도 비슷하다. 한 번 일어나는 여러 사건에서, 이를테면 직장에 지원하는 것부터 오후 7시에 배고픈 것까지 우리는 끊임없이 확률을 따진다. 비록 확실히 어떤 일이 일어났다고 하더라도, 우리는 과거 사건의 확률을 이야기할 수 있다. 단순히 우리가 그 일이 뭔지 모른다는 이유 때문이다. "지난 목요일 몇 시에 직장을 떠났는지 기억하지 못하지만, 아마 오후 5시와 6시 사이일걸. 보통 그 시간에 집으로 가거든."

이런 경우 우리가 하는 일이란, 고려할 수 있는 여러 제안에 '신빙성credence'(믿는 정도)을 부여하는 것이다. 신빙성은 확률처럼 0에서 100퍼센트 사이에 있어야 하며, 특정 사건에 대한 예상 결과들의 신빙성을 모두 합하면 100퍼센트가 되어야 한다. 어떤 것에 대한 신빙성은 새로운 정보를 얻게 되면 변할 수도 있다. 이를테면 어떤 단어의 철자가 옳다고 믿고 이를 적었지만, 나중에 사전에서 이 단어를 찾아보고 정확한 철자를 알게 될 수 있다. 통계학자들은 이와 같은 수순을 18세기 장로교 목사이자 아마추어 수학자였던 토머스 베이즈를 기념해 베이즈 추론Bayesian inference이라고 부른다. 베이즈는 새로운 정보를 얻게 되었을 때 어떻게 신빙성을 업데이트하는지를 보여주는 방정식을 유도했고, 전 세계 통계학과의 포스터와 티셔츠에서 베이즈의 공식을 발견할 수 있다.

그러므로 어떤 일이 무한 번이 아니고 단 한 번 일어나더라도 '확률'의 개념을 완벽하게 적용할 수 있다. 이것은 객관적이 아닌 주관적인 개념이다. 사람들은 저마다 지식의 상태가 다르므로 어떤 사건에 대한 동일한 결과에도 서로 다른 신빙성을 부여한다. 뭐, 그래도 괜찮다. 새로운 것을 알게 되었을 때 신빙성을 업데이트한다는 규칙을 모두가 동의하고 따른다면 말이다. 사실 영원주의(미래는 과거 못지않게 현실이며, 다만 아직 미래에 도달하지 않았을 뿐이라는 주장)를 믿을 경우, 빈도주의는 베이즈 통계학에 포함된다. 동전을 무작위로 던질 때 "동전의 앞면이 나올 확률이 50퍼센트"라는 주장은 다음과 같이 해석될 수 있다. "이 동전은 물론 다른 동전들에 관해 내가 알고 있는 것을 고려해볼 때, 동전의 즉각적인 미래에 관해 내가 할 수 있는 최선의 말은 동전의 앞면이나 뒷면이 동일한 정도로 나올 법하다는 것이다. 설사 향후 어느 면이 나올 것인지 존재론적으로 확실하게 정해져 있더라도 그러하다."

확률의 근거를 빈도수가 아닌 지식에 두는 것이 정말로 한 걸음 더 나아가는 것일까? 그건 아직 명확하지 않다. 다세계 이론은 결정론적 이론으로, 만약 우리가 한 순간의 파동함수와 슈뢰딩거 방정식을 알고 있다면 앞으로 일어날 모든 것을 알아낼 수 있다고 말한다. 우리는 보른의 규칙에 따라 각각의 것들에 신빙성을 부여할 수 있다. 어떤 의미에서 우리가 모르는 것이 있다는 말인가?

이 질문에 대한 흥미롭지만 틀린 답이 있다. '우리가 최종적으로 어느 세계에 도달할지' 모른다는 것이다. 이 답은 잘못되었다. 양자 우주에 간단히 적용되지 않는 개인의 정체성이라는 개념에 묵시적으로 의존하기 때문이다.

우리는 주변 세계에 대한 "전통적인folk" 이해라고 철학자들이 가리키는 것에 반대한다. 그리고 근대 과학이 제안하는 매우 다른 관점에도 반대한다. 궁극적으로 과학적인 관점은 우리의 일상 경험을 설명할 수 있어야 한다. 그러나 우리에게는 과학 이전 시대의 역사

과정에서 등장한 개념과 범주들이 여전히 물리 세계에 대한 가장 포괄적인 그림의 한 부분으로서 타당할 것이라고 기대할 어떤 권리도 없다. 좋은 과학 이론은 우리의 경험과 모순되지 않아야 하지만, 완전히 다른 언어를 사용할지도 모른다. 우리가 매일의 삶 속에서 선뜻 사용하는 아이디어들은 그보다 더 완전한 이야기의 특정 면들을 실용적으로 어림하여 나타낸다.

의자는 의자다움의 플라톤식 정수를 취하는 대상이 아니다. 의자는 특정한 모양으로 배열되어 '의자'라는 범주에 속한다고 우리에게 지각되는 원자 집단이다. 우리는 이런 범주의 경계가 애매하다는 것을 잘 알고 있다. 소파는 의자에 속하나? 술집의 높고 둥근 의자는 어떤가? 의자임이 분명한 어떤 것을 가져와서 원자를 하나씩 제거하면, 이것은 서서히 의자 같지 않아질 것이다. 그러나 갑자기 의자에서 의자가 아닌 것으로 돌변하는 경직된 문턱은 존재하지 않는다. 그리고 그래도 괜찮다. 일상 대화에서 이런 느슨함을 인정해도 아무런 문제가 없다.

하지만 우리는 '자아'라는 개념에 대해서는 조금 더 방어적인 태도를 보인다. 매일의 경험에 비춰볼 때, 자아에 관해선 전혀 애매한 것이 없다. 우리는 성장하고 배우며, 나이 들어간다. 또한 세계와 다양한 방식으로 상호작용한다. 그러나 우리는 '자기 자신'임을 부정할 수 없는 특수한 존재를 식별하는 데 단 한 순간도 어려움을 겪지 않는다.

양자역학은 이상의 이야기를 조금 수정해야 한다는 것을 암시한다. 스핀을 측정할 때 파동함수가 결풀림을 통해 분기해 한 세계가 두 세계로 갈라지며, 한 사람이던 내가 두 사람이 된다. 누가 '진짜 나'인지 묻는 것은 의미가 없다. 마찬가지로 분기가 일어나기 전의 '나'가 어떤 가지 쪽에 있게 될지 알려고 하는 것도 아무런 의미가 없다. 두 사람 모두 자신을 '나'라고 생각할 권리를 갖고 있다.

고전적인 세계에서는 일반적으로 개인을 시간에 따라 늙어가는 사람이라고 생각한다. 매순간 사람은 특정한 원자 배열을 갖고 있지만, 중요한 것은 개별 원자가 아니다. 시간에 따라 아주 많은 원자가 다른 원자로 대체되기 때문이다. 중요한 것은 형성되는 패턴과 그 패턴의 지속성이며, 특히 해당 대상의 기억들 속에서 중요하다.

양자역학은 파동함수가 분기될 때 패턴의 복제물이 생긴다는 점에서 새롭다. 겁먹을 필요는 없다. 우리는 단지 시간을 관통하는 개인 정체성이라는 개념을 조정하기만 하면 된다. 그 개념은 과학 이전 시대에 인간이 진화해온 수천 년 동안 이성의 빈자리를 차지했다.

우리의 정체성이 완고한 것만큼이나, 출생부터 사망까지 죽 이어지는 개인이라는 개념은 항상 제법 유용한 정도의 근삿값에 지나지 않았다. 지금 이 순간의 당신은 1년 전 또는 2년 전의 당신과 정확히 같지 않다. 당신 몸의 원자들은 조금 다른 장소에 있었으며, 일부 원자들은 새로운 원자들로 교체되었다(이 책을 읽으면서 식사를 하고 있다면, 이제 이전 순간보다 더 많은 원자가 몸 안에 있다). 평소보다 더 정확히 표현하고 싶다면 '나'라고 말하지 말고 '오후 5시의 나' 또는 '오후 5시 1분의 나' 등으로 이야기해야 한다.

통합된 '나'라는 생각은 유용하다. 이는 각 순간의 원자 집단들이 문자 그대로 모두 같기 때문이 아니라, 이들이 명확한 방식으로 서로 연결되어 있기 때문이다. 원자들은 실제 패턴을 기술한다. '한 순간의 나'는 '이전 순간의 나'에서 탄생한다. 이때 내 안에 있는 개별 원자들의 진화, 그리고 몇몇 원자들의 추가나 삭제 등을 거치게 된다. 물론 철학자들은 이것에 대해 철저히 숙고했다. 특히 데릭 파핏은 통시적 정체성이란, 우리 삶에서 다른 사례와 "R관계에 있는" 어느 한 사례의 문제라고 제안했다. 여기서 R관계는 '미래의 나'가 '과거의 나'와 심리적인 연속성을 공유한다는 것을 의미한다.

현재의 여러 사람이 이전의 단 한 사람에게서 나온다는 점만 제외하면, 다세계 양자역학에서 제시되는 상황도 이와 정확히 동일하다(파핏은 이 점에 동의할 것이며, 실제로 그는 복제 기기가 등장하는 유사한 상황을 조사했다). '오후 5시 1분의 나'에 대해 얘기하기보다 '오후 5시의 나에게서 태어나 파동함수의 위 스핀 상태에 있게 된 오후 5시 1분의 나'에 대해 얘기할 필요가 있다. 또한 마찬가지로, '아래 스핀 가지에 있게 된 나'에 대해 얘기할 필요가 있다.

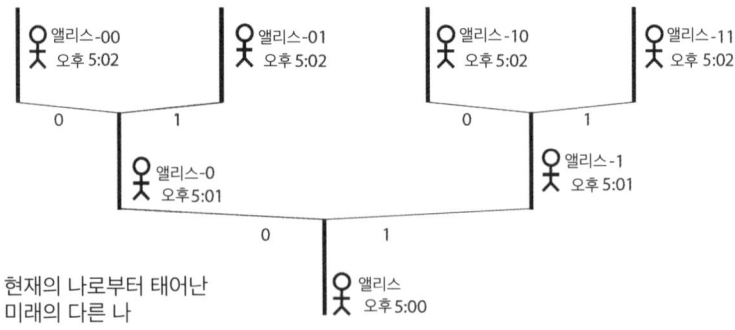

이 모든 이들 하나하나가 '나'임을 합리적으로 주장할 수 있다. 그

들 중 어느 누구도 부당한 존재가 아니다. 그들 각각은 개별적인 사람이며, 이들 모두의 출발점은 동일한 사람이었다. 다세계 이론에 따르면, 한 사람의 일생은 어느 한 시점의 수많은 개인들로 이루어지며, 마치 가지가 갈라지는 나무처럼 생각되어야 한다. 단일 궤적이라기보다는 아메바의 갈라짐과 매우 유사하다. 그리고 이런 논의는 바위가 아닌 사람에 관해 이야기하고 있다는 것을 조건으로 삼고 있지 않다. 세계가 복제되고, 세계의 모든 것이 그 뒤를 따른다.

o   o   o

이제 다세계 이론의 확률에 대해 다룰 때가 되었다. "내가 어느 가지에 도달하게 될까?"라는 질문은 적절하고 자연스러운 질문 같다. 그러나 그런 식으로 질문해서는 안 된다.

대신 결풀림이 일어나 세상이 분기한 직후의 순간에 대해 생각해야 한다. 결풀림은 비정상적으로 빠르게 일어나는 과정으로, 일반적으로 아주 짧은 시간이 걸린다. 인간의 관점에서 볼 때(단지 근사에 지나지 않긴 하지만), 본래 파동함수는 순간적으로 분기한다. 그러므로 분기가 먼저 일어나고, 조금 뒤에 그 사실을 발견하게 된다. 예를 들면 전자가 자기장을 통과할 때 전자의 스핀이 위를 향하는지 또는 아래를 향하는지 관측함으로써 분기가 일어난 것을 알게 된다.

조금 뒤에 복제물이 둘 나타나는데, 이들은 정확히 동일하다. 각 복제물은 파동함수의 다른 가지에 남아 있게 되지만, 어느 가지에 있는지는 그들로선 알 수 없다.

우리는 이런 일이 어디서 일어나는지 알 수 있다. 우주 파동함수에 대해 알려지지 않은 것은 없다. 파동함수는 가지 두 개를 갖고 있고, 우리는 이들 각각과 관련된 진폭을 알고 있다. 그러나 가지에 있는 실제 사람들이 모르는 것이 있다. 이들은 자신이 어떤 가지에 있는지 모른다. 물리학자 레프 바이드만이 처음으로 양자적 맥락으로 강조한 이런 상황을 '자기위치 설정 불확정성self-locating uncertainty'이라고 부른다. 나는 우주에 대해서 알아야 할 모든 것을 알고 있다, 내가 어디에 속해 있는지만 빼고.

자기 위치에 대한 무지로 인해 확률을 이야기할 수 있다. 분기가 일어난 뒤 나의 두 복제물 모두 자기위치 설정 불확정성을 가진다. 자신들이 어느 가지에 있는지 모르기 때문이다. 이들이 할 수 있는 일이란, 어느 가지 또는 다른 가지에 있을 가능성이 얼마인지 예측하는 것이다.

이 가능성은 얼마가 되어야 할까? 믿을 만한 방법 둘이 있다. 하나는 이성적인 관측자들이 여러 개의 가지들에 부여한 가능성의 집합 중 가장 선호하는 것을 골라내는 데에, 양자역학 자체의 구조를 이용하는 것이다. 기꺼이 이 방법을 받아들인다면, 최종적으로 부여될 가능성은 보른의 규칙을 사용해 얻는 것과 정확히 같다. 이것은 '파동함수의 제곱으로 주어지는 양자 측정 결과의 확률'이 '자기위치 설정 불확정성의 조건에서 부여한 가능성으로부터 얻은 확률'과 같다는 것을 의미한다(그리고 이것을 기꺼이 받아들이고 세부적인 것에 신경 쓰지 않는다면, 이 장의 나머지 부분을 읽지 않아도 좋다).

그러나 명확한 가능성을 부여하는 것이 의미 있는 일임을 근본적으로 부정하는 또 다른 학파가 존재한다. 파동함수의 한쪽 가지 또는 다른 쪽 가지에 존재할 확률을 계산하기 위해 온갖 종류의 괴짜 규칙이 제시될 수 있다. 이를테면 내가 더 행복한 쪽의 가지, 혹은 스핀이 항상 위를 향하는 쪽의 가지에 아마 나는 더 높은 확률을 부여할지도 모른다. 철학자 데이비드 앨버트는 (합리적이라고 생각해서가 아니라 제멋대로라는 것을 강조하기 위해) '비만 척도fatness measure'라는 것을 제안했다. 이 척도에서 확률은 당신 몸속 원자의 개수에 비례한다. 합리적인 정당성이 결여되어 있긴 하지만, 이런 일을 하는 것을 누가 막을 수 있으랴? 이런 태도를 받아들일 경우, 우리가 할 수 있는 '이성적인' 일은 확률을 부여할 올바른 방법이 없다는 것을 인정하고 그걸 거부하는 것뿐이다.

그런 입장을 취해도 되긴 하지만, 최선의 입장이라는 생각은 들지 않는다. 다세계 이론이 옳다면 우리는 좋든 싫든 자기위치 설정 불확정성 상황에 놓이게 된다. 또한 세상을 과학적으로 가장 잘 이해하는 것이 우리의 목표라면, 우리는 필연적으로 이런 상황에서 신빙성credence을 부여하게 될 것이다. 어쨌든 확률적으로라도 뭘 관측하게 될지 예측하는 것은 과학의 한 부분이다. 그런데 가능성을 부여하는 방법들을 임의로 모은다면, 각각의 방법도 다른 방법만큼이나 합리적으로 보이게 되어 우리는 난처한 입장에 빠지게 된다. 그러나 만약 이론의 구조가 독특하면서도 사리에 맞는 방법을 명백하게 가리키고, 더구나 이 방법이 실험 데이터와 일치한다면, 우리는 그 방법을 채택하고 참 잘했다고 우리 자신을 축하한 뒤 다른 문제로 눈을 돌려야 한다.

o o o

한번 믿어보자. 파동함수의 어느 가지에 우리가 있는지 알지 못할 때, 신빙성을 부여하는 최선의 방법이 분명히 존재할 거라고. 앞서 언급했듯 보른의 규칙에는 피타고라스의 정리가 작동한다. 여기서 조금 더 파고들면, 왜 그게 자기위치 설정 불확정성이 존재할 때 신빙성에 관해 사고하기 위한 이성적인 방법인지 설명해낼 수 있다.

이것은 중요한 질문이다. 보른의 규칙을 모른다면, 진폭이 확률과 전혀 관계가 없다고 생각할 수 있기 때문이다. 예를 들어 한쪽 가지에서 다른 쪽 가지로 갈 때, 왜 서로 분리된 두 우주임에도 각 가지에 같은 확률을 부여하지 않는 것일까? 가지 집계branch counting라고 알려진 이 주장이 틀렸다는 걸 보이기는 어렵지 않다. 그러나 이것에 더 제약을 둔 버전이 존재한다. 이 버전에서는 각 가지가 같은 진폭을 가질 때, 각 가지에 같은 확률을 부여한다. 그리고 놀랍게도 이것이 바로, 가지들이 다른 진폭을 가질 때도 보른의 규칙을 사용해야 한다는 것을 보여주기 위해 필요한 전부라는 것이 밝혀졌다.

실제로 작동하는 전략에 돌입하기 전에, 먼저 가지 집계라는 잘못된 주장에 대해 살펴보자. 수직 스핀을 장치로 측정해 결풀림과 분기가 일어난 단일 전자를 떠올려보라. 엄밀하게 말해 측정 장치, 관측자, 환경 등의 상태를 추적해야 하지만, 사건이 진행되도록 그냥 놔둬서 해당 상태들을 분명하게 기록할 수 없었다고 하자. 위 스핀과 아래 스핀의 진폭이 같지 않고, 두 방향에 대해 다른 진폭을 가진 불균형 상태 Ψ에 있다고 가정해본다.

$$\Psi = \sqrt{\frac{1}{3}}\ \ + \sqrt{\frac{2}{3}}\ $$

각 가지 옆에 있는 숫자는 진폭을 나타낸다. 확률은 진폭의 제곱과 같다는 보른의 규칙에 따라, 이 예에서 위 스핀을 관측할 확률은 1/3이고, 아래 스핀을 관측할 확률은 2/3이다.

보른의 규칙을 모르고 단순히 가지 집계에 의해 확률을 부여한다고 가정해보자. 양쪽 가지에 있는 관측자의 관점에서 생각해보라. 이들의 관점에 볼 때, 진폭은 단지 보이지 않는 숫자에 우주 파동함수의 가지를 곱한 것에 지나지 않는다. 왜 이것이 확률과 관계가 있을까? 두 관측자 모두 실제로 존재하며, 직접 보기 전에는 자신들이 어느 가지에 있는지 모른다. 이들에게 같은 신빙성을 부여하는 것이 더 합리적이지 않을까? 적어도 더 민주적이지 않을까?

이것의 분명한 문제는 계속해서 스핀을 측정할 수 있도록 허용되었다는 것이다. 위 스핀을 측정하면 측정을 멈추지만 아래 스핀을 측정하면 자동으로 또 다른 스핀을 측정하기로 미리 합의했다고 가정해보자. 두 번째 스핀은 오른 스핀 상태에 있는데, 그것은 위 스핀과 아래 스핀의 중첩 상태라고 할 수 있다. 일단 그것을 측정하면 (첫 번째 스핀이 아래 스핀인 가지에서만), 세 개의 가지가 생긴다. 첫 번째 스핀이 위 스핀인 가지, 아래 스핀이었다가 위 스핀이 되는 가지, 그리고 두 번 연속해서 아래 스핀인 가지이다. '각 가지에 같은 확률을 부여한다'는 규칙에 따라 이들 가능성에 각각 1/3의 확률을 부여할 수 있다.

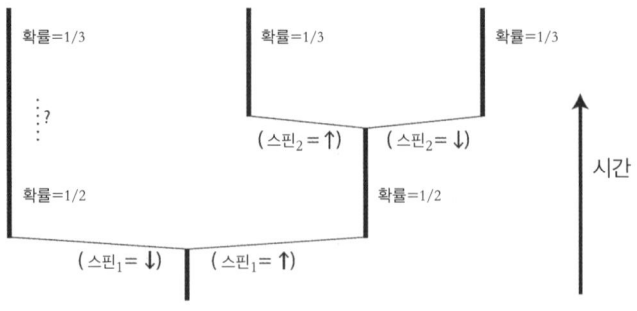

말이 되지 않는다. 이 규칙을 따르면, 아래 스핀 가지에 대해 측정을 했을 때, 원래 위 스핀인 가지의 확률이 1/2에서 1/3로 갑자기 변해야 한다. 초기 실험에서 위 스핀을 관측할 확률은 완전히 분리된 가지에 있는 사람이 나중에 또 다른 실험을 하겠다는 결심과 무관해야 한다. 그러므로 합리적으로 확률을 부여하려고 한다면, 단순한 가지 집계보다는 조금 더 정교한 방법이 필요하다.

단순히 '각 가지에 같은 확률을 부여한다'고 하지 말고, 더 제약을 가해보자. '각 가지가 같은 진폭을 가질 때, 같은 확률을 각 가지에 부여한다'고 해보자. 예를 들어 오른 스핀 상태의 단일 스핀은 위 스핀과 아래 스핀이 같은 크기로 중첩된 것이라고 할 수 있다.

$$ = \sqrt{\frac{1}{2}}() + \sqrt{\frac{1}{2}}()$$

이 새로운 규칙은 수직축을 따라 스핀을 관측할 때, 위 스핀 또는 아래 스핀의 가지에 50퍼센트의 신빙성을 부여한다. 두 선택 사이에 대칭성이 존재하기 때문에 합리적인 것 같다. 사실 합리적인 규칙이라면 모두 이런 선택에 대해 같은 확률을 부여해야 한다.*

이같이 조금 누그러진 제안의 좋은 점은 반복된 측정에 따른 불일치가 생기지 않는다는 것이다. 한쪽 가지에서 추가로 측정을 하면, 진폭이 동등하지 않은 가지들이 다시 남게 된다. 그러므로 이 규칙은 아무것도 알려주는 것이 없는 것 같다.

그러나 사실 이보다 좋은 방법이 있다. 동일 진폭은 동일 확률을 내포한다는 단순한 규칙에서 출발해, 이것이 불일치가 절대 일어나지 않는 조금 더 일반적인 규칙의 특수한 경우인지 아닌지를 물어본다면, 단 하나뿐인 답을 얻게 된다. 그리고 이 답은 바로 진폭의 제곱이 확률과 같다는 보른의 규칙이다.

우리는 이를 확인해볼 수 있다. 한 진폭은 1/3의 제곱근이고 다른 진폭은 2/3의 제곱근인 불균형한 경우로 되돌아가보자. 이번에는 두 번째 수평 스핀(원래 오른쪽에 있던 큐비트)을 분명하게 포함시킨다. 처음에 이 두 번째 큐비트는 그저 소극적으로 함께하고 있을 뿐이다.

$$\Psi = \sqrt{\frac{1}{3}}(\uparrow, \leftarrow) + \sqrt{\frac{2}{3}}(\downarrow, \rightarrow)$$

---

* 이 규칙들이 아주 약한 가정을 따른다는 더 세련된 주장이 존재한다. 보이치에흐 주렉그는 이 원리를 유도하는 방법을 제안했으며, 찰스 시번스와 나도 독립저으로 같은 주장을 발표했다. 이들은 연구실에서 실험하면서 부여하는 확률이 우주 다른 곳의 양자 상태와 독립적이라면, 이 규칙을 유도할 수 있음을 보여주었다.

같은 진폭에 같은 확률을 부여한다는 주장은 우리에게 아직 아무 것도 알려주지 않는다. 진폭이 같지 않기 때문이다. 그러나 우리는 앞서 했던 것과 같은 일을 할 수 있다. 만약 첫 번째 스핀이 아래 스핀이라면, 두 번째 스핀을 수직축 방향으로 측정한다. 그러면 파동함수가 세 개의 가지로 진화하며, 우리는 오른 스핀 상태를 수직 스핀들로 분해한 것을 되돌아봄으로써 이들의 진폭이 무엇인지 계산할 수 있다. 2/3의 제곱근에 1/2의 제곱근을 곱하면 1/3의 제곱근이 되므로, 모두 동일한 진폭을 가진 세 개의 가지를 얻게 된다.

$$\Psi = \sqrt{\frac{1}{3}}(\text{🌀}, \text{🌀}) + \sqrt{\frac{1}{3}}(\text{🌀}, \text{🌀}) + \sqrt{\frac{1}{3}}(\text{🌀}, \text{🌀})$$

진폭이 같기 때문에, 이제 안전하게 각 가지에 같은 확률을 부여할 수 있다. 세 개의 가지가 있으므로 각각의 확률은 1/3이 된다. 그리고 다른 가지에 무슨 일이 일어날 때 각 가지의 확률이 갑자기 변화하는 것을 원하지 않는다면, 두 번째 측정을 하기 전이라도 위 스핀 가지에 1/3의 확률을 부여해야 한다는 것을 알 수 있다. 그러나 1/3은 이 가지의 진폭의 제곱으로, 보른의 규칙이 예측했던 것과 정확히 일치한다.

o o o

여기서 걱정이 되는 것들 몇 가지가 있다. 이를테면 한 확률이 정확히 다른 확률의 두 배가 되는 특별히 간단한 예를 든 것이 반대에 부딪힐지도 모른다. 그러나 모든 진폭이 같은 크기를 갖도록 우리의 상태를 적절한 개수의 항들로 나눌 수 있다면, 동일한 전략이 언제든 먹힌다. 진폭의 제곱이 모두 유리수(한 정수를 또 다른 정수로 나눈 값)이고, 확률이 진폭의 제곱과 동일하다면, 언제나 이 전략이 유효하다. 물론 그 바깥에는 수많은 무리수가 존재하지만, 물리학자들은 어떤 것이 모든 유리수에 대해 들어맞는다는 것을 증명하면, 이것이 '연속'이라고 얼버무리며 이 문제를 수학자에게 떠넘긴 채 자기 연구는 끝났다고 주장한다.

우리는 피타고라스의 정리가 성립하는 것을 볼 수 있다. 다른 가지보다 2의 제곱근만큼 큰 가지가 두 개의 같은 크기를 가진 가지로 갈라지는 것은 피타고라스의 정리 때문이다. 실제 공식을 유도하는 것이 어렵지 않은 것도 그 때문이다. 이는 결정론적 이론에서 확률이 갖는 의미에 대해 굳건한 기반을 제공한다. 지금까지 우리는 가능한 하나의 답을 탐구해봤다. 이 답은 파동함수가 분기한 직후, 이 파동함수의 각기 다른 가지들에 머물 확률로부터 나온다.

다음과 같이 걱정할지도 모르겠다. "그러나 나는 측정한 후가 아니라 측정하기 전, 어떤 결과를 얻을 확률이 무엇인지 알기를 원한다. 분기하기 전에는 불확정성이 전혀 존재하지 않는다. 당신은 내게 이미 말하길, 내가 어느 가지로 가게 될지 궁금해 할 권리가 없다고 했다. 그러므로 측정이 이루어지기도 전에 어떻게 내가 확률에 대해 이야기할 것인가?"

절대 걱정할 필요가 없다. 가상의 대화 상대인 당신이 옳다. 어느 가지에 머물게 될지 걱정하는 것은 아무 의미도 없다. 그보다 현재 당신의 상태로부터 두 명의 자손이 생겨 각자 다른 가지에 있게 될 것임을 우리는 분명히 알고 있다. 두 자손은 동일하며, 어느 가지에 이들이 머물지는 불분명하다. 또 이들에게는 보른의 규칙에 따라 확률이 부여되어 있다. 그러나 이것은 보른의 규칙에 따라 확률이 부여된 채, 자손 모두가 정확히 같은 인식론적 지위에 있을 것이라는 것을 의미한다. 그러므로 지금 즉시 이들의 확률을 계속해서 부여하는 것이 합리적이다. 확률이 가진 의미가 단순한 빈도주의 모형으로부터 더 건전한 인식론적 모형으로 강제로 전환되었다. 그러나 확률을 어떻게 계산하고, 이 계산 근거에 따라 어떻게 우리가 행동해야 할지는 이전과 정확히 같다. 물리학자들이 늘 이런 미묘한 질문을 회피하면서도 흥미로운 연구를 지속할 수 있는 것도 이 때문이다.

직관적으로, 이런 분석을 통해 양자 파동함수의 진폭들이 다른 '무게'(진폭의 제곱에 비례하는)를 가진 다른 가지들로 변화하는 걸 알 수 있다. 너무 문자 그대로 이런 머릿속 그림을 받아들이고 싶진 않다. 그러나 이 그림은 나중에 얘기하게 될 에너지 보존과 같은 다른 주제들은 물론, 확률을 이해하는 데 도움이 되는 구체적인 그림이다.

가지의 무게 = |이 가지의 진폭|^2

동일하지 않은 두 개의 가지가 존재할 때, 우리는 그냥 두 세계가 존재하고 무게가 같지 않다고 이야기한다. 더 큰 진폭을 가진 세계가 더 중요하다. 어느 특정한 파동함수의 모든 가지의 무게를 더하면 항상 1이 된다. 그리고 한 개의 가지가 두 개의 가지로 갈라진다고 해서, 현재 존재하는 우주를 복제함으로써 "더 많은 우주가 만들어지는" 것은 아니다. 두 개의 새로운 세계의 전체 무게는 처음 출발한 단일 세계의 무게와 같다. 그리고 전체 무게는 항상 동일하게 유지된다. 분기가 진행됨에 따라 세계가 점점 가늘어진다.

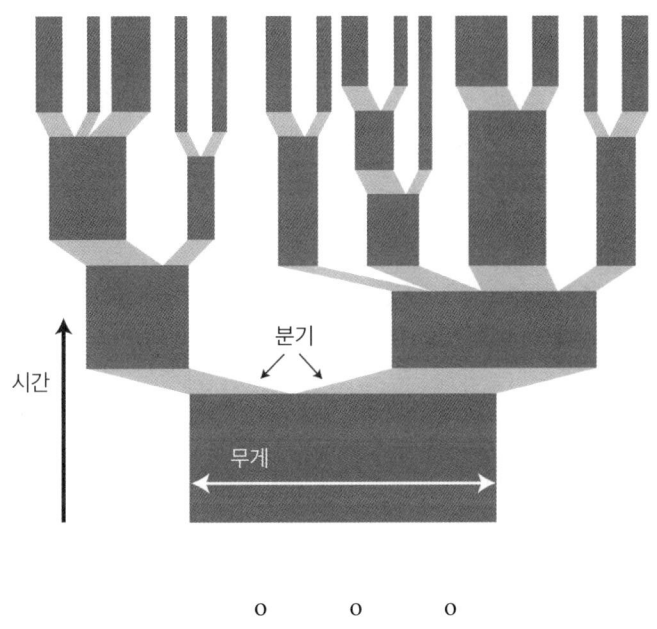

이것이 다세계 이론에서 보른의 규칙을 유도하는 유일한 방법인 것은 아니다. 물리학계 서변에서 더 인기가 많은 전략은 결정 이론 decision theory(불확실한 세계에서 선택을 할 때, 이성적인 대리인이 따르는 규칙들)에 근거하고 있다. 1999년 데이비드 도이치(1977년 텍사스 회의에서 휴 에버렛에게 감동한 물리학자들 가운데 한 명)가 이 접근법을 제안했으며, 나중에 데이비드 월리스가 더 엄밀하게 다듬었다.

결정 이론에서는 이성적인 대리인들이 일어날지도 모를 저마다의 사건들에 각각 가치값 또는 '효용성utility'을 부여하고, 효용성의 기댓값(가능한 모든 결과들의 평균치로, 확률에 따라 가중치를 둔다)을 극대화하려 한다. A와 B라는 두 결과가 주어져 있을 때, A의 정확히 두 배가 되는 효용성을 B에 부여한 대리인은 확실한 확률을 가진 A와 50퍼센트의 확률을 가진 B 사이에서 개의치 않아야 한다. 효용성을 잘 부여하기 위해 따라야 할, 합리적으로 보이는 여러 공리가 존재한다. 예를 들어 한 대리인이 B보다 A를 더 좋아하고 또 C보다 B를 좋아한다면, 분명히 C보다 A를 더 좋아해야 한다. 이런 결정 이론의 공리를 위반하는 삶을 사는 사람은 누구나 비이성적이라고 볼 수 있다는 것이 이 이론의 전부다.

다세계 이론의 문맥에서 이 틀을 사용하기 위해선 해야 할 게 있다. 우주 파동함수가 막 분기하려는 것을 알고 있고, 또 다른 가지의 진폭이 무엇인지 알고 있을 때, 이성적인 대리인이 어떻게 행동할지를 물어야 한다. 예를 들어 위 스핀과 아래 스핀이 동일하게 중첩되어 있는 전자를 슈테른-게를라흐 자석에 통과시킨 뒤, 이 전자의 스핀을 측정하려 한다고 해보자. 누군가가 결과가 위 스핀이면 당신에게 2달러를 지불하지만, 결과가 아래 스핀이면 당신이 1달러를 그에게 지불해야 한다는 제안을 한다. 당신은 이 제안을 받아들이겠는가? 보른의 규칙을 믿는다면, 받아들이는 것이 답이다. 왜냐하면 기댓값이 0.5(2달러) + 0.5(-1달러) = 0.50달러이기 때문이다. 그러나 우리는 지금 보른의 규칙을 유도하려 하고 있다. 미래의 당신 가운데 하나는 2달러를 벌지만, 또 다른 당신은 1달러를 잃는다는 것을 어떻게 알아낼 수 있을까? (돈을 버는 것과 잃는 것에 신경이 쓰이지만, 아주 부자라서 당신의 인생이 바뀔 정도는 아니라고 가정한다.)

이전 사례에서는, 자기위치 설정 불확정성의 상황에서 확률을 신빙성으로 설명했다. 여기서는 더 교묘한 조작이 필요하다. 구체적으로 다루지는 않겠지만 기본 아이디어는 같다. 우선 두 개의 가지가 같은 진폭일 경우를 생각해보자. 그러면 당신의 기댓값을 두 효용성의 단순 평균으로 계산하는 것이 합리적임을 알게 될 것이다. 그러고 나서 앞에서 다룬 ψ와 같은 불균형 상태가 있다고 가정하고, 위 스핀을 측정하면 당신이 내게 1달러를 주고, 아래 스핀을 측정하면 내가 당신에게 1달러를 주는 약속을 하도록 요구한다. 약간의 수학적 요술을 부리면, 이 상황에서 당신의 기대 효용성이 동일한 진폭을 가진 세 개의 가능한 결과가 존재할 때와 정확히 같다는 것을 보일 수 있다. 한 결과에 대해서는 당신이 내게 1달러를 지불해야 하고, 다른 두 가지 결과에 대해서는 내가 당신에게 1달러를 지불해야 한다. 이 경우 세 결과의 평균값이 기댓값이 된다.

하루를 마칠 때 에버렛의 우주에 사는 이성적인 대리인은 비결정적인 우주(확률이 보른의 규칙에 따라 주어지는)에 살 때와 정확히 같은 행동을 한다. 다른 식으로 행동하는 것은 비이성적인 것이 될 것이다. 만약 이 문맥에서 이성적이라는 것이 의미하는 것에 대한 그럴듯해 보이는 여러 공리를 받아들인다면 말이다.

누군가는 고집스럽게 주장할 수도 있다. 어떤 것이 진리인 것'처럼' 사람들이 행동해야 함을 보여주는 것으로는 충분하지 않고, 이것이 실제로 진리일 필요가 있다는 것이다. 하지만 이 주장은 조금 핵심을 놓치고 있다. 다세계 양자역학은 진짜 무작위한 사건이 일어나는 정상적인 단일 세계와는 실체에 대한 견해가 현저히 다르다. 자연스러워 보이는 개념 가운데 일부가 다세계 양자역학에 맞추어 달라져야 한다는 사실이 그리 놀랍지 않다. 만약 우리가 교과서 양자역학의 세계에서 살고 있다면, 그 세계에서는 파동함수의 붕괴가 진정 무작위적이고 보른의 규칙을 따르므로, 특정한 방식으로 기대 효용성을 계산하는 것이 합리적일 것이다. 또한 도이치와 월리스는 만약 우리가 결정론적인 다세계 우주에 살고 있다면, 정확히 똑같은 방식으로 기대 효용성을 계산하는 것이 합리적이라는 것을 보여주었다. 이런 관점에서 볼 때, 그것이 바로 확률에 대해 이야기하는 것이 뜻하는 바다. 즉 실제로 발생하는 각 사건들의 확률은, 기대 효용성을 계산할 때 우리가 이들 사건에 부여하는 무게와 동일하다. 우리는 마치 계산된 확률이 불확실한 단일 우주에 적용되는 것처럼 굴어야 한다. 비록 우주가 그것보다는 조금 더 풍성할지라도, 이 확률은 여전히 진짜 확률이다.

8장

존재론적 약속이 나를 살쪄 보이게 할까?
양자 퍼즐에 대한 소크라테스식 대화

앨리스가 와인 잔을 다시 채우면서 잠시 말없이 생각에 빠진다. 마침내 "솔직히 말하겠어요"라고 앨리스가 말했다. "양자역학의 토대에 관해 이야기하기 원하시죠?"

"그래"라고 앨리스의 아버지가 장난기 있는 웃음을 지으며 대답했다. 그 자신 입자물리학 분야에서 수리 계산의 대가 소리를 들으며 성공적인 경력을 쌓은 물리학자였다. 대형 강입자 충돌기Large Hadron Collider, LHC로 입자를 부수는 실험물리학자들은 탑 쿼크가 붕괴하면서 생기는 입자 제트(입자 충돌로 인해 생성된 수많은 입자—옮긴이)에 관한 어려운 질문들을 앨리스의 아버지와 정기적으로 상의했다. 그러나 양자역학에 관해 이야기할 때, 그는 생산자가 아닌 사용자에 불과했다. "내 딸의 연구를 좀 더 잘 이해할 시간이 되었구나."

"좋아요"라고 앨리스가 대답했다. 대학원에서 앨리스는 처음에 아버지와 유사한 경력을 쌓으려 했으나, 양자역학이 실제로 이야기하는 것이 무엇인지 이해하겠다는 집요한 고집 때문에 옆길로 빠지게 되었다. 앨리스가 보기에 물리학자들은 그들에게 가장 중요한 이론의 토대를 무시하는 어리석음을 저지르고 있는 것 같았다. 수년이 지난 후 앨리스는 이론물리학으로 박사학위를 받았지만, 주요 대학의 철학과 조교수가 되었고, 양자역학의 다세계 접근법에 대한 전문가라는 명성을 얻게 되었다. "어떤 것을 원하세요?"

아버지는 전화기를 꺼내 화면에 무엇인가를 띄우면서 말했다. "내가 몇 개의 질문을 적어봤다." 앨리스는 호기심과 걱정이 동시에 들었다. 그녀는 방금 따른 보르도 와인의 향을 맡으며 "말씀해보세요"라고 했다. 괜찮은 시작이었다.

o o o

아버지가 "알겠다"라고 말했다. 아버지는 올리브 세 개가 담긴 너무 드라이하지 않은 진 마티니를 마시고 있었다. "분명한 것부터 시작해보자. 오컴의 면도날 같은 것이지. 우리 모두 유치원에서 배웠잖아. 불필요하게 복잡한 설명보다는 단순한 설명이 좋은 것이라고. 그런데 너의 연구에 따르면, 보이지 않는 무수한 세계를 편안하게 가정하고 있는 것처럼 보여. 조금 낭비처럼 보이지 않니? 가장 단순한 설명과는 정반대로 보이는데?"

앨리스가 고개를 끄덕였다. "글쎄요. '단순함'을 어떻게 정의하는가에 달려 있겠죠. 저의 철학자 동료들은 때로 이것을 '존재론적 약속'에 대한 염려라고 생각해요. 간략히 말하자면, 상상하는 데 필요한 재료가 실체 속에 다 있고 우리는 본 것만 기술하면 된다는 거예요."

"하지만 오컴의 면도날에 따르면, 기본 이론에 너무 많은 존재론적 약속이 들어가 있으면 매력이 떨어진다고 하지 않니?"

"맞아요. 다만 존재론적 약속이 무엇인지에 대해 조금 조심해야 해요. 다세계 이론은 수많은 세계를 '가정하고' 있지 않아요. 다세계 이론이 가정하고 있는 것은 슈뢰딩거 방정식에 따라 진화하는 파동함수예요. 세계들은 자동적으로 거기에 존재하죠."

앨리스의 아버지가 반대 의사를 표시했다. "그게 무슨 소리지? 그 이론은 문자 그대로 다세계 이론이라고 불리고 있어. 물론 그 이론은 수많은 세계를 가정하고 있지."

토론이 뜨거워졌다. 앨리스가 큰 동작과 함께 "사실은 그렇지 않아요"라고 말했다. "다세계 이론에서 사용하는 재료는 모든 다른 양자역학 이론에서도 사용하는 재료예요. 오히려 다른 세계들을 제거하려는 대안에서는 추가적인 가정이 필요하죠. 이를테면 슈뢰딩거 방정식 외의 새로운 동역학, 또는 파동함수 외의 새로운 변수들, 또는 실체에 대한 완전히 별개인 견해 등이 필요해요. 존재론적으로 말해 다세계 이론은 아버지가 만날 수 있는 가장 간결하고 멋진 이론이에요."

"농담을 하고 있구나."

"그렇지 않아요! 솔직히 말해 다세계 이론이 간결하고 멋져요. 우리가 관측한 혼란한 세상에 이 이론을 적용하는 일이 중요하다는 것에 반대하기 어렵죠."

앨리스의 아버지는 생각에 잠긴 듯했다. 그는 칵테일을 건드리지도 않았다.

앨리스는 핵심을 찌르기로 했다. "제 생각이 뭔지 설명해야겠어요. 양자역학이 실체에 관해 이야기하고 있다고 아버지가 믿고 계신다면, 예를 들어 전자가 위 스핀과 아래 스핀의 중첩 상태에 있을 수 있다는 것도 믿으시겠군요. 그리고 저와 아버지와 측정 장치가 전자를 비롯한 다른 양자 입자들로 구성되었기 때문에, 가장 간단한 가정(오컴의 면도날에 따른)은 저와 아버지와 측정 장치 역시 중첩 상태에 있을 수 있으며, 실제로 우주 전체가 중첩 상태에 있을 수 있다는 것이지요. 싫든 좋든, 이것이 바로 양자역학에 직접 함축되어 있는 거예요. 물론 이런 모든 중첩을 제거하거나 비非물리적인 것으로 바꾸기 위해서, 양자역학을 다양한 방식으로 복잡하게 만드는 것을 고려할 수도 있겠죠. 하지만 그럴 경우, 오컴의 윌리엄이 아버지 어깨너머로 혀를 차면서 불만을 표시할걸요?"

"조금 궤변처럼 들리는구나." 아버지가 불평했다. "철학은 한쪽으로 치워놓더라도, 네 이론의 관측 불가능한 여러 원리들은 전혀 단순해 보이지 않아."

"아버지도 아시다시피, 다세계 이론이 많은 세계를 포함하고 있다는 건 누구도 부정할 수 없어요." 앨리스가 인정했다. "그러나 이 이론의 단순함을 부정하고 있는 것은 아니에요. 우리는 이론이 기술하거나 기술할 수 있는 실체의 개수가 아닌, 기본 아이디어의 단순성으로 이론을 판단하지요. 이를테면 '-3, -2, -1, 0, 1, 2, 3…' 같은 정수 아이디어는 '-342.7, 91, 10억 3, 18보다 작은 소수, 3의 제곱근'

같은 아이디어보다 훨씬 단순하지요. 정수에는 더 많은 요소(무한개)가 존재하지만, 이런 무한히 큰 집합을 기술할 수 있는 단순한 패턴이 존재하니까요."

"그래, 좋아." 앨리스의 아버지가 말했다. "잘 알겠어. 수많은 세계가 있지만 이들을 생성하는 단순한 원리가 존재한다, 맞지? 하지만 여전히 이런 모든 세계를 실제로 가질 때에, 이 모두를 기술하는 엄청난 양의 수학적 정보가 필요할 거야. 이런 것을 전혀 필요로 하지 않는 더 단순한 이론을 찾을 수는 없을까?"

"찾는 것은 좋아요." 앨리스가 대답했다. "그리고 누군가 반드시 찾을 거예요. 그러나 다세계 이론을 배제하면, 더욱 복잡한 이론을 얻게 될 거예요. 이렇게 생각해보세요. 가능한 모든 파동함수의 공간, 즉 힐베르트 공간은 아주 커요. 다세계 이론에서 이 공간은 다른 양자역학 버전의 공간보다 크지 않아요. 두 공간의 크기는 정확히 같고, 이 크기는 많은 수의 평행 세계를 기술할 만큼의 크기보다 커요. 전자 스핀의 중첩을 쉽게 기술하는 것처럼 우주의 중첩도 쉽게 기술할 수 있어요. 양자역학을 사용하면 많은 세계가 나타날 가능성이 생기고, 좋든 싫든 통상적인 슈뢰딩거 방정식이 다세계를 불러오게 되죠. 다른 접근법으로는 힐베르트 공간의 풍성함을 전부 사용하지 못해요. 이런 접근법들은 다른 세계의 존재를 인정하고 싶지 않기 때문에, 무슨 수를 쓰든지 다른 세계를 제거하기 위한 힘든 작업을 해야 해요."

ㅇ   ㅇ   ㅇ

"좋아." 아버지가 투덜거렸다. 완전히 믿는 것 같지는 않았지만, 다음 질문으로 넘어갈 준비가 된 것 같았다. 아버지는 칵테일을 한 모금 마시고 전화기를 응시했다. "이 이론에 철학적 문제가 있는 것 같지 않니? 내가 철학자는 아니지만, 나는 카를 포퍼가 그랬듯 좋은 과학 이론이라면 반증 가능해야 한다는 것을 알고 있어. 네 이론이 잘못이라는 것을 증명할 실험을 상상할 수 있니? 그럴 수 없다면 그것은 실제로 과학이 아니야. 이것이 정확히 그 모든 다른 세계들이 처한 상황이 아닐까?"

"글쎄요. 그럴 수도, 또 아닐 수도 있어요."

"그게 모든 철학적 질문에 대한 상투적인 답변이지."

"정확성을 추구하는 악명 높은 잔소리꾼이 되기 위해 지불해야 할 대가죠." 앨리스가 웃었다. "그래요. 포퍼는 과학 이론이 반증 가능해야 한다는 제안을 했어요. 아주 중요한 아이디어죠. 그러나 포퍼는 태양 곁을 지나는 광선이 휜다는 명확히 경험적인 예측을 한 아인슈타인의 일반상대성 이론 같은 이론과, 공산주의자들의 역사 또는 프로이트의 정신분석학 같은 이론 사이의 차이를 염두에 두고 말한 거예요. 포퍼가 보기에 역사나 정신분석학의 문제는 어떤 사건이 벌어지든 사건이 그렇게 진행된 이유를 꾸며낼 수 있다는 데 있었죠."

"내 말이 바로 그거야. 포퍼의 글을 읽지 않았지만, 그가 과학에서 결정적으로 중요한 것을 발견했다는 것에 감사하고 있단다."

앨리스가 고개를 끄덕였다. "충분히 그럴 만해요. 하지만 솔직히 말해 현대의 과학철학자 대부분은 포퍼의 제안이 완전한 답이 아니라는 데 동의하고 있어요. 과학은 그보다 더 지저분해요. 과학과 비과학을 구분하는 일은 미묘한 문제예요."

"너희들에게는 모든 것이 미묘한 문제구나! 전혀 진전이 없는 게 당연해."

"아버지, 이제 중요한 사실에 다가서고 있어요. 포퍼가 궁극적으로 지적하고자 했던 것은 좋은 과학 이론이 두 가지 특성을 가졌다는 거예요. 첫 번째 특성은 '명확하다'는 거예요. 포퍼가 두려워한 변증법적 유물론이나 정신분석학의 왜곡과 달리, 좋은 과학 이론이라면 어떤 것을 '설명하기' 위해 해당 이론을 왜곡할 수 없어요. 두 번째 특성은 '경험적'이라는 거예요. 순수 이성만으로는 이론이 진리일 수 없어요. 그보다는, 세계를 설명하는 다른 많은 가능한 방법들, 그러니까 각 방법에 상응하는 여러 이론들을 상상한 다음, 실제로 세상으로 나가 관찰함으로써 여러 이론들 중에서 선택을 해야죠."

"맞아." 앨리스의 아버지는 이 문제에 관해선 자신이 이겼다고 생각하는 것처럼 보였다. "경험적이어야 해! 그런데 네가 말한 세계들을 보렴. 실제로 그 세계들을 관측할 수 없다면, 네 이론은 전혀 경험적이 아닌 것 같구나."

"정반대인데요?" 앨리스가 대답했다. "다세계 이론은 좋은 이론의 두 가지 특성을 모두 가지고 있어요. 관측 사실들과 정합할 수 없는 검증 불가능한 이론이 아니라고요. 다세계 이론의 가설은 단순해요. '세계는 슈뢰딩거 방정식에 따라 진화하는 양자 파동함수로 기술된다.' 이런 가설은 반증 가능한 것이 분명하죠. 이를테면 양자 간섭이 일어나야 할 때 일어나지 않는다는 것을 보여주는 실험, 또는 초광속 통신에 얽힘을 실제로 사용하는 실험, 또는 결풀림 없이 파동함수가 실제로 붕괴하는 실험 등을 하기만 하면 되죠. 다세계 이론은 지금까지 나온 이론 가운데 가장 반증 가능한 이론이에요."

"하지만 그런 실험들이 다세계 이론에 대한 검증은 아니지." 앨리스가 제시한 근거를 인정하지 않으면서 아버지가 반박했다. "단지 양자역학 일반에 대한 검증에 지나지 않아."

"맞아요! 하지만 에버렛의 양자역학은 어떤 특별한 추가적인 가정이 없는 순수한 양자역학 이론이에요. 만약 추가 가정들을 담고 싶다면, 무슨 수를 써서라도 새로운 가정이 검증 가능한지 따져봐야 하겠죠."

"자, 다세계 이론의 본질적인 의미를 규정하는 특징이 뭐지? 저쪽에 그 모든 세계들이 존재한다는 거야. 우리 세계는 그 세계들과 상호작용할 수 없지. 그러니까 다세계 이론의 이런 특별한 속성은 검증이 불가능해."

"그래서 뭐 어떻다는 거죠? 모든 좋은 이론은 검증 불가능한 예측을 해요. 현재 이해하기로, 일반상대성 이론은 중력이 내일 2,000만 광년 떨어진 반지름 10미터의 특정한 공간에서 갑자기 사라지지 않는다는 예측을 하고 있어요. 이것은 완전히 검증 불가능한 예측이지만, 이 예측이 진리라는 것에 우리는 아주 높은 신빙성을 부여하고 있어요. 중력이 이런 식으로 행동할 이유가 없지만, 그랬다면 일반상대성 이론보다 훨씬 더 나쁜 이론이 등장했겠지요. 에버렛 양자역학의 추가적인 세계는 정확히 이런 특성을 가져요. 그 세계들은 단순한 이론의 피할 수 없는 예측의 산물이에요. 특별한 이유가 없다면 이 세계를 받아들여야 해요."

"그리고 더욱이…." 앨리스가 급하게 말을 이었다. "우리가 아주 운이 좋다면, 원리상 다른 세계들을 감지할 수 있어요. 이들은 사라지지 않고 파동함수 속에 여전히 존재하고 있으니까요. 결풀림은 한 세계가 다른 세계와 간섭을 일으키는 것을 놀라울 정도로 불가능하게 만들지만, 형이상학적으로 불가능하지는 않죠. 하지만 저는 이런 실험을 하기 위해 연구비를 신청할 생각은 없어요. 커피에 크림을 넣고 나서 둘이 자발적으로 섞이지 않기를 바라는 것과 같거든요."

"걱정하지 말렴. 내 의도는 그게 아니었어. 나는 그저 카를 포퍼가 과학철학에 대한 네 접근 방식에 탐탁지 않아 했을 거라는 거야."

"제가 아빠를 거기까지 이해시켰네요." 앨리스가 말했다. "포퍼 자신은 코펜하겐 해석을 가혹하게 비판했어요. '잘못된, 심하게 말해 악의적인 교리'라고 했죠. 대신 포퍼는 다세계 이론의 장점을 알았고, 이를 '양자역학에 관한 아주 객관적인 논의'라고 정확히 기술했어요."

"정말이야? 포퍼가 에버렛의 지지자였다고?"

"아뇨." 앨리스가 인정했다. "그렇진 않아요. 포퍼는 끝내 에버렛과 결별했어요. 왜 파동함수가 분기한 다음에 이 가지들이 나중에 다시 합쳐지지 않는지 이해할 수 없었기 때문이에요. 뭐, 그건 좋은 질문이지만 우리가 대답할 수 있는 질문은 아니죠."

"너라면 답해낼 수 있을 거야. 그래서 포퍼는 양자역학의 토대에 관해 결국 어떤 견해에 다다르게 되었니?"

"포퍼는 그만의 양자역학을 만들었지만, 전혀 알려지지 않았죠."

"하! 철학자들이란."

"그래요. 우리는 더 좋은 이론을 제안하는 것보단 이론의 오류를 지적하는 것에 더 익숙해요."

o   o   o

앨리스의 아버지가 한숨을 쉬었다. "좋아. 네가 나를 설득했다고 생각하지는 않지만, 철학적으로 사소한 문제에 신경을 쓰고 싶지도 않구나. 네가 말했듯이 이제 포퍼의 질문이 합리적인 것 같구나. 왜 가지들은 합쳐지지 않고 떨어져 있을까? 위 스핀과 아래 스핀이 동일하게 중첩되어 있다면, 미래에 측정을 할 때 특정 결과를 얻을 확률을 예측할 수 있지. 그러나 측정 결과가 위 스핀이라는 이야기를 방금 들었을 경우, 측정 전 스핀이 어떤 중첩 상태에 있었는지 전혀 알 방법이 없어(아래 스핀이 아니었다는 것만 제외하고). 이 차이가 어디에서 오는 거지?"

앨리스는 이 질문에 대비가 된 것처럼 보였다. "사실은 열역학이죠. 아니면 적어도 과거로부터 미래로 향하는 시간의 화살 때문이에요. 우리는 어제를 기억하지만, 내일은 기억하지 못해요. 크림과 커피는 자발적으로 서로 섞일 수밖에 없어요. 파동함수들도 분기할 수밖에 없어요."

"순환 논법을 쓰고 있다는 의심이 들어. 내가 이해하기로, 다세계 이론의 속성 중 하나는 파동함수가 오직 슈뢰딩거 방정식만을 따른다는 거야. 즉, 파동함수의 붕괴라는 가설이 따로 없지. 내가 양자역학을 배우던 때를 돌이켜보면, 파동함수의 붕괴는 미래의 일이지 과거의 일이 아니었고, 그것이 가정의 한 부분이었어. 나는 그게 에버렛의 양자역학에서도 여전히 진리인 이유를 모르겠구나. 에버렛의 양자역학에서는 슈뢰딩거 방정식이 완전히 가역적이잖아. 크림과 커피가 파동함수와 무슨 관계가 있지?"

앨리스가 머리를 끄덕이며 동의를 표시했다. "아주 좋은 질문이에요. 조금 더 무대를 꾸며보도록 해요. 열역학 제2법칙은 닫힌계에서 엔트로피(알다시피 배열의 무질서도 또는 무작위도라고 할 수 있어요)가 절대로 감소하지 않는다는 것이죠. 루트비히 볼츠만은 1870년대에 이런 설명을 했어요. 엔트로피는 거시적인 관점에서 계가 같게 보이는, 원자 배열 방법의 개수를 의미해요. 엔트로피가 증가하는 이유는 낮은 엔트로피보단 높은 엔트로피에 있을 방법의 수가 훨씬 더 크기 때문이에요. 그러므로 엔트로피가 감소할 가능성이 없는 셈이죠, 맞죠?"

"물론이지." 아버지가 동의했다. "그러나 이건 모두 고전물리학이야. 볼츠만은 양자역학을 하나도 몰랐단다."

"맞아요. 하지만 기본 아이디어는 같아요. 볼츠만은 엔트로피가 증가하는 이유를 설명했지만, 처음에 엔트로피가 낮았던 이유는 말해주지 않았어요. 오늘날 우리가 우주론적인 팩트라고 여기는 것을 보죠. 빅뱅 직후 우주가 질서 있는 상태에서 출발했으며, 그 뒤에 엔트로피가 자연적으로 증가했고, 그래서 시간의 화살이 생겼다는 거예요. 그런데 대체 왜 초기 우주의 엔트로피가 낮았는지에 대해선 우리는 실제로 아는 게 없어요. 몇몇 사람이 아이디어를 내긴 했지만요."

"그리고 이것은 관련이 있는데, 왜냐하면…"

"왜냐하면 에버렛의 양자역학을 옹호하는 사람들에게는, 시간의 양자 화살에 대한 설명이 시간의 엔트로피 화살에 대한 설명과 같기 때문이죠. 그러니까 우주의 초기 조건 말이에요. 계가 환경과 얽혔다가 결풀림이 일어날 때 분기가 발생하며, 이는 시간이 미래를 향해 흐를 때 발생해요. 파동함수의 분기 횟수는 엔트로피처럼 시간에 따라 증가하기만 해요. 이것은 분기 횟수가 비교적 작은 상태에서 출발한다는 것을 의미하죠. 달리 말하자면, 아주 먼 과거에 여러 계와 환경 사이의 얽힘이 비교적 작았다는 것을 의미해요. 엔트로피처럼 이것이 우주에 부여된 초기 조건이며, 현재 왜 우주가 그랬어야 했는지는 알지 못해요."

"알겠어." 앨리스의 아버지가 말했다. "우리가 알지 못하는 것은 인정하는 편이 나아. 적어도 최첨단 이론에서는 과거의 특별한 초기 조건에 기대어 시간의 화살을 설명하고 있지. 단일 조건으로 열역학적 화살과 양자 화살 모두를 설명할 수 있을까? 아니면 단순한 비유일까?"

"제 생각에 비유는 아니라고 봐요. 그러나 솔직히 말해, 조금 더 엄격한 조사를 해야 할 주제라고 생각해요." 앨리스가 답했다. "관련이 있는 게 분명해요. 엔트로피는 우리의 무지와 관련이 있어요. 계가 낮은 엔트로피를 갖고 있다면, 이런 식으로 보이는 미시적인 배열의 수가 비교적 작아요. 따라서 거시적인 속성만으로도 계에 대해 많은 것을 알 수 있지요. 계가 높은 엔트로피를 갖고 있다면, 아는 것이 거의 없어요. 존 폰 노이만은 얽힌 양자계에 대해서도 같은 이야기를 할 수 있다는 것을 깨달았어요. 계가 다른 것들과 전혀 얽혀 있지 않다면, 나머지 세계로부터 격리된 파동함수에 관해 이야기해도 무방해요. 그러나 계가 얽히게 되면, 개별 파동함수를 정의할 수 없고, 결합계의 파동함수에 관해서만 이야기할 수 있어요."

아버지의 표정이 밝아졌다. "폰 노이만은 천재이자 진짜 영웅이었어. 실라르드, 위그너, 텔러 같은 미국으로 귀화한 많은 헝가리 출신 물리학자들이 있었지만, 폰 노이만이 최고였지. 그가 엔트로피 공식을 유도했다는 것을 어렴풋이 기억하고 있어."

앨리스도 동의했다. "의심의 여지가 없지요. 폰 노이만은 다음의 두 상황이 수학적으로 동등하다는 것을 깨달았어요. 계의 정확한 상태를 확신할 수 없어 엔트로피가 생기는 고전적인 상황, 그리고 두 딸림계subsystem가 얽혀 서로 분리된 파동함수를 이야기할 수 없는 양자적인 상황. 이 두 상황 말이에요. 어떤 것이 나머지 세계와 얽히면 얽힐수록, 그것의 엔트로피가 더 증가하게 되지요."

"아하!" 앨리스의 아버지가 흥분해서 외쳤다. "네가 무슨 이야기를 하는지 이해하겠다. 파동함수가 과거가 아니라 미래로만 분기한다는 사실은 단순히 엔트로피가 증가한다는 사실을 '연상시키는' 것이 아니라, 두 사실은 '같은' 것이로구나. 초기 우주의 낮은 엔트로피는 그 당시 얽히지 않은 많은 딸림계가 존재했다는 것을 의미하고 말이야. 딸림계들이 상호작용 해 얽히는 것을 우리는 파동함수의 분기로 본다는 거지?"

"정확해요." 앨리스가 딸로서 자부심을 느끼면서 대답했다. "우주가 왜 그랬는지 아직은 모르지만, 초기 우주가 비교적 얽히지 않은 낮은 엔트로피 상태에 있었다는 것을 받아들이면 모든 것을 설명할 수 있어요."

"그런데 잠시만." 아버지가 뭔가 깨달은 것처럼 보였다. "볼츠만에 의하면, 엔트로피는 늘 증가하는 것 같지만, 절대적인 규칙은 아니야. 엔트로피는 결국 원자와 분자의 무작위적인 운동 때문에 생기기 때문에, 엔트로피가 자발적으로 줄어들 확률이 0은 아니지. 이것은 언젠가 결풀림이 사라지면, 세계가 분기로 인해 분리되지 않고 서로 합쳐지는 것이 가능하다는 것을 의미하지 않을까?"

"당연하죠." 앨리스가 고개를 끄덕였다. "하지만 엔트로피와 마찬가지로, 그런 일이 일어날 가능성이 너무나 낮아요. 우리의 일상생활이나 물리학 역사상의 어떤 실험과도 무관할 정도지요. 거시적으로 다른 두 가지 배열이 우리 우주의 생애 동안 단 한 번이라도 다시 결합할 가능성은 아주아주 작아 보여요."

"그럼 조금의 가능성은 있다는 말이냐?"

"제 말은, 다세계 이론에 대한 아버지의 염려가 파동함수의 가지들이 언젠가 다시 합쳐질지 모른다는 것이라면, 그런 걱정 마시라는 거예요. 전혀 합리적이지 않은 염려이고, 단지 지푸라기라도 잡고 싶은 심정에서 하시는 말씀에 불과해요."

○　○　○

"흠, 너무 자만하지 말거라." 회의적인 태도로 되돌아간 앨리스의 아버지가 중얼거렸다. 아버지는 유리잔에서 이쑤시개를 들어 올리브를 깨물었다. "실제로 다세계 이론이 이야기하는 것이 무엇인지 이해하게 해다오. 매순간 생기는 세계의 개수가 문자 그대로 무한히 크다는 것이 맞니?"

"글쎄요." 앨리스가 조금 주저하면서 대답했다. "이 질문에 정직하게 답하려면, 철학적으로 조금 사소한 것에 구애를 받아야 해서 염려가 되네요."

"그리 놀랍지 않구나."

"엔트로피로 되돌아가 비유를 해볼게요. 볼츠만이 엔트로피 공식을 머리에 떠올렸을 때, 그는 거시적으로 동일하게 보이는 계의 미시적 배열의 개수를 세었어요. 이를 통해 볼츠만은 엔트로피가 자연히 증가해야 한다는 주장을 할 수 있었죠."

"그렇지." 아버지가 말했다. "그러나 그것은 사실이고, 정직한 물리학이야. 실험적으로 검증할 수 있지. 이것이 네 환상 속의 다세계 이론과 무슨 관련이 있는지 모르겠구나."

"이제 그것에 관해 애기할게요. 히지만 그 당시 사람들이 무슨 생각을 하고 있었는지 상상해보셔야 해요." 앨리스는 잠시 보르도 와인을 잊고 교수 모드로 돌아갔다. "볼츠만은 옳았지만, 그의 주장에는 많은 반대가 뒤따랐어요. 그중 하나는 볼츠만이 엔트로피를 물리계의 객관적인 속성에서 주관적인 속성으로 바꿨다는 것이었어요.

'동일하게 보이는'이라는 개념에 의존하면서 주관적인 면이 들어가게 되었죠. 또 다른 반대는 그가 열역학 제2법칙의 지위를 강등시켜 절대적 진술이 아닌 것으로 만들었다는 거예요. 그는 엔트로피가 늘 증가해야 하는 것이 아닌, 증가할 가능성이 매우 높은 성향을 지닌 것이라고 주장했어요. 입자들이 무작위로 흔들리기 때문에 높은 엔트로피 상태로 진화할 가능성이 아주 크기는 했지만, 법칙과 같은 확실성을 갖고 있지는 않았어요. 오랜 시간 지혜가 누적되면서 우리는 이제 볼츠만의 정의가 주관적 성질을 갖고 있지만 유용하다는 것을 알게 되었죠. 또 열역학 제2법칙이 절대 깨지지 않는 법칙이 아닌 좋은 근사라는 사실만으로도, 우리의 목적이 뭐건 간에 충분히 유용하다는 것도 알게 되었고요."

"이해했다." 아버지가 대답했다. "엔트로피는 객관적인 실제의 물리량이지만, 몇 가지 가정을 한 후에야 정의하고 측정할 수 있지. 그렇다고 해도 전혀 문제가 되지 않아. 왜냐하면 엔트로피가 유용하니까! 다만 나는 추가적인 세계가 실제로 존재하는지 확신이 서지 않는구나."

"거기까지 이해가 되셨군요. 그런데 우선 이 비유를 좀 더 설명해야 할 것 같아요. 엔트로피와 마찬가지로, 에버렛의 양자역학에서 '세계'라는 개념은 기본 개념이 아닌 더 높은 수준의 개념이에요. 이것은 진짜로 물리적 통찰력을 제공하는 유용한 근사이지요. 파동함수의 분리된 가지들은 이 이론에서 기본 구조의 일부분으로 도입된 것이 아니에요. 구별할 수 없는 추상적인 것으로 양자 상태를 취급하기보다는, 이런 많은 세계의 중첩으로 생각하는 것이 우리에게 아주 편리하죠."

앨리스 아버지의 눈이 조금 휘둥그레졌다. "내가 걱정했던 것보다 더 나쁘구나. 다세계 이론에서 '세계'라는 개념이 잘 정의되어 있지 않다고 얘기하는 것처럼 들리거든."

"세계라는 개념은 엔트로피처럼 잘 정의되어 있어요. 우리가 우주에 있는 모든 입자의 위치와 운동량을 알고 있는 19세기 라플라스의 악마라면, '엔트로피' 같은 개념을 대충 정의하고 넘어가는 속임수를 절대 쓸 필요가 없겠지요. 마찬가지로 우주 파동함수를 정확히 알고 있다면, '가지'라는 것을 얘기할 필요가 없어요. 그러나 두 경우 모두 우리는 몹시 불완전한 정보만을 가진 불쌍하고 유한한 존재여서 이런 높은 수준의 개념들이 아주 유용하기를 바라게 되지요."

앨리스는 아버지가 인내심을 잃어간다는 것을 깨달았다. "나는 얼마나 많은 세계가 있는지 알고 싶을 뿐이야." 아버지가 말했다. "여기에 대답하지 못한다면 너는 좋은 판매원이라고 할 수 없구나."

"어릴 때 제게 어떤 상황에서도 정직해야 한다고 가르치셨죠?" 앨리스가 어깨를 으쓱하며 말했다. "그것은 양자 상태를 어떻게 여러 세계로 나누느냐에 달려 있어요."

"거기에 분명하면서도 올바른 방법이 있니?"

"때로는요! 명백히 별개의 측정 결과가 나오는 단순한 상황에서는(이를테면 전자의 스핀을 측정하는 것처럼), 파동함수가 두 개로 분기하며 세계가 무엇이건 간에 그 수가 두 배로 된다고 자신 있게 말할 수 있어요. 입자의 위치 같은, 원리상 연속적인 물리량을 측정할 때는 기지의 개수가 잘 정의되지 않아요. 이 경우 특정 영역의 측정 결과에 대한 전체 무게(파동함수의 제곱)를 정의할 수 있지만, 가지의 절대적인 개수는 정의할 수 없어요. 가지의 개수는 측정 결과를 기술할 때 영역을 얼마나 미세하게 나누는가에 달려 있어요. 이것은 궁극적으로 선택의 문제예요. 이런 생각을 반영하는 제가 가장 좋아하는 데이비드 월리스의 말이 있어요. '얼마나 많은 세계가 존재하는지를 묻는 것은 어제 얼마나 많은 경험을 했는지 또는 죄수가 얼마나 많은 참회를 했는지 묻는 것과 같다. 두 경우 가장 중요한 카테고리들을 열거하는 것이 가장 합리적인 대답이고, 얼마나 많이 그랬느냐고 묻는 것은 좋은 질문이 아니다.'"

앨리스의 아버지는 이 대답에 만족한 것 같지 않았다. 생각하기 위해 잠시 멈췄다가 아버지가 말했다. "있잖아, 최대한 공정하게 이 문제에 접근해볼게. 세계들이 근본적이지 않고, 그래서 세계들을 어떻게 정의할지에 관해 어떤 근사가 있다고 치자. 그렇다고 해도 유한한 개수의 세계가 존재하는지, 아니면 개수가 정말로 무한대인지는 얘기해줄 수 없니?"

"공정한 질문이네요." 마지못해 앨리스가 동의했다. "불행하게도 우리는 답을 몰라요. 하지만 세계의 개수에 대한 상한값은 존재해요. 가능한 모든 파동함수의 공간인 힐베르트 공간의 크기와 같아요."

"그러나 힐베르트 공간은 무한히 크다고 알고 있어." 아버지가 끼어들었다. "양자장 이론의 경우 말할 것도 없고, 심지어 한 입자에 대해서도 힐베르트 공간의 차원은 무한대야. 그러므로 세계의 개수가 무한대라는 것처럼 들리는구나."

"실제 우리 우주의 힐베르트 공간의 차원이 유한한지 또는 무한하지는 분명하지 않아요. 차원이 유한한 적절한 힐베르트 공간을 가진 일부 계가 알려져 있는 것이 분명해요. 단일 큐비트는 위 스핀 또는 아래 스핀을 가지므로, 힐베르트 공간이 2차원이지요. 만약 N개의 큐비트를 가지고 있다면, 힐베르트 공간의 차원은 2^N이 되고, 더 많은 입자를 가질 때마다 힐베르트 공간의 크기가 지수적으로 증가해요. 한 잔의 커피에는 대략 10^{25}개의 전자와 양성자와 중성자가 들어 있으며, 이들의 스핀을 큐비트로 기술할 수 있어요. 따라서 커피 한 잔의 힐베르트 공간은 입자들의 위치를 무시하고 스핀만 따진다고 해도 대충 $2^{10^{25}}$차원의 공간이 되지요."

"두말할 필요도 없이"라고 앨리스가 말을 이었다. "이것은 아주 큰 수예요. 2진으로 적으면, 1 뒤에 0이 10^{25}개나 붙은 큰 수죠. 우리의 관측 가능한 우주의 생애 동안 이 수를 적는다고 해도 적을 수 없는 큰 수예요."

"하지만 너는 속임수를 쓰고 있어. 실수는 이보다 훨씬 커." 아버지가 말했다. "너는 스핀을 세고 있지만, 실제 입자들은 위치도 갖고 있어. 그리고 위치의 개수도 무한하지. 이것이 입자 집단의 힐베르트 공간의 차원이 무한대인 이유야. 차원의 개수는 단지 가능한 측정 결과의 개수이지."

"맞아요. 또 사실이기도 하고요. 휴 에버렛 자신도 모든 양자 측정이 우주를 무한개의 세계로 갈라지게 한다고 생각했고, 그 생각에 흡족해 했어요. 무한대가 큰 수 같지만, 물리학에서는 항상 무한개의 물리량을 사용해왔어요. 0과 1 사이 실수의 개수는 잘 알다시피 무한개예요. 힐베르트 공간의 차원이 무한대라면, 개별 세계의 개수를 이야기하는 것은 무의미해요. 그러나 유사한 세계를 한 그룹으로 묶어 이들이 가진 전체 무게(진폭의 제곱)를 다른 그룹의 무게와 비교할 수 있어요."

"대단하구나. 따라서 힐베르트 공간의 차원이 무한대이고 세계의 개수도 무한대이지만, 다른 세계가 가진 상대적인 무게에 관해서만 얘기해야 한다고 주장하길 원하는구나."

"아니에요. 제 얘기가 아직 끝나지 않았어요." 앨리스가 주장했다. "실제 세계는 입자 집단이 아니고, 심지어는 양자장 이론으로 기술되지도 않아요."

"그래?" 조롱하듯이 아버지가 말했다. "내 평생 무슨 일을 한 거지?"

"아버지는 지금까지 중력을 무시했어요." 앨리스가 대답했다. "입자물리학을 연구할 때는 중력을 무시해도 전혀 문제가 되지 않죠. 하지만 양자 중력은 다른 양자 상태의 수가 무한하지 않고 유한하다고 얘기하고 있어요. 이것이 사실이라면, 우리가 제대로 이야기할 수 있는 세계들의 최대 개수가 존재해요. 그 세계들은 힐베르트 공간의 차원으로 주어지고요. 우리의 관측 가능한 우주의 힐베르트 공간의 차원은 그 추정치가 대략 $2^{10^{122}}$이에요. 큰 숫자죠." 앨리스가 인정했다. "하지만 이런 아주 큰 유한수도 무한대에 비하면 아주 작은 값이죠."

앨리스의 아버지는 이 값에 대하여 생각하는 듯했다. "허, 우리가 양자 중력에 관한 믿을 만한 이론을 알고 있다는 확신이 서지 않는

구나."

"그럴 거예요. 제가 세계의 개수가 유한한지 무한한지 모른다고 한 것이 그 때문이에요."

"알겠다. 그런데 염려되는 것이 또 있어. 내게는 양자계가 환경과 얽힐 때마다 항상 분기가 일어나야 한다는 것처럼 들리는구나. 네가 방금 인용한, 믿어지지 않을 정도로 큰 개수가 충분히 크지 않다는 것이 말이 되니? 우주가 진화하면서 만들어진 파동함수의 모든 가지가 머물기에 충분한 힐베르트 공간이 존재한다는 것이 분명해?"

"음, 솔직히 말해 저는 그것에 대해 생각해본 적이 없어요." 앨리스가 냅킨을 집어 그 위에 어떤 숫자를 적기 시작했다. "잠깐만요. 우리의 관측 가능한 우주에는 대략 10^{88}개의 입자가 있어요. 주로 광자와 뉴트리노죠. 대개 경우 이 입자들은 다른 입자들과 상호작용하지도, 또 얽히지도 않고 평화롭게 움직여요. 그러므로 넉넉잡아 우주의 모든 입자가 상호작용해 파동함수의 분기가 매초 200만 번 일어난다고 가정하고, 대략 10^{18}초 전에 일어난 빅뱅 이후 분기를 계속했다고 가정해보지요. 그럼 $10^{88} \times 10^{6} \times 10^{18} = 10^{112}$번의 갈라짐이 생겨 $2^{10^{112}}$개의 가지가 만들어지는 셈이네요."

"멋져요!" 앨리스는 스스로 만족한 것처럼 보였다. "여전히 아주 큰 수이기는 하지만, 우수의 힐베르트 공간의 자원보다는 훨씬 작아요. 사실 보잘것없을 정도로 작죠. 그리고 이 수는 필요한 가지의 수를 안전하게 과대평가해 잡은 것이기도 하지요. 그러므로 얼마나 많은 가지가 존재하느냐는 질문에는 명확한 답이 없음에도 불구하고, 힐베르트 공간이 부족할 것이라고 걱정할 필요는 없어요."

o o o

"어쨌든 좋다. 잠시 내가 걱정을 했구나." 아버지의 마티니는 올리브의 짠맛과 잘 어울렸다. 아버지가 눈을 반짝이며 앨리스를 응시했다. "전에는 자신에게 이런 질문을 해본 적이 전혀 없었니?"

"대부분의 에버렛 지지자들은 실제로 어떤 것을 계산하기보다 파동함수의 다양한 다른 가지에 대한 상대적 무게에 대해 생각하도록 훈련을 받아왔어요. 최종적인 답은 모르기 때문에, 이에 대해 걱정하는 것은 무의미해 보이거든요."

"이에 대해 조금 언급해야겠다. 왜냐하면 나는 늘 무한개의 세계가 존재해야 하며, 다세계 이론에 의하면 어딘가에서 모든 일이 일어난다고 생각해왔기 때문이야. 가능한 모든 세계는 파동함수 속 어딘가에 존재하겠지. 내 생각에는 그것이 말하자면 판매 전략이었어. 내가 계산에 어려움을 느낄 때마다, 또 다른 세계가 존재한다는 생각에 마음의 평온을 느꼈단다. 그 세계에서는 내가 라마(낙타를 닮은 남미 동물—옮긴이)이거나, 천재 억만장자 플레이보이 자선가였지."

"잠깐만, 그렇지 않나요?" 앨리스가 놀란 것 같은 거짓 표정을 지었다. "저는 항상 아버지가 조금은 라마처럼 보인다고 생각했어요."

"내 말은, 이 문제에 관한 한, 어떤 세계에서 내가 억만장자 라마가 되었으면 했다."

"본론에서 벗어나기 전에"라고 앨리스가 말을 이었다. "라마나 억만장자가 되는 것은 '아버지'가 아닌, 완전히 다른 존재라는 것에 주목하세요. 이 점에 대해서는 다시 이야기할 거예요. 이 주제와 더 직접 연관된 것은, 다세계 이론에서는 '모든 일이 가능하다'고 이야기하지 않는다는 거예요. 다세계 이론은 '파동함수가 슈뢰딩거 방정식에 따라 진화한다'고 이야기하고 있어요. 어떤 일은 일어나지 않는데, 이유는 슈뢰딩거 방정식이 이런 일이 절대로 일어나지 않도록 하기 때문이지요. 예를 들어 전자가 자발적으로 양성자로 변환되는 일은 절대 관측할 수 없어요. 이런 일이 생기려면 전하량이 변화하게 되는데, 전하는 엄격히 보존되어야 하지요. 그러므로 분기로는, 예를 들어 초기에 가졌던 전하보다 다소 많거나 적은 전하를 가진 우주가 절대로 탄생하지 않아요. 에버렛의 양자역학에서 단지 많은 일이 일어난다고 해서, 모든 일이 일어난다고 할 수는 없지요."

앨리스의 아버지가 의심의 눈으로 바라보았다. "딸아, 체면을 세우려고 사소한 것에 시비를 걸면 안 되지. 엄밀히 말해 모든 일이 일어나지 않을지 모르지만, 말이 안 되는 아주 많은 일들이 여러 세계에서 실제로 일어난다고 나는 믿어, 그렇지 않아?"

"그래요, 그것을 인정해줘서 기뻐요. 아버지가 벽에 뛰어들 때마다, 파동함수가 많은 세계로 분기하지요. 어떤 세계에서는 아버지가 코를 다치고, 어떤 세계에서는 무사히 벽을 뚫고 통과하기도 하며, 어떤 세계에서는 벽과 부딪쳐 쓰러지기도 하지요."

"그게 아주 중요해, 그렇지? 정상적인 양자역학에서도 거시적인 물체가 벽을 뚫고 지나갈 확률은 0이 아니지만, 상상할 수 없을 정도로 작기 때문에 그걸 무시할 수 있지. 다세계 이론의 어떤 세계에서는 이런 일이 일어날 확률이 100퍼센트야."

앨리스가 고개를 끄덕였다. 하지만 그녀의 표정은 이전에 이런 일을 많이 겪어본 사람의 표정이었다. "이것이 한 가지 차이라는 점에서 아버지가 절대적으로 옳아요. 그러나 이것이 조금도 문제가 되지 않는다고 저는 주장할 거예요. 에버렛 지지자들이 보른의 규칙을 유도한 방법을 인정하신다면, 아버지가 벽을 뚫고 지나갈 확률이 존재하고, 이 확률이 너무 비상식적으로 작아 일상생활을 하면서 그 가능성을 고려할 필요가 없는 것'처럼 행동'하셔야 해요. 그리고 이 주장을 받아들이지 않으신다면, 훨씬 더 심각하게 다세계 이론을 걱정하게 되실 거예요."

아버지가 결심했다. "나는 이런 낮은 확률의 세계를 다루는 게 중요하다고 생각해. 보른의 규칙의 예측을 부정하는 것처럼 보이는 사건들을 보게 된 관측자들(에버렛의 일부 세계에 속한)에 대해선 뭐라 말하지? 스핀을 50번 측정할 때, 모두 위 스핀을 측정하는 가지가 존재할 것이고, 모두 아래 스핀을 측정하는 다른 가지도 존재하겠지. 이런 불쌍한 관측자들은 양자역학에 대해 어떤 결론을 내릴까?"

"글쎄요." 앨리스가 말했다. "대개의 경우, 그들에게 '참 안됐네'라고 말해야겠죠. 불행한 일이 일어난 거죠. 그러나 이런 관측자들에게 부여된 전체 무게가 너무 작기 때문에, 이것을 너무 걱정할 필요는 없어요. 연속으로 50번 위 스핀을 관측했다면, 다음 50번 시도의 결과가 여전히 높은 확률로 보른의 규칙의 예측을 따르리라는 것은 말할 필요가 없겠지요. 불쌍한 관측자들은 처음의 불운한 연속적인 위 스핀 관측이 실험 오차라고 생각할 가능성이 아주 크고, 실험 동료들에게 재미로 이것을 얘기하겠지요. 이것은 실제로 크기만 컸던 고전적인 우주와 유사해요. 우리 주위의 우주에서 볼 수 있는 조건들이 모든 방향으로 무한히 멀리까지 지속한다면, 우리처럼 우주에서 양자역학을 검증하는 실험을 하는 다른 문명들(실제로는 무한개의 문명)이 존재할 가능성이 매우 크겠지요. 무한개의 문명이 존재한다고 가정할 때, 각 문명이 보른의 규칙을 따르는 확률을 관측할 가능성이 클지라도, 어떤 문명은 아주 다른 통계를 관측할 수도 있겠죠. 이 경우 이 문명은 양자역학의 작동 방식에 대해 틀린 결론을 얻을지도 몰라요. 이런 관측자들에게는 불행이지만, 이들 역시 우주의 모든 관측자 집합 중 아주 드문 경우라는 사실에 위안을 얻을 수 있어요."

"작은 위안이라! 네가 보기에, 크게 잘못된 자연법칙을 얻게 될 관측자들이 항상 존재한다는 말이구나."

"누구도 그들에게 장미 정원을 보장한 적이 없어요. 충분히 많은 수의 관측자가 존재하는 모든 이론에는 이런 걱정이 늘 있죠. 다세계 이론 역시 이런 이론의 한 예에 지나지 않아요. 요점은 에버렛의 양자역학에 모든 다른 세계를 비교하는 방법이 존재한다는 거예요. 이들 가지의 진폭을 제곱하면 되죠. 아주 놀라운 일이 일어나는 가지는 정말이지 아주 작은 진폭을 가지고요. 세계의 집합에서 이런 세계는 드물어요. 무한히 거대한 고전적인 우주 속에 있는 불운한 관측자들을 걱정하는 것만큼이나, 이들의 존재에 신경 쓰지 않아도 돼요."

o o o

"글쎄, 확신이 서진 않는구나. 일단 우려스럽다는 것만 기억해두고, 나머지 이야기를 계속해보자꾸나." 아버지는 폰에서 질문 목록을 들여다봤다. "나는 관련 논문들을 읽어왔어. 심지어 네 논문들까지 봤지. 다세계 이론이 측정에 관한 오랜 미스터리를 없앴다는 사실은 높이 평가해. 사실 측정은 대단할 게 없지. 측정은 단지 중첩 상태에 있는 양자계가 더 큰 환경과 얽힐 때 일어나는 거야. 이내 그것은 결풀림과 파동함수의 분기로 이어지지. 그런데 말이야. 오직 단 하나의 파동함수만이 존재해. 우주 파동함수. 이 파동함수는 공간을 통틀어 모든 것을 기술하지. 전역적global 관점에서 볼 때, 우리가 분기에 대해 어떻게 생각해야 할까? 모든 분기가 단박에 일어날까, 아니면 계에서 상호작용이 일어나며 분기가 점진적으로 퍼져나갈까?"

"에구, 아버지, 제 감이지만, 아마도 또다시 제 답에 만족하시지 못할 것 같아요." 앨리스가 치즈를 자르기 위해 말을 멈췄다. 그녀는 최선의 답을 생각하면서 조심스럽게 치즈 조각을 크래커 위에 올려놓았다. "답이 뭐일지는 기본적으로 아버지에게 달려 있어요. 조금 더 점잖게 말해볼까요? '분기'라는 바로 그 현상은 우리 인간이 복잡한 파동함수를 편리하게 기술하기 위해서 발명한 거예요. 분기가 단박에 일어난다고 생각해야 할까요, 아니면 한 점에서 점차 퍼져나간다고 생각해야 할까요? 그건 해당 상황에서 어느 쪽이 더 편리한가에 달려 있어요."

앨리스의 아버지가 고개를 흔들었다. "내가 생각하기에, 분기는 중요한 포인트야. 만약 다른 가지들을 네가 관찰할 수도 없고, 이들의 개수도 셀 수가 없으며, 심지어는 어떻게 분기가 일어나는지에 대한 명확한 기준도 없다면, 도대체 어떻게 다세계 이론이 존경받을 만한 과학 이론이라고 할 수 있겠니? 그건 그냥 네 생각인 것 같은데(영화 〈위대한 레보스키〉의 유명한 대사—옮긴이)?" 아버지는 늘 영화 대사를 인용하는 걸 너무 좋아했다.

"그렇게 볼 수도 있겠죠. 하지만 그보다 더 좋은 의견도 있고, 더 나쁜 의견도 있어요. 아버지는 '어느 것도 광속보다 더 빨리 움직일 수 없다'는 표현을 선호할지도 몰라요. 실질적으로 중요한 것은 아버지가 광속보다 빨리 통신을 하거나 신호를 주고받을 수 없다는 것이고, 그건 아버지가 어느 표현을 선택하든지 상관없이 진리죠. 그러나 만약 분기와 같은 명백한 물리 현상이 광속보다 느리게 전파되도록 제한하는 것이 아버지 마음에 편하다면, 그렇게 하세요. 이 경우 아버지가 시공간의 어디에 위치하느냐에 따라 파동함수 가지의 개수가 달라질 거예요."

앨리스가 새 냅킨을 꺼낸 다음, 다시 뭔가를 적기 시작했다. 이번에는 직선들로 이루어진 작은 도표들을 그렸다. "여기서 공간축은 왼쪽에서 오른쪽이고, 시간축은 아래쪽에서 위쪽이에요. 어떤 사건으로 인해 방출된 광선들이 45도 위쪽으로 움직인다고 해보죠. 만약 단 하나의 파동함수 가지에서 시작한다고 하면, 이 사건으로 인해 분기가 일어난 다음, 시간축의 위쪽 방향으로 전파될 기라고, 그런데 오직 광속으로만 가지들이 갈라져나갈 거라고 상상할 수 있어요. 멀리 떨어진 관측자들은 단 한 개의 가지로 기술될 테지만, 가까이 있는 관측자들은 두 개의 가지로 기술될 거예요. 이건 다음의 생각과도 잘 들어맞아요. 즉, 멀리 있는 관측자들의 경우 분기를 알 방법이 없거나 분기에 영향을 받지 않지만, 가까이 있는 관측자들의 경우 그렇지 않을 거예요."

아버지가 이 도표를 검토했다. "알겠어. 나는 분기가 우주 전체에서 동시에 일어난다고 가정했었고, 이것이 특수상대성 이론을 아주 좋아하는 나를 괴롭혔지. 관측자에 따라 동시성을 다르게 정의한다는 것을 나만큼 너도 알고 있다고 확신해. 나는 분기가 광속으로 전파된다는 이런 그림을 더 좋아한단다. 모든 효과가 아주 국소적인 local 것처럼 보이는구나."

다시 도표를 그리기 전에 앨리스가 손을 흔들었다. "다른 방법 역시 가능해요. 분기가 우주 전체에서 단번에 일어나는 것 역시 허용되죠. 이 견해는 자기위치 설정 불확정성을 이용해 보른의 규칙을 유도할 때 도움이 되요. 왜냐하면 어디서 분기가 일어났는지 상관없이, 분기가 일어난 후에 내가 어느 가지에 위치해 있는지 이야기할 수 있기 때문이에요. 상대성 이론 때문에 다른 속력으로 움직이는 관측자는 가지를 다르게 그리겠지만, 그렇게 한다고 해서 관측상의 차이는 없어요."

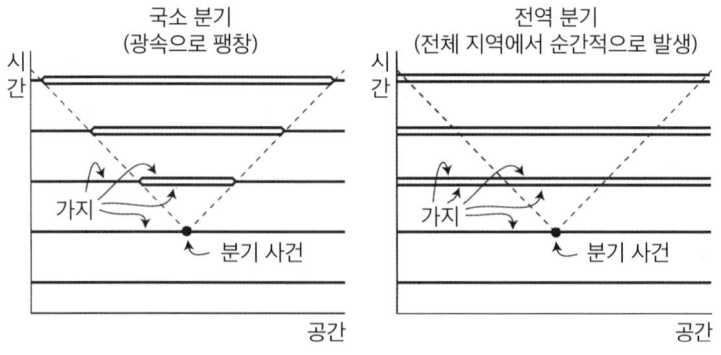

"아! 너의 멋진 작업이 아직 덜 끝났구나. 이제 분기가 완전히 비국소적이라고 생각하는 이유를 이야기해다오."

"예, 하지만 이걸 짚고 싶어요. '다세계 이론은 국소 이론인가?'라는 질문은 올바른 질문이 아니에요. 더 좋은 질문은 따로 있어요. '분기를 국소적 과정(어떤 사건의 미래 광원뿔light cone 내부에서만 진행되는)이라고 기술할 수 있는가?' 대답까지 해볼게요. '그렇다. 하지만 이것을 우주 전체에서 즉시 일어나는 비국소적 과정이라고 기술할 수도 있다.'"

앨리스의 아버지는 얼굴에 손을 갖다댔다. 앨리스의 말을 받아들이려 했지만 당혹감을 감출 수 없었다. 아버지가 일어나 이마에 주름을 잡으면서 또 다른 마티니를 만들었다. 아버지는 한 손에 마티니를, 다른 손에는 땅콩을 들고 의자로 되돌아왔다. "내가 보기에, 요점은 멀리 떨어진 사람이 분기가 되었다고 생각하느냐 그렇지 않으냐는 것이 큰 차이를 주지 않는다는 거야. 나는 그 사람들을 단지 하나의 복제물 또는 절대적으로 같은 두 개의 복제물로 생각할 수 있어. 이것은 단지 표현의 문제이지."

"정확해요!" 앨리스가 소리쳤다. "분기가 광속으로 전파된다고 생각하든, 또는 단번에 일어난다고 생각하든, 그건 단지 뭐가 더 편리한지에 관한 문제예요. 길이를 센디미터로 측정하느냐, 인치로 측정하느냐 정도의 걱정인 거죠."

아버지가 눈을 희번덕거리며 말했다. "대체 어떤 야만인이 아직도 길이를 인치로 측정하지?"

　　　　　　　ｏ　　ｏ　　ｏ

"좋아. 속도를 내보자." 잠시 뒤 아버지가 말했다. "실체에 전혀 구애를 받지 않는 끈 이론가를 비롯해 다른 연구자들은 추가적인 차원에 관한 이야기를 좋아한다고 알고 있어. 가지들도 거기에 살아남아 있을까? 다른 세계들은 도대체 어디에 있지?"

"아, 좀, 로버트." 아버지에게 화가 나면 앨리스는 아버지의 이름을 부르곤 했다. "아버지가 더 잘 알잖아요. 가지들은 어디에도 '위치하고' 있지 않아요. 아버지가 계속 공간에 위치한 것을 고집하기 때문에, 다른 세계들이 어디에 있는지 묻는 게 당연해 보이는 거예요. 그러나 이 가지들이 숨어 있는 '장소'는 없어요. 가지들은 우리 자신의 가지와 함께 동시에 존재하며, 단지 접촉을 할 수 없을 뿐이에요. 이들이 힐베르트 공간에 존재한다고 생각하지만, 실제 '장소'는 아니에요. 아버지의 철학이 꿈꾸는 세상에서보다 천국과 지구에는 더 많은 것이 있어요." 앨리스는 셰익스피어 구절을 인용하고는 우쭐해했다.

"그럼, 나도 알지. 우리 몇 잔 마셨잖니. 네게는 약한 술을 줘야겠구나."

　　　　　　　ｏ　　ｏ　　ｏ

아버지가 폰 메모를 조금 아래로 밀어 내렸다. "자, 여기 좀 더 심각한 문제가 있어. 이 문제가 항상 나를 괴롭혔지. 에너지 보존은 어떻게 되니? 네가 갑자기 아주 새로운 우주를 창조할 때, 그 모든 '물질'은 어디서 오는 거지?"

"글쎄요." 앨리스가 대답했다. "정상적인 교과서 양자역학을 생각해보세요. 양자 상태가 주어지면, 이 상태의 전체 에너지를 계산할 수 있어요. 파동함수가 엄격하게 슈뢰딩거 방정식에 따라 진화하는 한, 이 에너지는 정확히 보존돼요, 그렇죠?"

"물론이지."

"바로 그거예요. 다세계 이론에서 파동함수는 에너지를 보존하는 슈뢰딩거 방정식을 따라요."

"내 말은, 추가적인 세계에 대해서 묻는 거야." 앨리스의 아버지가 물었다. "나는 주위 세계에 얼마나 많은 에너지가 담겼는지 측정할 수 있어. 그리고 넌 그 세계들이 언제나 복제되고 있다고 말하는 거고."

앨리스는 이 질문에 대해선 자신이 확실한 근거를 가졌다고 느꼈다. "세계가 모두 동일하게 창조되지는 않아요. 파동함수를 생각해보세요. 파동함수가 여러 개로 분기한 세계를 기술할 때, 우리는 전체 에너지를 계산할 수 있어요. 각 세계의 에너지에 그 세계의 무게(진폭의 제곱)를 곱하여 더해주면 되죠. 한 세계가 두 세계로 나뉠 때, 각 세계의 에너지는 기본적으로 이진 단일 세계가 가진 에너지와 같아요(그 안에 사는 사람들에 관한 한). 그러나 우주 파동함수가 가진 전체 에너지에 대한 두 세계의 기여도가 절반으로 나뉘죠. 왜냐하면 두 세계의 진폭이 줄어들기 때문이에요. 각 세계에 거주하는 사람들은 차이를 못 느끼지만, 각 세계는 조금 더 가늘어지지요."

"네가 말하는 게 뭔지 수학적으로는 알겠어." 아버지가 인정했다. "하지만 직관적으로는 이해가 안 돼. 내가 특정한 질량과 퍼텐셜에너지를 가진 볼링공을 갖고 있다고 해보자. 이때 옆방에 있는 누군가가 양자 스핀을 관측하여 파동함수가 분기하게 되는 거지. 이제 두 개의 볼링공이 존재하고, 각 공은 앞서와 같은 에너지를 가지게 돼, 그렇지 않니?"

"글쎄요, 아버지의 얘기는 가지들의 진폭을 무시하고 있어요. 우주 에너지에 대한 볼링공의 기여도는 이 공의 질량과 퍼텐셜에너지만이 아니에요. 여기에 파동함수 가지의 무게를 곱한 것이에요. 갈라짐이 일어난 후 마치 아버지가 볼링공 두 개를 가지게 된 것처럼 보이지만, 두 공이 파동함수의 에너지에 기여하는 정도는 단일 볼링공이 이전에 가졌던 에너지와 정확히 같아요."

앨리스의 아버지가 숙고하는 것처럼 보였다. "내가 네 의견에 동의하는지 자신할 수가 없구나. 하지만 네가 나를 피곤하게 하는 것은 분명해"라고 중얼거렸다. 잠시 후 아버지는 다시 질문 목록을 들여다보았다.

o o o

"너도 알겠지만, 질문이 딱 하나 더 남아 있어." 아버지는 폰을 치우고 두 번째 마티니를 홀짝인 뒤에 몸을 조금 기댔다. "너, 이걸 정말로 믿니? 솔직하게 말해봐. 누군가가 입자의 스핀을 측정할 때마다 내 복제물이 생긴다? 이걸 믿어?"

앨리스는 와인을 조금 맛보면서 의자에 편히 앉아 있었다. 생각에 잠긴 듯 보였다. "아버지도 알다시피, 저는 생긴다고 믿어요. 적어도 저는 개인적으로 에버렛의 양자역학과 이 양자역학이 내포하고 있는 모든 세계가 가장 믿을 만한 버전의 양자 이론이라고 생각해요. 만약 이것이 의미하는 바에 따라, 내 현재의 자아가 수많은 미래의 자아들(서로 이야기를 절대 나눌 수 없는)로 조금씩 다르게 진화하는 것을 받아들여야 한다고 해도, 저는 기꺼이 이것을 받아들이려고 해요. 항상 그래왔듯, 만약 새로운 정보가 나타나면 미래에 업데이트한다는 전제에서 말이에요. 참고로 새로운 정보의 형태는 실험 결과일 수도 있고, 이론적 통찰일 수도 있겠죠."

"이런 훌륭한 경험주의자를 보았나." 앨리스의 아버지가 미소를 지었다.

"데이비드 도이치를 인용하고 싶네요." 앨리스가 제안했다. "그는 이렇게 말했어요. '양자 이론은 비할 데 없이 경험적인 성공을 거두었다. 그럼에도 양자 이론이 자연을 기술하는 그야말로 '진리'라는 주장은 여전히 냉소와 몰이해에 시달리고 있다. 심지어 양자 이론에 화를 내는 사람들도 있다.'"

"그게 무슨 말이지? 모든 물리학자는 양자역학이 자연을 기술한다고 생각하잖아."

"도이치는 '양자 이론'이라는 표현을 통해 묵시적으로 '다세계 이론'을 의미했다고 생각해요." 이제는 앨리스가 미소를 지었다. "그는 깨달았죠. 많은 사람이 염려가 아닌 본능적인 혐오감 때문에 에버렛의 양자역학을 거부하고 있다는 걸요. 철학자 데이비드 루이스의 말을 떠올려보세요. 그는 '나는 회의적인 눈초리들에 어떻게 반박해야 할지 전혀 모르겠다'라고 말했죠."

"나를 거기에 포함시키지는 말아줄래?" 앨리스의 아버지는 조금 모욕을 당한 듯이 보였다. "나는 그저 이 이론을 내 원칙에 따라 이해하려고 했을 뿐이란다."

"그러셨겠죠!" 앨리스가 대답했다. "지금까지 우리가 나눈 대화는 사려 깊은 물리학자라면 반드시 나눠야 할 대화예요. 제가 아버지에게 확신을 드렸든 그러지 못했든 말이에요. 저는 모든 사람이 에버렛의 지지자가 되는 것이 중요하다고 생각하지 않아요. 그보단 사람들이 양자역학을 이해하려고 진지하게 도전하는 게 중요하다고 생각해요. 저는 관심이 없는 누군가의 흥미를 끌고 싶지 않아요. 그러니 예컨대 숨은 변수 이론의 헌신적인 지지자인 누군가와 대화를 나누는 게 나아요."

앨리스의 아버지가 고개를 끄덕였다. "내가 시간을 좀 끈 것은 인정하마. 하지만 맞아. 나도 관심이 있단다." 아버지가 딸을 보며 미소를 지었다. "우리의 사명은 사물들을 이해하는 거야, 그렇지 않니?"

9장

다른 방법들
다세계 이론의 대안

    데이비드 앨버트는 현재 콜럼비아대학의 철학교수이자 양자역학의 토대에 관한 세계적인 선도 연구자이다. 그가 양자역학의 토대에 관해 관심을 가진 대학원생이었을 때, 아주 대표적인 경험을 하게 되었다. 그는 록펠러대학 물리학과 박사학위 과정에 있으면서, 지식과 경험의 관계에 관한 18세기 철학자 데이비드 흄의 책을 읽고, 물리학에서 양자 측정 문제에 관해 충분히 이해하고 있지 않다는 것을 알게 되었다(흄은 측정 문제에 관해 몰랐지만, 앨버트는 머릿속에서 둘 사이의 연관성을 찾고 있었다). 1970년대 말 록펠러대학의 누구도 이런 식의 생각에 흥미를 갖고 있지 않았다. 그때시 앨버트는 유명한 이스라엘 물리학자 야키르 아하로노브와 장거리 협업을 시작해, 영향력이 큰 논문 몇 편을 발표하게 되었다. 그러나 이 연구 결과를 그의 박사학위 논문으로 제출하자, 록펠리대학의 힘 있는 교수들이 반대했다. 박사학위를 받을 수 없을지도 모른다는 불안감에 앨버트는 수리물리학에 관한 별도의 박사학위 논문을 써야 했다. 그는 "나를 다루는 데 효과적일 거라고 생각했는지 별도의 논문 작업이 분명하게 부과되었다. 거기에는 분명히 징벌적인 요소가 있었다"라고 회상했다.

물리학자들은 양자역학의 토대가 실제로 무엇인지에 대한 합의에 이르지 못했다. 그러나 20세기 후반에 들어와 거의 합의에 이르렀다. 양자역학의 토대가 무엇이든 간에 이에 관해 이야기하지 않아야 한다는 합의였다. 실제적인 작업을 하는 동안에는 이야기하면 안 되었다. 계산을 할 때나, 입자와 장에 대해 새 모형을 구축할 때 그 토대에 대해선 함구해야 했다.

알다시피 에버렛은 물리학 교수가 되려는 시도도 해보지 못한 채 학계를 떠났다. 데이비드 봄은 1940년대에 오펜하이머 밑에서 공부하고 연구 중이었는데, 그는 측정 문제를 설명하기 위해 숨은 변수를 사용하는 기발한 방법을 제안했다. 그러나 한 세미나에서 어떤 다른 물리학자가 봄의 아이디어를 설명했는데, 그 세미나가 끝난 뒤에 오펜하이머가 큰 소리로 조롱하며 말했다고 한다. "봄이 틀렸다는 것을 증명할 수 없다면, 봄을 무시하는 데 동의해야 합니다." 누구보다 양자 얽힘의 비국소성을 명백하게 보여준 존 벨은 비국소성에 대한 연구를 CERN에 있는 동료들에게 의도적으로 숨기고 있었다. 그의 동료들에게 벨은 비교적 보통의 입자물리학 이론가처럼 보였다. 1970년대 결풀림 개념의 선구자로 알려진 젊은 연구자 한스 디터 체는 그의 스승으로부터 이 주제에 관한 연구가 그의 학문적 경력을 망치게 될 것이라는 경고를 받았다. 실제로 그는 초기 논문들을 발표하는 데 아주 애를 먹었다. 학술지 심사자들은 "아주 몰상식한 논문이다"" "양자 이론은 거시적 대상에는 적용할 수 없다"라고 말했다. 《피지컬 리뷰Physical Review》(미국물리학회에서 발간하는 학술지—옮긴이)의 편집자였던 네덜란드 물리학자 사무엘 하우드스밋은 1973년, 새로운 실험적 예측이 담겨 있지 않는 한, 양자역학의 토대에 관한 논문을 《피지컬 리뷰》에 싣는 것을 명확하게 금지하는 메모를 내놓았다(만약 이전에 이런 정책이 존재했었다면, 《피지컬 리뷰》는 보어의 답변은 물론 아인슈타인-포돌스키-로즌의 논문을 거절했을 것이다).

앞으로 자세히 이야기하겠지만, 이들이 가는 길에 다양한 장애물이 있었음에도 불구하고, 일단의 물리학자들과 철학자들은 양자적 실체의 본질을 더 잘 이해하기 위한 노력을 포기하지 않았다. 특히 파동함수의 분기 과정이 결풀림에 의해 명확해지자, 측정 문제가 제기한 퍼즐을 풀 수 있는 유망한 한 가지 접근법으로 다세계 이론이 부상했다. 하지만 여타 접근법들도 고려해봄직하다. 이 방법들이 실제로 옳을지도 모르기 때문이기도 하고(이것이 늘 가장 중요하다), 서로 매우 다른 작동 방식들을 비교함으로써 양자역학을 더 잘 이해할 수 있기 때문이기도 하다. 이때 개인적으로 어떤 방법을 선호하는지는 중요치 않다.

오랜 기간 많은 양자 이론의 대안이 제안되었다(이와 관련된 위키피디어 기사에는 열여섯 개의 "해석"이 "다른 해석들"이라는 카테고리와 함께 구체적으로 나열되어 있다.) 여기서는 에버렛 접근법의 경쟁자 셋만을 다루려고 한다. 동역학적 붕괴dynamical collapse 이론, 숨은 변수hidden variables 이론, 인식론적epistemic 이론이다. 이 접근법들은 종합적이지는 않지만 그간 사람들이 취해온 기본 전략을 보여준다.

○   ○   ○

다세계 이론의 미덕은 기본 정식의 단순함, 즉 슈뢰딩거 방정식에 따라 진화하는 파동함수가 존재한다는 것이다. 그 외의 모든 것은 주석에 지나지 않는다. 그러한 주석 중 이를테면 계와 환경으로 갈라지는 것, 결풀림, 파동함수의 분기 등과 같은 것들은 지극히 유용하다. 그리고 실제로 그것들은 우아하지만 딱딱한 기본 정식을 우리 세상의 혼잡한 경험과 매치시키는 데 없어서는 안 된다.

다세계 이론에 대해 어떤 감정을 가지는지 상관없이, 이 이론이 가진 단순성은 우리가 대안을 고려하는 데 좋은 출발점을 제공한다. 만약 확률 문제에 좋은 답이 존재한다는 것에 대해 아주 회의적이거나, 혹은 그 모든 세계들이 저 외부에 존재한다는 생각에 지극히 부정적이라면, 이제 할 일은 어떤 식으로든 다세계 이론을 수정하는 것이다. 다세계 이론이 단지 '파동함수와 슈뢰딩거 방정식'뿐이라면, 즉시 몇 가지 그럴듯한 방법을 생각할 수 있다. 슈뢰딩거 방정식을 고쳐서 파동함수에 새로운 변수들을 추가함으로써, 여러 세계가 절대로 나타나지 않게 하는 것이다. 또는 파동함수가 실체를 직접 기술하는 것이 아니라, 우리의 지식을 말해주는 것이라고 재해석하는 것이다. 과거에 이미 이런 모든 길을 따라 걸어보았다.

먼저, 슈뢰딩거 방정식을 고칠 수 있는지에 대해 알아보자. 물리학자 대부분은 분명 이런 접근법을 편하게 생각한다. 성공적인 이론이 확립되기 이전에 이론가들은 기본 방정식들을 더 좋게 만들기 위해 자신들이 얼마큼 기여할 수 있는지 묻는다. 원래 슈뢰딩거 자신도 그의 방정식이 자연스럽게 공간에 덩어리처럼 몰려 있는 파동(멀리서 보면 입자처럼 행동하는)을 기술하기를 바랐다. 아마 그가 방정식을 일부 수정했으면 이런 야망을 이루었을 것이며, 심지어는 여러 세계를 허용하지 않고서도 측정 문제에 관한 자연스러운 해결책을 제공할 수 있었을 것이다.

하지만 이런 일은 말처럼 쉽지 않다. 예를 들어 슈뢰딩거 방정식에 Ψ와 같은 항을 추가하는 가장 분명한 일을 시도할 경우, 전체 확률의 총합이 1이 되어야 한다는 이 이론의 중요한 속성이 깨지기 쉽다. 물리학자들은 이런 종류의 장애물로 단념하는 일이 거의 없다. 스티븐 와인버그는 입자물리학의 표준 모형에서 전자기 상호작용과 약한 상호작용을 성공적으로 통합한 모형을 개발한 학자인데, 그는 시간에 따라 전체 확률을 유지하도록 슈뢰딩거 방정식을 교묘하게 수정하는 방법을 제안한 바 있었다. 하지만 그 수정으로 대가를 치러야 했다. 와인버그 이론의 가장 단순한 버전은 얽힌 입자들 사이에서 광속보다 빠르게 신호를 보내는 것을 허용하며, 이는 통상적인 양자역학의 신호불가 정리와는 반대된다. 이런 결점을 고칠 수는 있지만, 그러면 더 기괴한 일이 일어난다. 즉 파동함수의 가지들이 여전히 존재할 뿐 아니라, 물리학자 조 폴친스키가 "에버렛 전화기"라고 부른 것을 구축해 실제로 가지들 사이에 신호를 보낼 수 있는 것이다. 이런 것은 장점일 수 있다. 자신의 삶의 근거를 양자 측정 결과의 선택에 두려고 한다면, 어느 자신이 최선인지 아는 또 다른 자신과 이야기하면 된다. 그러나 그것은 자연이 실제로 작동하는 방식이 아닌 것처럼 보인다. 그리고 그런 식으로는 측정 문제를 해결하지도, 다른 세계를 없애지도 못한다.

이는 뒤돌아보면 이해가 된다. 순수하게 위 스핀 상태에 있는 전자를 생각해보자. 이것은 왼 스핀과 오른 스핀의 동일한 중첩으로 표현할 수 있다. 그러므로 수평 자기장 방향으로 관측을 하면, 왼 스핀과 오른 스핀을 관측할 확률이 각각 50퍼센트이다. 그러나 정확히는 두 선택의 확률이 같기 때문에, (적어도 추가적인 정보를 지닌 새로운 변수들을 추가하지 않고서는) 어떻게 결정론적 방정식이 왼 스핀 또는 오른 스핀의 하나만 관측한다고 예측할 수 있는지 상상하기 어렵다. 무언가가 왼 스핀과 오른 스핀 사이의 균형을 깨야 한다.

그러므로 조금 더 극적인 것을 생각해야만 한다. 슈뢰딩거 방정식을 택하여 조금 수정하기보다는, 파동함수가 진화하는 완전히 별개의 방법, 즉 여러 개의 가지가 나타날 수 있게 하는 방법을 꾹 참고 도입할 수 있다. 수많은 실험 증거에 의하면, 파동함수는 대개 슈뢰딩거 방정식을 따른다. 적어도 우리가 파동함수를 관측하고 있지 않을 때는 그러하다. 하지만 드물기는 하지만, 파동함수가 결정적으로 아주 다른 행동을 할 수도 있다.

다른 행동이란 무엇일까? 우리는 지금 단일 파동함수로 기술되는 여러 거시 세계 복제물이 존재하는 실존주의적 공포를 피하고자 한다. 그러므로 파동함수가 간헐적으로 자발적인 붕괴spontaneous collapse를 하여, 다른 가능성들(예컨대 공간상의 여러 위치들)로 퍼져 있다가 갑자기 단 하나의 점 주위로 상대적으로 몰리는 일이 일어난다고 상상하면 어떨까? 이것이 동역학적 붕괴 모형의 새로운 중요한 속성이다. 이 모형 가운데 가장 유명한 것이 GRW이론으로, 이 모형을 발명한 지안카를로 기라르디, 알베르토 리미니, 툴리오 웨버의 이름을 딴 것이다.

원자핵에 전혀 구속되지 않은 자유 공간에 있는 전자를 상상해보자. 슈뢰딩거 방정식에 따르면, 이 입자의 자연스러운 진화는 해당 파동함수가 퍼져 점점 더 확산하는 것이다. 이런 그림에 대해 GRW 이론은 매순간 파동함수가 과격하고 순간적인 변화를 할 가능성이 있다는 가설을 추가한다. 새로운 파동함수의 최곳값은 확률 분포로부터 선택되며, 원래의 파동함수를 가지고 전자의 위치를 예측할 때 사용하는 방식과 같은 방식이다. 새로운 파동함수는 이 중앙의 점 주위에 심하게 몰려 있기 때문에, 이제 이 입자는 거시적인 관측자가 보기에 본래 한 곳에 있다고 할 수 있다. GRW이론에서 파동함수의 붕괴는 실제적이고 무작위적이며, 측정 때문에 생기지 않는다.

GRW이론은 양자역학에 대한 모호한 "해석"이 아니다. 이것은 다른 동역학을 가진 아주 새로운 물리학 이론이다. 실제로 이 이론은 두 가지 새로운 자연 상수를 가정한다. 새롭게 국소화된 파동함수의 폭과 매초 동역학적 붕괴가 일어날 확률이 그것이다. 이 상수들의 현실적인 값은 파동함수의 폭이 10^{-5}센티미터, 매초 붕괴할 확률은 10^{-16}이다. 그러므로 대표적인 전자의 경우, 파동함수가 자발적으로 붕괴하기 전까지 10^{16}초 동안 진화한다. 이것은 대략 3억 년에 해당한다. 그러므로 관측 가능한 우주의 나이 140억 년과 비교하면, 대부분의 전자(또는 다른 입자)가 공간에 몰려 있는 시간은 찰나에 지나지 않는다.

이것은 이 이론이 지닌 속성으로, 오류가 아니다. 만약 슈뢰딩거 방정식을 난잡하게 만들고 싶다면, 통상적인 양자역학이 거둔 놀라운 성공들 일체를 건드리지 않으면서 슈뢰딩거 방정식을 다루는 것이 좋다. 우리는 항상 단일 입자나 소수의 입자 집단을 가지고 양자 실험을 해왔다. 이들 입자의 파동함수가 자발적으로 붕괴한다면 그건 재난에 가까울 것이다. 양자계의 진화에 실제로 무작위적인 요소가 존재한다고 해도, 단일 입자에 대해서는 무작위적인 요소가 놀라울 정도로 드물다.

그러면 어떻게 이 이론을 그렇게 온건하게 수정하는 것이 거시적인 중첩을 제거할 수 있는 걸까? 이때 얽힘이 구원자로 등장한다. 그건 마치 다세계 이론에서 결풀림이 구원 역할을 하는 것과 같다.

전자의 스핀을 측정하는 것을 생각해보자. 전자가 슈테른-게를라흐 자석을 통과할 때, 이 전자의 파동함수는 '위로 휘는 것'과 '아래로 휘는 것'의 중첩 상태로 진화한다. 우리는 전자가 어느 쪽으로 휘었는지 예컨대 스크린 상에서 탐지함으로써 측정할 수 있다. 이때 그것은 위나 아래를 가리키는 바늘을 가진 다이얼에 연결되어 있다. 큰 거시적인 물체인 바늘이 환경과 얽히면서 파동함수의 결풀림과 분기로 이어진다고 에버렛 지지자들은 이야기한다. GRW이론에서는 이런 과정을 기대할 수 없지만, 관련된 어떤 일이 벌어진다.

그 일은 원래의 전자가 자발적으로 붕괴하는 것을 의미하지 않는다. 즉 이런 사건이 일어나려면 수백만 년을 기다려야 한다. 그러나 장치의 바늘에는 10^{24}개 정도의 전자, 양성자, 중성자가 있다. 이 모든 입자가 분명한 방식으로 얽혀 있다. 즉 이 입자들은 바늘이 위나 아래, 어디를 가리키느냐에 따라 다른 위치에 있게 된다. 상자를 열기 전에 어떤 특정한 입자들이 자발적인 붕괴를 할 가능성이 희박하다고 하더라도, 적어도 이들 가운데 하나가 붕괴할 가능성은 충분하다. 이런 일은 매초 10^8번 정도 일어난다.

뭐, 그리 인상적이지도 않을 수 있다. 우리는 거시적인 바늘에서 작은 일단의 입자들이 특정 지역에 몰려 있을 수 있다는 것에 주목하지 않았으니까. 그러나 얽힘의 마법이 의미하는 바는, 만약 단 하나의 입자의 파동함수가 자발적으로 공간에 몰려 있을 때, 이 입자와 얽혀 있는 나머지 입자들도 이를 따라간다는 것이다. 어떤 방식으로든 특정 시간 동안 바늘의 입자들이 공간에 몰리는 것을 피할 수 있다면 위와 아래의 거시적인 중첩 상태로 진화하기에 충분하며, 단지 한 입자라도 공간에 몰리기 시작하면 이 중첩 상태는 즉시 붕괴한다. 전체 파동함수는 두 답의 중첩에 있는 장치를 기술하는 것에서 아주 빠르게 바뀌어, 명확하게 하나의 답을 보이는 장치를 기술하게 된다. GRW이론은 코펜하겐 접근법의 열성적 지지자들이 간구하는 고전/양자 갈라짐을 조작 가능한 객관적인 것으로 만든다. 따라서 많은 입자를 가지고 있어 전체 파동함수가 일련의 빠른 붕괴를 겪을 가능성이 큰 물체에서는 고전적인 행동이 관측된다.

GRW이론은 분명한 장단점을 갖고 있다. 주된 장점은 측정 문제를 쉽게 이해할 수 있도록 잘 꾸민 구체적인 이론이라는 것이다. 진짜로 예측 불가능한 일련의 붕괴를 통해, 에버렛 접근법의 다세계가 제거되었다. 우리에게는 하나의 세계가 남는데, 그 세계는 거시적으로는 고전적인 행동을 보이면서 미시적 영역에서는 양자 이론의 성공을 이어나간다. GRW이론은 완벽한 현실주의자의 설명이라고 할 수 있다. 실험 결과를 설명할 때 의식에 관한 모호한 개념을 들먹이지 않기 때문이다. GRW이론은 에버렛 양자역학에 무작위적인 과정을 더한 것이라고 생각할 수 있는데, 이때 무작위적인 과정에서는 새로운 파동함수의 가지가 생길 때마다 속속 잘려나간다.

더욱이 GRW이론은 실험적인 검증이 가능하다. 국소 파동함수의 폭과 붕괴 확률을 결정하는 두 개의 상수는 임의로 선택할 수 있는 것이 아니다. 이들 값이 아주 다르면, 어느 하나도 제 일을 할 수 없어서(붕괴가 너무 드물거나 충분히 공간에 몰려 있지 않게 된다), 실험 결과에 의해 이미 배제되었을 것이다. 유체 원자들이 극저온 상태에 있어, 모든 원자가 전혀 움직이지 않거나 매우 느리게 움직인다고 상상해보자. 유체 내 모든 전자의 파동함수가 자발 붕괴하면, 원자에 약간의 에너지 요동이 생긴다. 물리학자들은 이것을 유체 온도가 약간 증가하는 것으로 감지하게 된다. 궁극적으로 GRW이론이 옳은지 확인하기 위해, 또는 GRW이론을 완전히 배제하기 위해 이런 종류의 실험이 진행 중이다.

이야기하고 있는 에너지의 양이 매우 적기 때문에, 이런 실험을 하기가 말처럼 쉽지는 않다. 하지만 GRW이론은 당신의 친구가 다세계 이론이나 다른 더 일반적인 양자역학의 접근법들에 대해 실험으로 검증 불가능하지 않느냐고 불평할 때, 당신이 꺼내들 수 있는 아주 좋은 이론이다. 다른 이론들에 비해 이론을 검증할 수 있으므로, 예측을 경험할 수 있다는 점에서 분명히 차별화된다.

GRW이론의 단점으로는 새로운 자발 붕괴의 규칙이 완전히 임시 방편적이며, 우리가 알고 있는 물리학 지식과 모든 점에서 엇박자라는 사실을 들 수 있다. 자연이 임의적인 순간에 통상적인 운동 법칙을 위반할 뿐 아니라, 우리가 아직 실험으로 감지할 수 없게 그것이 행동한다는 의심이 든다.

GRW이론을 비롯한 관련 이론들이 이론물리학자들 사이에서 관심을 끌지 못하는 또 다른 단점이 있다. 바로 입자뿐 아니라 장에도 적용할 수 있는 버전으로 GRW이론을 어떻게 만들지 불분명하다는 것이다. 현대물리학에서 자연의 기본 구성 요소는 입자가 아닌 장이다. 진동하는 장을 충분히 가까이에서 보면 장이 입자처럼 보이는데, 이는 장이 양자역학의 규칙들을 따른다는 단순한 이유 때문이다. 다른 조건에서는 장에 대한 기술이 유용하지만 필수적이지는 않은 것으로 생각할 수 있으며, 장은 많은 입자를 한 번에 추적하는 방법이라고 생각할 수 있다. 그러나 (초기 우주나 양성자와 중성자 내부처럼) 장으로 기술하는 것을 피할 수 없는 상황들이 존재한다. 그리고 적어도 여기서 제시한 단순한 버전의 GRW이론은 파동함수의 붕괴가 구체적으로 각 입자의 확률과 어떤 관련이 있는지 알려준다. 이것은 극복할 수 없는 장애물이 아니다. 잘 들어맞지 않는 간단한 모형을 골라, 잘 들어맞을 때까지 이 모형을 일반화하는 것이 이론물리학자들이 흔히 쓰는 전형적인 수법이기 때문이다. 그러나 이것은 이런 접근법들이 자연의 법칙에 대한 현재의 사고방식과 잘 들어맞지 않는다는 표시이기도 하다.

개별 입자들은 매우 드물게 자발적으로 붕괴하지만 거대 입자 집단은 매우 빠르게 붕괴가 일어나게 함으로써, GRW이론은 양자/고전 경계를 구분한다. 또 다른 접근법은 고무줄을 너무 길게 잡아당

기면 끊어지는 것처럼, 계가 특정 한계값에 도달할 때마다 붕괴가 일어나게 하는 것이다. 이런 식의 시도로 잘 알려진 예가 수리물리학자 로저 펜로즈가 내놓은 이론으로, 그는 일반상대성 이론 연구로 잘 알려져 있다. 펜로즈의 이론은 결정적으로 중력을 사용한다. 그는 파동함수들이 거시적인 중첩을 기술하기 시작할 때 그것들이 자발적으로 붕괴한다고 제안했다. 이때 중첩 속에서 파동함수의 각 요소가 상당히 다른 중력장을 가진다. 여기서 '상당히 다른'의 기준을 정확히 정의하기 어렵다는 사실이 밝혀졌다. 단일 전자의 파동함수는 아무리 넓게 퍼져 있어도 전자가 붕괴하지 않지만, 바늘은 다른 상태로 진화하기 시작하자마자 붕괴할 정도로 사이즈가 크기 때문이다.

양자역학 전문가 대부분은 펜로즈의 이론을 반기지 않는다. 부분적인 이유는 중력이 양자역학의 기본 형식과 연관이 있다는 것에 회의적이기 때문이다. 이들은 중력을 고려하지 않고도 양자역학과 파동함수의 붕괴를 이야기할 수 있다고 생각하는 것이 분명하고, 이 주제에 관한 연구에서 늘 그랬다.

펜로즈의 기준을 정확히 정의하는 것은 가능하다. 펜로즈의 기준을 위장된 결풀림으로 생각할 수도 있다. 물체의 중력장을 환경의 한 부분으로 생각할 수 있으며, 파동함수의 다른 요소 둘이 다른 중력장을 가진다면, 이 요소들에서 실질적으로 결풀림이 일어나게 된다. 중력은 극히 약한 힘이며, 늘 그래왔듯이 중력이 결풀림을 일으키기 한참 전에 정상적인 전자기 상호작용의 결풀림이 일어난다. 그러나 중력의 좋은 점은 중력이 보편적인 힘이라는 것이다(모든 것이 중력장을 갖고 있지만, 모든 것이 전하를 띠고 있지는 않다). 따라서 적어도 이것이 거시적인 물체의 파동함수 붕괴를 보장할 방법이 될 수 있을 것이다. 반면 결풀림이 일어날 때 다세계 접근법에서는 분기가 일어난다. 이런 자발 붕괴 이론들은 모두 다음과 같이 말하고 있다. "그건 에버렛 이론과 꼭 같다. 새로운 세계들이 창조될 때 손으로 직접 이런 세계들을 없앤다는 점을 빼고 말이다." 누가 알겠는가. 실제로 이것이 자연이 작동하는 방식일지도 모른다. 그러나 대부분의 현역 물리학자들이 추구하고 있는 방향은 이것이 아니다.

o o o

양자역학이 태동한 후 파동함수가 양자역학의 전부인 것은 아니었다. 파동함수에 추가해 다른 물리 변수들이 있을 수 있다는 주장이 있었다. 어쨌든 물리학자들은 19세기에 통계역학이 개발된 이후 통계역학에서 얻은 경험으로 확률 분포를 가지고 생각하는 것에 아주 익숙했다. 상자 안에 있는 모든 기체 원자의 정확한 위치와 속도를 알 수는 없지만, 이들의 전반적인 통계적 성질은 알 수 있다. 그러나 고전역학의 관점에서는, 각 입자의 정확한 위치와 속도를 우리가 잘 모를지라도 이것이 실제로는 당연히 존재한다고 여겨진다. 양자역학도 이와 비슷할 것이라 짐작할 수 있다. 즉 예측되는 관측 결과와 관련된 명확한 물리량이 존재하지만 우리는 그게 뭔지 모르며, 파동함수는 그 전모를 다 얘기해주진 않지만 어떤 이유에서인지 통계적인 실체의 일부를 포착해낸다.

우리는 파동함수가 정확히 고전적인 확률 분포와 같을 수 없다는 것을 알고 있다. 진짜 확률 분포는 각 결과에 확률을 직접 부여하며, 주어진 결과의 확률은 0과 1(을 포함) 사이의 실수가 되어야 한다. 반면 파동함수는 모든 가능한 결과에 진폭을 부여하고, 진폭은 복소수이다. 진폭은 실수부와 허수부를 모두 갖고 있고, 각각 양수나 음수가 될 수 있다. 이런 진폭들을 제곱하면 확률 분포를 얻지만, 실험적으로 관측하는 것이 무엇인지 설명하고자 한다면 직접 확률 분포를 조작하기보다 파동함수를 사용해야 한다. 진폭이 음수가 될 수 있다는 사실은, 예를 들어 이중 슬릿 실험에서 간섭이 생길 수 있음을 의미한다.

이 문제를 설명할 간단한 방법이 있다. 파동함수가 (불완전한 지식을 요약하는 수단이 아니라) 실제로 물리적으로 존재한다고 생각해보자. 또한 아마도 입자들의 위치를 나타내는 추가적인 변수들이 존재한다고 상상해보자. 이런 여분의 물리량들을 보통 숨은 변수hidden variable 라고 부르지만, 이런 접근법을 지지하는 사람 중 일부는 실제 관측이 가능하다고 생각해 이 이름을 좋아하지 않는다. 이 변수들을 그냥 입자라고 부를 수도 있는데, 대개 그렇게 여겨도 되는 경우에 해당되기 때문이다. 자 그럼, 파동함수는 선도파pilot wave 구실을 하여 입자들이 이동할 때 입자들을 안내한다. 입자는 물에 뜬 작은 나무통과 유사하며, 파동함수는 이 통을 미는 파도나 조류를 기술한다. 파동함수는 정상적인 슈뢰딩거 방정식을 따르지만, 새로운 '안내 방정식guidance equation'은 파동함수가 어떻게 입자에 힘을 미치는지를 결정한다. 입자는 파동함수가 큰 곳으로 안내되고, 파동함수가 거의

0인 곳에서 멀어진다.

  1927년 솔베이 회의에서 드브로이가 숨은 변수 이론을 최초로 발표했다. 아인슈타인과 슈뢰딩거 모두 당시에 비슷한 생각을 하고 있었다. 그러나 특히 볼프강 파울리가 드브로이의 아이디어를 심하게 비난했다. 회의 기록에 의하면, 파울리의 비난이 잘못된 것이었고 드브로이가 사실 올바르게 대답을 했던 것 같다. 그러나 드브로이는 이런 비난에 크게 상심해 자신의 아이디어를 포기했다.

  존 폰 노이만은 1932년에 발표한 유명한 저서《양자역학의 수학적 토대》에서 숨은 변수 이론을 구축하는 게 어렵다는 내용의 정리를 증명했다. 폰 노이만은 20세기의 가장 총명한 수학자이자 물리학자 가운데 한 명이었으며, 양자역학 연구자들의 큰 신뢰를 얻고 있었다. 모호한 코펜하겐 접근법 대신 좀 더 명확한 양자역학을 만들었다고 주장하려면, 폰 노이만의 이름과 그의 증명을 상기시키는 것이 표준이었다. 그리하여 논의의 싹이 꺾였다.

  사실 폰 노이만이 증명한 것은 대부분의 사람들이 짐작했던 것보다는 덜 과격했다(사람들은 폰 노이만의 책을 읽지 않고 그의 주장을 짐작했다. 그의 책은 사실 1955년에 이르러서야 번역되었다). 수학적으로 훌륭한 정리라면, 분명히 언급된 가정에 따라 결과를 도출한다. 하지만 실제 세상의 어떤 것을 깨치기 위해 이런 정리를 불러내고 싶을 땐, 이 가정이 현실에서도 실제로 옳은지 아주 조심해야 한다. 돌이켜보면, 양자역학의 예측을 재현하기 위한 이론을 만들 때 폰 노이만은 필요 없는 가정을 도입했다. 그는 뭔가를 증명하긴 했지만, 그가 증명한 것은 "숨은 변수 이론이 틀리다"가 아니었다. 이 점을 수학자이자 철학자인 그레테 헤르만이 지적했지만, 그녀의 연구는 거의 알려지지 않았다.

이제, 데이비드 봄이 등장한다. 그는 양자역학의 역사에서 흥미로우면서 복잡한 인물이다. 봄은 1940년대 초반 대학원생일 때 좌파 정치에 흥미를 갖게 되었다. 그는 맨해튼 프로젝트(2차 세계대전 중 미국의 비밀 원자폭탄 개발 계획 — 옮긴이)에 참여했으나, 로스 알라모스(미국 캘리포니아주에 있는 소도시. 맨해튼 프로젝트의 중심지 — 옮긴이) 이주에 필요한 보안 심사를 거부했기 때문에 강제로 버클리에서 연구해야 했다. 2차 세계대전이 끝난 후 봄은 프린스턴대학의 조교수가 되어 양자역학에 관한 영향력 있는 교과서를 발간했다. 이 책에서 봄은 당시 인정받는 코펜하겐 해석을 조심스럽게 지지하기는 했지만, 이 주제에 대해 숙고하면서 대안을 고민하기 시작했다.

봄이 양자역학에 관심을 보이자, 보어와 그 주변 동료들에 맞선 소수의 물리학자 가운데 한 사람이 격려를 보내왔다. 바로 아인슈타인이었다. 이 위대한 인물은 봄의 책을 읽고 나서, 양자역학의 토대에 관해 이야기를 나누기 위해 자신의 사무실로 이 젊은 교수를 초대했다. 아인슈타인은 자신이 반대하는 근본적인 이유를 설명했다. 그는 당시의 양자역학을 실체에 대한 완전한 이론이라고 볼 수 없다고 하면서, 봄이 제기한 숨은 변수의 문제를 더 깊이 생각해보라고 격려했다.

이 모든 일이 봄이 정치적으로 의심을 받던 시기에 일어났다. 당시는 공산당과 연관되어 있으면 경력을 망치던 때였다. 1949년에 봄은 하원의 비非미국적 행동 위원회에서 증언했는데, 그 자리에서 그는 이전 동료들 누구라도 연루시키는 걸 거부했다. 1950년 그는 의회를 모독했다는 혐의로 프린스턴대학의 자기 사무실에서 체포되었다. 나중에 모든 혐의를 벗기는 했지만, 프린스턴대학 총장은 봄이 대학에 발을 디디는 것을 허용하지 않았으며, 그와 계약을 갱신하지 말라고 물리학과를 압박했다. 1951년 아인슈타인과 오펜하이머의 후원으로 봄은 결국 브라질로 떠나 상파울루대학에 정착했다. 앞서 봄의 아이디어를 설명한 프린스턴대학의 첫 세미나가 그가 아닌 다른 연구자에 의해 이루어졌다고 했는데, 그 배경에 이런 사정이 있었던 것이다.

o o o

봄은 양자역학에 유익한 생산적인 아이디어를 냈다. 이 드라마의 누구도 그 사실을 부인할 수는 없다. 아인슈타인의 격려로 봄은 드브로이와 유사한 이론을 개발하기에 이르렀다. 이 이론에서 입자들은 파동함수가 만든 양자 퍼텐셜quantum potential의 안내를 받는다. 현재 이런 접근법은 흔히 드브로이-봄 이론, 또는 간단히 봄 역학 Bohmian mechanics이라고 한다. 특히 봄 이론은 드브로이 이론보다 조금 더 상세하게 측정 과정을 기술한다.

심지어 지금까지도 종종 물리학 전문가들은 양자역학의 예측을 재현하는 '숨은 변수 이론'을 구축하는 것이 "벨의 정리 때문에" 불가능하다고 말한다. 그러나 그건 정확히 말해 봄이 해낸 일이다. 적어도 비상대론적 입자(광속보다 한참 느리게 움직이는 입자 — 옮긴이)의 경우에는 그렇다. 사실 존 벨은 봄의 연구에 깊은 인상을 받은 소수의 물리학자 가운데 한 명에 지나지 않았다. 존 벨이 그의 이론을 개발하게 된 동력은 봄 역학이라는 존재를 폰 노이만의 소위 '비非' 숨은 변수 이론과 어떻게 조화시킬지에 대한 고민이었다. 그는 이에 대해 정확한 이해에 이르고자 했다.

벨의 정리가 실제로 증명한 것은 무엇일까. 그것은 바로 '국소' 숨은 변수 이론을 통해 양자역학을 재현하기란 불가능하다는 것이다. 국소 숨은 변수 이론은 아인슈타인이 오랫동안 바라왔던 것이다. 공간의 특정 위치와 관련된 물리량들에 독립적인 실체를 부여하고, 이 물리량들 사이의 효과가 광속 또는 광속보다 느리게 퍼져나가는 모형이 그것이다. 봄 역학은 완벽하게 결정론을 따르지만, 분명 비국소적이다. 분리된 입자들은 순간적으로 서로에게 영향을 미친다.

봄 역학은 명확한 (그러나 관측하기 전까지는 우리가 알지 못하는) 위치에 있는 입자 집단과 이와 독립된 파동함수를 모두 가정하고 있다. 파동함수는 정확히 슈뢰딩거 방정식에 따라 진화한다. 그리고 파동함수는 입자들이 존재한다는 것조차 의식하지 못하며, 입자들의 행동에 영향을 받지 않는 것처럼 보인다. 반면 입자들의 경우, 파동함수에 의존하는 안내 방정식에 따라 움직인다. 하지만 어느 한 입자를 안내하는 방식은 파동함수뿐만 아니라 계에 있는 다른 모든 입자의 위치에도 종속되어 있다. 이것이 비국소성이다. 원리상으로, 여기에 있는 한 입자의 운동이 멀리 떨어진 다른 입자들의 위치에 의존하는 것이다. 벨 자신이 나중에 언급했듯, 봄 역학에서 "아인슈타인-포돌스키-로즌 역설은 아인슈타인이 가장 싫어한 방식으로 해결되었다."

이런 비국소성은 봄 역학이 어떻게 통상적인 양자역학의 예측을 재현하는지를 이해하는 데 있어 결정적인 역할을 한다. 이중 슬릿 실험을 생각해보자. 이중 슬릿 실험은 어떻게 양자 현상이 파동성(간섭무늬를 볼 수 있다)과 입자성(탐지기 스크린 위에서 점들을 볼 수 있다. 또한 입자들이 어느 슬릿을 통과했는지 탐지하려 하면, 간섭무늬가 사라진다)을 동시에 갖는지를 너무나도 생생하게 보여준다. 봄 역학에서 이런 모호함은 전혀 신비롭지 않다. 입자와 파동이 모두 존재하기 때문이다. 우리가 관측하는 것은 입자이다. 파동함수는 입자의 운동에 영향을 미치지만, 파동함수를 직접 측정하는 방법은 없다.

봄에 의하면, 파동함수는 에버렛의 양자역학에서처럼 슬릿 모두를 통과하도록 진화한다. 특히 입자가 스크린에 도달할 때, 파동함수가 보강 또는 소멸되는 간섭 효과가 나타난다. 그러나 스크린에서 파동함수를 볼 수는 없다. 스크린에 충돌하는 입자만을 볼 수 있을 뿐이다. 입자들은 파동함수에 의해 움직이므로, 파동함수가 큰 곳에서 스크린과 충돌할 가능성이 많고, 파동함수가 작은 곳에서는 충돌할 가능성이 적다.

보른의 규칙에 따르면, 주어진 위치에서 입자를 관측할 확률은 파동함수의 제곱으로 주어진다. 언뜻 보기에 이는 입자의 위치가 그저 원하는 대로 값을 결정할 수 있는 완전히 독립적인 변수라는 아이디어와 양립하기 힘든 것처럼 같다. 그리고 봄 역학은 완벽하게 결정론을 따른다. 실제로 GRW이론의 '자발적인 붕괴'와 같은 어떠한 무작위적인 사건도 존재하지 않는다. 그렇다면 보른의 규칙은 어디에서 비롯되는 것일까?

답은 다음과 같다. 원리상 입자는 어디라도 위치할 수 있지만, 실제로는 위치의 자연 분포가 존재한다. 파동함수와 몇몇 고정된 개수의 입자들이 있다고 해보자. 보른의 규칙을 만족시키기 위해 우리가 해야 할 일은 바로 보른의 규칙과 유사한 입자 분포로부터 출발하는 것이다. 즉 입자들의 위치 분포를 만드는데, 이 분포가 파동함수의 제곱으로 주어지는 확률을 가지면서도 무작위로 선택한 것처럼 보이게 한다. 진폭이 큰 곳에는 더 많은 수의 입자가, 진폭이 작은 곳에는 더 적은 수의 입자가 있게 한다.

이런 '평형' 분포는 시간이 흐르고 계가 진화함에 따라 보른의 규칙을 만족시키는 좋은 속성을 갖게 된다. 통상적인 양자역학의 기대에 부응하는 입자의 확률 분포에서 출발한다면, 계속해서 예상과 일치하는 결과를 얻게 될 것이다. 고전적인 입자로 이루어진 상자 속 기체가 열적 평형 상태로 진화하듯이, 비평형 상태의 초기 분포가 평형 상태의 분포로 진화한다고 많은 봄의 지지자들은 믿고 있다. 그러나 이 아이디어는 아직 받아들여지지 않은 상태이다. 물론 그 결과로 발생한 확률은 객관적인 빈도에 관한 것이라기보다 계에 대해 우리가 알고 있는 지식에 관한 것이다. 어쨌든 입자의 분포가 아닌 입자의 위치를 정확히 알고 있다면, 확률의 도움 없이도 실험 결과를 정확히 예측할 수 있을 것이다.

이 때문에 봄 역학은 양자역학의 대안이라는 흥미로운 위치를 차지하고 있다. GRW이론은 보통 전통적인 양자 예상과 일치할 뿐 아니라, 검증 가능한 새로운 현상을 명확하게 예측한다. GRW이론처럼 봄 역학은 단순한 '해석'이 아닌, 분명 다른 물리학 이론이다. 만약 어떤 이유로 입자의 위치가 평형 분포를 갖지 않는다면, 봄 역학은 보른의 규칙을 따를 필요가 없다. 그러나 입자의 위치가 평형 분포를 가진다면, 봄 역학은 보른의 규칙을 따를 것이다. 그리고 그 경우에 봄 역학의 예측은 엄밀히 말해 통상적인 양자역학의 예측과 구별할 수 없다. 특히 우리는 파동함수가 큰 곳에서 더 많은 수의 입자가 스크린과 충돌하고, 작은 곳에서는 더 적은 수의 입자가 충돌하는 것을 보게 될 것이다.

여전히 남는 질문이 있다. 입자가 어느 슬릿을 통과했는지 알려고 관찰을 할 때 어떤 일이 일어나는가? 봄 역학에서는 파동함수가 붕괴하지 않는다. 즉 에버렛 양자역학에서처럼 파동함수는 항상 슈뢰딩거 방정식을 따른다. 그러면 이중 슬릿 실험에서 간섭무늬가 사라지는 것은 어떻게 설명할 수 있을까?

정답은 "다세계 이론에서 했던 것과 동일한 방법을 취한다"이다. 파동함수는 붕괴하지 않지만, 진화한다. 특히 슬릿을 통과하는 전자의 파동함수처럼 측정 장치의 파동함수를 고려해야 한다. 봄의 세계는 완전히 양자적이어서, 고전 영역과 양자 영역을 인위적으로 가를 필요가 없다. 결풀림을 다룰 때 배웠듯이, 탐지기의 파동함수가 슬릿을 지나는 전자의 파동함수와 얽히게 되어 일종의 '분기'가 일어난다. 치이는 측정 장치를 기술하는 변수들(다세계 이론에는 없앴나)이 이들 가지 중 하나에만 존재하고, 다른 가지에는 존재하지 않는다는 것이다. 실질적으로 이것은 파동함수가 붕괴하는 것과 유사하다. 또는 결풀림이 파동함수를 분기시켰으며, 하지만 각 가지에 실체를 부여하는 대신, 입자들은 오직 특별한 한 가지에만 위치한다고 할 수도 있다.

많은 에버렛 지지자들이 이 이야기를 의심의 눈초리로 바라본다고 해서 놀랄 필요는 없다. 만약 우주 파동함수가 단순히 슈뢰딩거 방정식을 따른다면, 그것은 결풀림과 분기를 겪을 것이다. 그리고 우리는 이미 파동함수가 실체의 일부라는 것을 인정했다. 이 점에 관한 한, 입자의 위치는 절대적으로 파동함수의 진화에 영향을 주지 않는다. 틀림없이 입자의 위치가 하는 일이란 파동함수의 특정 가지를 가리키는 게 전부다. "이것이 진짜 가지야"라고 말하는 것. 그래서 몇몇 에버렛 지지자들은 봄 역학이 실제로는 에버렛 이론과 다르지 않다고 주장한다. 그들은 다만 봄 역학이 별 의미는 없지만, 우리 자신이 여러 복제물로 갈라지는 우려를 완화하는 몇 가지 피상적인 추가 변수들을 포함하고 있을 뿐이라고 말한다. 도이치가 언급했듯이 "선도파Pilot-wave 이론은 곧 만성적인 부정 상태에 있는 평행우주parallel-universe 이론이다."

여기서 이 논쟁에 판결을 내리고 싶지는 않다. 분명한 것은 많은 물리학자가 불가능하다고 생각했던 것을 봄 역학이 구체적으로 보여주었다는 것이다. 봄은 측정 과정에 관해 신비로운 주문을 하거나 양자 영역과 고전 영역을 구분하지 않고도, 교과서 양자역학의 모든 예측을 재현하는 정확하면서도 결정론을 따르는 이론을 만들었다. 우리가 치러야 할 대가는 단지 동역학이 명백하게 비국소성을 가지도록 하는 것뿐이다.

o o o

봄은 그의 새로운 이론을 물리학자들이 크게 환영할 것이라 기대했다. 하지만 현실은 그렇지 않았다. 오히려 양자역학 토대를 논의할 때 흔하게 나타나는 감정적으로 격양된 언어가 등장했다. 하이젠베르크는 봄의 이론을 "피상적인 이념적 초구조superstructure"라고 불렀고, 파울리는 "인위적인 형이상학"이라고 불렀다. 봄의 멘토이자 지지자였던 오펜하이머의 심판에 대해선 이미 말한 바 있다. 아인슈타인의 경우 봄의 노력은 환영했던 것 같지만, 그 역시 봄의 최종 결과가 인위적이고 설득력이 없다고 생각했다. 그러나 봄은 드브로이와 달랐다. 그는 압력에 굴하지 않고 계속 자신의 이론을 개발하고 변호했다. 봄의 변호는 여전히 활발하게 활약하고 있던 드브로이 자신을 고무하기까지 했다(그는 1987년에 이르러서야 사망했다). 그리하여 드브로이는 말년에 숨은 변수 이론으로 되돌아가 그의 원래 모형을 발전시키고 다듬었다.

봄 역학에는 명백한 비국소성이 존재했으며, 단지 받아들이기 힘든 다세계 이론에 지나지 않는다는 비난이 따랐다. 심지어 그것 말고도, 현대의 기초물리학자의 관점에서 볼 때 다른 중요한 문제가 내재해 있었다. 봄 역학은 에버렛 역학보다 이론 요소들의 목록이 확실히 더 복잡하다. 또한 모든 가능한 파동함수의 집합인 힐베르트 공간이 아주 크다. (GRW이론처럼) 세계를 지운다고 해서 다세계의 가능성을 피할 수는 없다. 하지만 간단히 다세계가 실제라는 것을 부정하면 다세계의 가능성을 피할 수 있다. 봄 동역학의 작동 방식은 우아한 것과는 거리가 멀다. 고전역학이 대체된 후 오랫동안 물리학자들은 여전히 직관적으로 뉴턴의 제3법칙과 유사한 법칙에 집착했다. 한 물체가 다른 물체를 밀면 다른 물체 역시 이 물체를 민다는 식의 법칙 말이다. 그러니 이상해 보일 수밖에. 파동함수는 입자를 밀지만, 파동함수는 입자의 영향을 전혀 받지 않는다니! 물론 양자역학은 필연적으로 우리를 이상한 것들과 직면하게 하므로, 이런 생각에는 큰 의미가 없을 것이다.

더 중요한 점이 있다. 바로 드브로이와 봄의 원래 이론 모두 실제로 존재하는 것이 '입자'라는 생각에 크게 의존한다는 것이다. 딱 GRW이론이 그랬듯, 이것 때문에 문제가 생긴다. 우리가 실제로 거주하는 세계를 이해하는 최상의 모형, 즉 양자장 이론을 이해하고자 할 때 바로 그게 걸림돌이 되는 것이다. 봄 식의 여러 양자장 이론이 제안되었고, 그중 일부는 성공을 거두기도 했다(물리학자들은 원한다면 아주 똑똑해질 수 있다). 그러나 그 결과는 자연스럽지 않고 억지스러웠다. 결과가 틀렸다는 뜻이 아니고, 다세계 이론과 비교해볼 때 결과가 여러 봄 이론들에 반대된다는 것이다(다세계 이론에서는 장과 양자 중력을 포함하는 게 간단하다).

봄 역학을 논의하면서 입자의 위치에 관해서는 이야기했지만 이들의 운동량에 관해서는 이야기하지 않았다. 이런 경향은 뉴턴 시절까지 거슬러 올라간다. 뉴턴은 입자가 모든 순간에 위치는 물론, 궤적 변화율을 계산해 얻은 속도(와 운동량)를 가진다고 생각했다. 더 현대적인 고전역학(아마 1833년 이후)에서는 위치와 운동량을 동등하게 취급했다. 양자역학에서도 이러한 관점이 하이젠베르크의 불확정성 원리에 반영되었다. 불확정성 원리에서는 위치와 운동량이 정확히 같은 방식으로 나타난다. 봄 역학은 이런 방식에서 벗어나 위치를 가장 중요하게 취급하며, 운동량을 위치로부터 유도된 어떤 것으로 취급한다. 그러나 위치를 정확히 측정할 수 없다는 것이 밝혀졌다. 이는 파동함수가 시간에 따라 입자 위치에 미치는 영향을 피할 수 없기 때문이다. 그러므로 시간이 하루만 지나면, 봄 역학에서도 사실상 불확정성 원리가 성립하게 된다. 그러나 봄 역학에서는 파동함수만이 실체인 이론에서처럼 불확정성 원리가 자동으로 자연스럽게 존재하지 않는다.

여기에 더 일반적인 작동 원리가 존재한다. 다세계 이론의 단순함 역시 이 원리에 더 큰 융통성을 부여한다. 슈뢰딩거 방정식은 파동함수를 취하며, 해밀토니안을 파동함수에 적용해 얼마나 빨리 진화하는지를 계산한다. 이때 해밀토니안은 양자 상태의 각기 다른 성분들이 얼마의 에너지를 가지는지를 측정해준다. 만약 내게 해밀토니안을 알려주면, 나는 즉시 해당 양자 이론의 에버렛 버전을 이해할 수 있다. 입자, 스핀, 장, 초끈 등은 중요하지 않다. 다세계 이론은 플러그 앤드 플레이 장치(꽂기만 하면 자동으로 감지되어 작동하는 장치—옮긴이)이다.

다른 접근법들은 이보다 훨씬 더 많은 작업을 필요로 하며, 이런 작업이 가능한지도 아주 불분명하다. 해밀토니안을 명시해야 할 뿐만 아니라, 파동함수가 자발적으로 붕괴하는 특정 방식, 또는 추적이 가능한 새로운 숨은 변수 집합을 명시해야만 한다. 말하기는 쉽지만 실행하기는 어렵다. 양자장 이론에서 옮겨 양자 중력(에버렛의 초기 동기 가운데 하나였다는 것을 기억하라)으로 가면, 문제가 훨씬 더 심각하다. 양자 중력에서는 '공간상의 위치'라는 개념 자체가 문제일 수 있다. 왜냐하면 파동함수의 가지들이 다른 시공간 기하학을 갖기 때문이다. 다세계 이론의 경우에는 이런 문제가 없다. 하지만 대안 이론들에서 이 문제는 재앙에 가깝다.

1950년대에 봄과 에버렛이 코펜하겐 해석의 대안을 만들고 있었을 때, 또는 1960년대에 벨이 그의 정리를 증명하고 있었을 때, 물리학계에서는 양자역학의 토대에 관한 연구를 멀리하고 있었다. 1970년대와 1980년대에 결풀림 이론과 양자 정보학이 등장하게 되면서, 변화가 시작되었다. 1985년에 GRW이론이 발표되었다. 여전히 대다수 물리학자가 이런 부수적인 연구 분야를 의심의 눈으로 바라보고 있지만(그 한 가지 이유는 철학자들이 이 연구에 관심을 가지기 때문이다), 1990년대 이후에 엄청난 양의 흥미롭고 중요한 연구가 이루어졌으며 대부분이 널리 공개되었다. 하지만 현재 진행 중인 양자역학의 토대에 관한 대부분의 연구는 여전히 큐비트나 비상대론적 입자에 대해서만 이루어지고 있다고 말할 수 있다. 양자장과 양자 중력에 입문하면, 이전에 당연하다고 여겼던 것들이 더 이상 유효하지 않다. 물리학에서 장을 양자역학의 토대로 진지하게 받아들일 때가 된 것만큼이나, 장 이론과 중력을 양자역학의 토대로 진지하게 받아들일 때가 되었다.

○　○　○

지금까지 양자역학의 기본 골격에 내재된 다세계를 제거하는 방법을 찾기 위한 여러 방법들을 살펴봤다. 무작위적으로 세계를 잘라내거나(GRW이론), 한계값에 도달하게 하거나(펜로즈의 이론), 또는 변수를 추가해 실재하는 특정한 세계를 선택하는(드브로이-봄의 이론) 등의 방법들이었다. 남은 방법은 무엇일까?

문제는 일단 파동함수와 슈뢰딩거 방정식을 신뢰하게 되면, 자동적으로 파동함수의 다양한 가지들이 나타난다는 것이다. 그래서 지금까지 고려한 대안들은 이 가지들을 제거하거나, 혹은 이들 가운데 특별히 하나를 선택하는 식이었다.

제3의 방법도 존재한다. 바로 파동함수의 실체를 완전히 부정하는 것.

이것은 양자역학에서 파동함수가 가진 핵심적인 중요성을 부정하라는 것이 아니다. 그보다는 파동함수를 이용할 수는 있지만, 파동함수가 실체의 일부를 대표한다고 주장하지 않는 것이다. 파동함수는 단순히 우리의 지식, 특히 우리가 가진 미래의 양자 측정 결과에 관한 불완전한 지식을 규정하는 것일 수 있다. 이것을 '인식론적epistemic' 양자역학 접근법이라고 부른다. '존재론적ontological' 접근법이 파동함수를 어떤 객관적 실체를 기술한 것으로 취급하는 데 반해, 인식론적 접근법은 파동함수를 앎에 관한 뭔가를 포착한 것으로 여긴다. 파동함수를 보통 그리스 문자 Ψ(프사이)로 표기하기 때문에, 인식론적 양자역학 접근법의 지지자들은 때로 에버렛 지지자들이나 파동함수를 실체로 보는 다른 연구자들을 "프사이-존재론자"라고 부르며 놀리기도 한다.

우리가 이미 얘기했듯 인식론적 전략은 가장 순수하고 이해하기 쉬운 방식으로는 작동하지 않는다. 파동함수는 확률 분포가 아니다. 왜냐하면 실제 확률 분포는 절대 음이 될 수 없으므로, 이중 슬릿 실험에서 관측하는 것과 같은 간섭 현상을 일으킬 수 없기 때문이다. 하지만 포기하기에 앞서 우리는 파동함수와 실제 세계의 관계를 어떻게 바라볼지에 관해 좀 더 정교한 접근을 시도해볼 수 있다. 저변에 있는 어떤 실체를 추가하지 않으면서도, 파동함수를 사용해 실험 결과와 관련된 확률을 계산해낼 수 있는 이론을 구축한다고 해보자. 이것이 인식론적 접근법이 취하는 방식이다.

인식론적으로 파동함수를 해석하려는 많은 시도가 있어왔다. 이를테면 붕괴 모형이나 숨은 변수 이론 같은 경쟁 이론을 들 수 있다. 그중 가장 눈에 띄는 것이 크리스토퍼 푹스, 루디거 샤크, 칼턴 케이브스, N. 데이비드 머민 등이 개발한 양자 베이즈 확률론Quantum Bayesianism이다. 오늘날에는 보통 줄여서 'QBism'이라고 적고, '큐비즘cubism'이라고 읽는다(매혹적인 이름인 것은 인정한다).

베이즈 추론에 따르면, 참 또는 거짓인 다양한 제안에 대해 우리 모두 어떤 판단을 내리며, 새로운 정보를 접할 때 이 판단을 업데이트한다. 모든 양자역학 이론(실제로는 모든 과학 이론)은 저마다 특정 버전 또는 어떤 다른 버전의 베이즈 정리를 사용하고 있다. 그리고 양자 확률을 이해하기 위한 수많은 접근법에서 베이즈 정리가 결정적인 역할을 담당하고 있다. 큐비즘은 양자 판단을 보편적이 아니라 개인적으로 만들었다는 점에서 다른 이론과 구별된다. 큐비즘에 의하면, 전자의 파동함수는 원리상 모든 사람이 동의하는 최종 결과물이 아니다. 오히려 모든 사람은 전자의 파동함수를 각기 다르게 생각하며, 관측 결과를 예측할 때 자신의 파동함수를 사용한다. 많은 실험을 하고 관측한 것을 서로 이야기한다면, 파동함수가 무엇인지에 대한 공감대를 끌어낼 수 있다는 것이 큐비즘의 주장이다. 그러나 이 파동함수는 기본적으로 우리의 개인적인 믿음(판단이라고 해도 무방하다—옮긴이)의 척도일 뿐, 세계가 가진 객관적인 속성은 아니다. 우리가 슈테른-게를라흐 자기장에서 위로 휘는 전자를 볼 때, 세계가 변하지는 않지만 이 전자에 관한 새로운 사실을 배우게 된다.

 이와 같은 철학이 지닌 즉각적이고 부정할 수 없는 장점이 하나 있다. 파동함수가 물리적인 것이 아니라면, 붕괴가 비국소적이라고 하더라도 파동함수가 '붕괴'한다고 초조해할 필요가 없다는 것이다. 만약 앨리스와 밥이 서로 얽힌 두 입자를 갖고 있고 앨리스가 측정을 하게 된다면, 통상적인 양자역학의 규칙에 따라 밥의 입자 상태가 즉시 변해야 한다. 큐비즘은 '밥의 입자 상태' 같은 것이 존재하기 않기 때문에 이를 걱정할 필요가 없다고 재확인시켜준다. 변화한 것은 오직, 예측을 위해 앨리스가 가지고 있던 파동함수뿐이다. 이 파동함수는 베이즈 정리의 양자 버전에 맞춰 업데이트된다. 밥의 파동함수는 절대 변화하지 않는다. 큐비즘은 게임의 규칙을 정리하여, 밥이 그의 입자를 측정할 때 해당 결과가 앨리스의 측정 결과를 근거로 얻은 예측과 일치하도록 만든다. 그러나 도중에 밥의 위치에서 물리량이 변하는 상상을 할 필요가 없다. 변하는 것은 각 사람이 가진 지식의 상태이며, 결국 이것은 각 사람의 머릿속에 들어 있지 공간에 퍼져 있지는 않다.

큐비즘의 언어로 양자역학을 생각하면, 확률의 수학에 관한 흥미로운 사실을 발견하게 되며, 양자정보 이론에 대한 통찰력을 얻게 된다. 그러나 대부분의 물리학자는 여전히 큐비즘 관점에서 볼 때 실체란 무엇인지에 대해 알고자 한다(에이브러햄 페이스는 아인슈타인이 언젠가 그에게 "실제로 달을 볼 때만 달이 존재한다고 믿는지" 물은 적이 있다고 회상했다.)

답은 분명하지 않다. 한번 다음과 같이 상상해보자. 우리가 전자를 보내 슈테른-게를라흐 자석을 통과시키지만, 전자가 위로 휘는지 아래로 휘는지 관측하지 않기로 한다고 해보자. 에버렛 지지자의 경우, 이것은 두말할 필요도 없이 결풀림과 분기가 일어나는 경우에 해당하고, 이것은 사실 우리의 특정한 복제물이 어느 가지에 있느냐는 문제가 된다. 큐비즘 지지자들은 아주 다른 이야기를 한다. 스핀이 위나 아래로 휘는 것 같은 일은 없다. 우리가 아는 것이라고는, 우리가 결국 보기로 결심했을 때 보게 될 것에 대한 믿음의 정도이다. 네오가 영화 〈매트릭스〉에서 배운 것처럼, 숟가락은 없다. 큐비즘의 관점에서, 우리가 보기 전에 일어나는 일의 '실체'를 알려고 괴로워하는 것은 잘못으로, 이로 인해 온갖 혼란이 생긴다.

큐비즘은 대개의 경우, 실제 세계가 어떤 것인지에 관해 이야기하지 않는다. 또는 실제 세계를 적어도 계속 연구해야 할 대상으로 여기지 않는다. 큐비즘은 우리가 그렇게 관심을 기울이는 실체의 본질에 관한 질문에 크게 신경을 쓰지 않는다. 이 이론의 기본 요소는 대리인agent 집단으로, 이들은 '믿음'을 가지고 있고 '경험'을 쌓는다.

이런 관점에서 볼 때 양자역학이란, 대리인들이 새로운 경험의 빛 아래 그들의 믿음을 조직하고 업데이트하는 방법이다. 대리인이라는 아이디어가 절대적으로 중요하다. 이것이 지금까지 이야기한 다른 양자 이론들과 크게 대비된다. 이전 양자 이론에 의하면, 관측자도 다른 사물들처럼 물리계에 지나지 않는다.

때로 큐비즘 지지자들은 실체라는 것이 관측을 할 때만 존재한다고 이야기한다. 머민이 쓴 글을 보자. "각기 구별된 다수의 개인적인 외부 세계들과는 별도로, 실제로 공통의 외부 세계라는 것이 있다. 그러나 이 공통의 세계는 서로 구별된 개인적인 경험들을 모두 모아 상호 구축한 것이라고 근본적인 수준에서 이해해야 한다. 이 과정에서 인간이 발명한 가장 강력한 도구를 사용한다. 바로 '언어'다." 이 말은 실체가 없다는 뜻이 아니다. 실체라는 것은, 언뜻 객관적으로 보이는 제3자의 관점으로 포착하는 것 이상이라는 얘기다. 푹스는 이런 견해를 "참여 현실주의participatory realism"라고 불렀다. 실체는 다른 관측자들의 경험에서 나온 총체적인 것이기 때문이다.

큐비즘은 양자역학의 토대에 관한 접근법 가운데 비교적 최근에 생긴 것이며, 아직 발전시켜야 할 것들이 많이 남아 있다. 그 이론은 극복할 수 없을 것 같은 장애물을 만날 수도 있고, 사람들의 관심에서 멀어질 수도 있다. 혹은 아주 현실적인 어떤 다른 양자역학 이론으로 관찰자의 경험을 설명할 때, 큐비즘의 통찰력이 때로 유용한 방법을 제공할 수도 있다. 그리고 결국에는 큐비즘이나 이와 유사한 이론들이 세상을 기술하는 진짜 혁명적인 사고법을 대표하는 것으로 판명될지도 모른다. 이런 이론에서는 당신과 나와 같은 대리인들이 실체를 가장 잘 기술하는 중심 역할을 담당하게 된다.

개인적으로 나는 다세계 이론을 아주 편안하게 느끼는 사람으로서(아울러 다세계 이론이 여전히 답하지 못하는 질문들이 있음을 인식하고 있는 사람으로서), 이 모든 것이 내게는 실제로는 존재하지 않는 문제를 풀기 위해 엄청난 노력을 기울이는 것처럼 보인다. 공평하게 이야기하자면, 큐비즘 지지자들은 에버렛 지지자들과 비슷한 수준의 분노를 느끼고 있다. 머민은 이런 말을 했다. "큐비즘은 [일제히 현존하는 여러 세계들로 분기하는 것을] 양자 상태의 구체화에 대한 '논박 부조리 reductio ad absurdum'(가설의 논리적 결과가 모순이라는 것을 증명해 가설의 오류를 증명하는 방법—옮긴이)로 여긴다." 한 사람의 어리석음이 삶의 모든 질문에 대한 다른 사람의 답이 되는 곳에서, 당신을 위한 양자역학은 바로 큐비즘이다.

o o o

이 분야의 학계는 물리학 토대에 관해 오랫동안 열심히 고심했던 똑똑한 사람들로 가득 차 있지만, 아직 양자역학의 접근법에 대한 합의에 이르지 못했다. 한 가지 이유는 연구자들이 서로 다른 배경을 갖고 있으며, 이로 인해 마음속 최우선 과제가 다르기 때문이다. 기초 물리학(입자 이론, 일반상대성 이론, 우주론, 양자 중력) 연구자들이 마지못해 양자 토대를 연구하는 교수직을 얻게 된다면, 에버렛의 접근법을 선호할 것이다. 이유는 다세계 이론이 기술하는 물리학적 기본 내용이 아주 풍성하기 때문이다. 입자 및 장 집합 등 그런 종류의 것들,

그리고 그것들이 상호작용하는 규칙만 주어진다면, 이들 요소를 에버렛 지지자들의 그림에 맞추는 것은 쉽다. 다른 접근법들은 각각의 새로운 경우에 이 이론이 실제로 말하려는 것이 무엇인지를 무로부터 찾아야 하기 때문에 더 까다롭다. 입자와 장과 시공간에 대한 기본 이론이 무엇인지 실제로 알지 못한다는 것을 인정한다면, 이 일은 상당히 피곤하다. 반면 다세계 이론은 자연스러우면서도 쉬운 안식처가 된다. 데이비드 월리스가 이렇게 얘기하기도 했다. "에버렛 해석은 (철학적으로 용인될 수 있는 한도 내에서) 현재 유일한 해석 전략이다. 그것만이 우리가 알게 된 양자 물리학을 이해하는 데 적합하다."

그러나 개인적인 스타일에 기반한 또 다른 이유가 있다. 기본적으로 모든 사람이 동의하는 것이 있는데, 바로 과학적 설명을 여러 개 찾아본 후에 그중에서 가장 단순하고 우아한 아이디어를 고른다는 것이다. 사실 단순하고 우아하다는 것은 아이디어가 옳다는 것을 의미하지 않는다(옳고 그름은 데이터가 결정한다). 그러나 최고를 겨루는 여러 아이디어가 있고, 이들 중 하나를 선택하는 데 필요한 데이터가 아직 충분하지 않을 때, 가장 단순하고 우아한 아이디어를 더 신뢰하는 것은 당연하다.

문제는 어느 아이디어가 단순하면서 우아한지를 누가 결정하는가이다. 이 용어들을 이해하는 것도 서로 다르다. 에버렛 양자역학은 특정 관점에서 볼 때, 절대적으로 단순하면서도 우아하다. 연속적으로 진화하는 파동함수가 전부이기 때문이다. 그러나 이런 우아한 가설의 결과는, 즉 여러 우주로 증식하는 계보는 전혀 단순하지 않다.

반면 봄 역학은 아무렇게나 만들어졌다. 입자와 파동함수가 모두 존재하고, 우아한 것과는 아주 거리가 먼 것처럼 보이는 비국소적 안내 방정식을 따라 둘이 상호작용한다. 하지만 입자와 파동함수 모두를 기본 요소로 포함하는 것은 양자역학의 기본적인 실험적 요구에 직면했을 때 고려할 수 있는 자연스러운 전략이다. 물질은 때로는 파동처럼 행동하고, 때로는 입자처럼 행동한다. 그러므로 파동과 입자 모두를 생각해야 한다. 한편 GRW이론은 슈뢰딩거 방정식에 특별한 목적을 가진 기괴한 추계학적stochastic 수정을 가한다(추계학은 추측 통계학으로도 불리며, 모집단에서 임의로 추출한 표본에 따라 모집단의 상태를 추측하는 학문이다—옮긴이). 그러나 이 이론은 파동함수가 붕괴하는 것처럼 보인다는 사실을 물리적으로 충족하는 가장 단순하고 가장 무차별적인 방법이다.

물리학 이론의 단순성이 있는가 하면, 우리가 관측하는 실체를 이론이 단순하게 기술한다고 할 때의 단순성이 있다. 이 두 단순성 사이에서 유용한 대비를 이끌어낼 수 있다. 기본 요소들을 갖고 이야기하면, 다세계 이론은 의심할 여지없이 단순하다. 그러나 이 이론 자체가 이야기하는 것(파동함수, 슈뢰딩거 방정식)과 우리가 세계에서 관측하는 것(입자, 장, 시공간, 사람, 의자, 별, 행성) 사이의 거리는 엄청나 보인다. 다른 접근법들은 기본 원리에 있어서 더 과도할지도 모르지만, 우리가 관측하는 것을 설명하는 방식은 상대적으로 분명하다.

현상에 대한 근본적인 단순성과 밀착도 모두 이론 자체의 미덕이다. 하지만 어떻게 둘 사이의 균형을 잡을지 알기란 어렵다. 이 지점에서 개인적인 취향이 끼어든다. 우리가 이제껏 다룬 모든 양자역

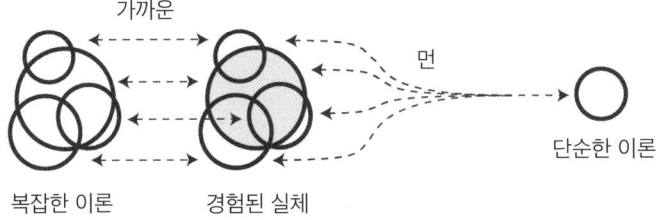

학 접근법들은 그것이 물리적 세상을 이해하는 견고한 토대로 발전되어야 한다는 도전에 직면하고 있다. 우리는 각자 이들 문제 가운데 어느 것을 최종적으로 해결해야 할지, 또 어느 문제가 다양한 접근법에 치명적인지 개인적으로 판단해야 한다. 사실 크게 문제가 될 것은 없다. 어떻게 발전을 시킬지에 대해 각자 다른 판단을 한다는 것이 중요하다. 이것이 여러 아이디어를 살려 사물을 올바르게 이해할 확률을 최대화할 수 있는 최상의 방법이다.

다세계 이론은 핵심 내용이 단순하고 우아할 뿐 아니라, 양자장 이론과 시공간의 본질을 이해하기 위한 여정에 적응할 수 있는 양자역학적 조망을 제공한다. 이것으로 나의 다른 복제물들이 항상 만들어지는 귀찮음을 내가 받아들여야 한다고 설득하기에 충분하다. 그러나 다른 접근법들이 더 심오한 질문들에 효율적으로 대답할 수 있다면, 기꺼이 내 마음을 바꿀 것이다.

10장

인간적 측면

양자 우주에서의 삶과 사고

긴 삶의 여정에서 우리 각자는 어려운 결정을 내려야 할 때가 간혹 있다. 독신으로 살까, 아니면 결혼할까? 조깅을 할까, 도넛을 더 먹을까? 대학원에 갈까, 직업을 구할까?

하나가 아니라, 둘 다 선택하는 것이 더 좋지 않을까? 양자역학이 한 가지 전략을 제안한다. 결정해야 할 때마다 양자 난수 발생기에 물어보라는 것이다. 실제로 이런 목적으로 사용할 수 있는 '우주 가르개Universe Splitter'라는 아이폰용 앱이 존재한다(유머작가 데이브 배리를 흉내 내자면, "맹세코 제가 꾸며낸 게 아니랍니다").

"피자 토핑을 페퍼로니로 할까, 아니면 소시지로 할까?"라는 선택을 한다고 하자(같은 피자 위에 두 가지 모두를 얹을 수는 없다고 치자). 우주 가르개 앱을 켜면, 두 개의 문장 입력 상자를 볼 수 있고, 여기에 "페퍼로니"와 "소시지"를 입력한다. 그러고 나서 버튼을 누르면, 스마트폰이 인터넷을 통해 스위스에 있는 실험실에 신호를 보낸다. 여기서 한

개의 광자가 빔 가르개(기본적으로, 일부 광자들은 반사시키고 나머지 광자들은 통과시키는 반투명 거울)로 보내진다. 슈뢰딩거 방정식에 따라, 빔 가르개가 광자의 파동함수를 왼쪽과 오른쪽으로 이동하는 두 성분으로 나누며, 각 성분은 다른 탐지기를 향해 이동한다. 각 탐지기가 광자를 감지하면 출력되면서 환경과 얽히는 즉시, 결풀림이 생겨 파동함수가 두 개로 분기한다. 광자가 왼쪽으로 이동하는 가지에 있는 당신의 복제물은 스마트폰에 "페퍼로니"라는 메시지가 반짝이는 것을 보게 되고, 광자가 오른쪽으로 이동하는 가지 위에 있는 당신의 복제물은 "소시지"를 보게 된다. 실제로 스마트폰이 권하는 대로 각자 따라한다면, 한 복제물은 페퍼로니를 주문하고 다른 복제물은 소시지를 주문하는 세계가 존재하게 된다. 불행히도 두 사람은 서로 피자를 먹은 후의 소감을 나눌 방법이 없다.

 심지어는 전투로 잔뼈가 굵은 대부분의 양자 물리학자조차도 이것이 터무니없게 들린다는 것을 인정할 수밖에 없다. 하지만 이것은 양자역학을 최고로 잘 이해하는 가장 간단한 독해이다.

 이런 질문이 자연스럽게 떠오른다. 그럼 우리는 어떻게 해야 하나? 실제 세계가 진짜로 우리가 매일 경험하는 세계와 이렇게 과격하게 다르다면, 이는 우리가 삶을 어떻게 살아야 하는지에 대해 어떤 함의가 있지 않을까?

 크게 봐선, 그렇지 않다. 파동함수의 특정 가지에 있는 각 개인들은 실제로 무작위적인 양자 사건들이 일어남에도 불구하고 그들이 단일 세계에 살고 있을 때와 같은 삶을 살게 된다. 그러나 이 주제는 더 탐구할 가치가 있다.

o   o   o

힘든 결정을 양자 난수 발생기에 맡겨도 최상의 대안을 주는 파동함수 가지가 적어도 하나는 있다고 보증할 수 있다. 그러나 그렇게 선택하지 않는다고 가정해보자. 현재의 내가 여러 미래의 나로 분기하는 것이 지금 내가 하는 선택에 영향을 미칠까? 교과서적인 관점에서 보면 양자계를 관측할 때 어떤 결과 또는 다른 결과를 얻을 확률만이 존재하는 반면, 다세계 이론에서는 모든 결과가 가능하고 각 결과는 파동함수의 진폭을 제곱한 무게를 가진다. 이런 모든 추가적인 세계의 존재가 우리가 개인적으로 또는 윤리적으로 어떻게 행동해야 할지와 관련이 있을까?

아마 관련이 있을 것이다. 그렇게 상상하는 게 그리 어렵지 않다. 하지만 곰곰이 생각해보면 그게 예상보다 훨씬 덜 중요하다는 것을 깨닫게 될 것이다. 악명 높은 '양자 자살quantum suicide' 실험 또는 '양자 불멸quantum immortality'과 관련된 아이디어에 대해 생각해보자. 이것은 다세계 이론이 등장한 이래, 늘 검토되었던 아이디어다 (휴 에버렛 자신이 일종의 양자 불멸을 믿었다고 한다). 그러나 이 아이디어가 유명해진 건 물리학자 맥스 테그마크의 공이다.

그 내용은 다음과 같다. 앞서 우주 가르개 앱에 질문을 보내는 것 같은, 양자 측정으로 작동하는 치명적인 장치를 상상해보자. 양자 측정에 의해 근거리에서 머리에 총알이 발사될 확률이 50퍼센트, 총알이 발사되지 않을 확률이 50퍼센트라고 가정하자. 다세계 이론에 의하면 파동함수 가지가 두 개가 존재한다. 한쪽 가지의 사람은 살고 다른 쪽 가지의 사람은 죽는다.

삶 자체가 순수하게 물리적 현상이라고 믿기 때문에, 사망 이후의 삶을 고려할 필요가 없다고 가정하는 것이 이 사고실험의 목적에 맞는다. 내가 보기에, 총이 발사되는 가지는 나의 복제물들이 경험하지 못하는 세계이다. 그 세계에서는 내 가계가 끊긴다. 그러나 총이 발사되지 않은 가지에서는 내 가계가 해를 입지 않고 지속한다. 어떤 의미에서 이런 섬뜩한 과정을 계속 반복하더라도 '나'는 영원히 살 수 있다. (나에 대한 나머지 세계의 감정은 제쳐두고서라도) 내가 이런 실험을 하는 것에 반대하지 말아야 한다고 주장할 수도 있다. 총이 발사된 가지에서 '나'는 존재하지 않지만, 매번 총알 발사에 실패하는 가지에서 '나'는 완벽하게 건강하다. (테그마크의 원래 요점은 그리 거창하지 않았다. 그는 단지 수많은 시행에서도 살아남은 실험자들이 에버렛 이론의 그림을 받아들일 이유가 충분하다는 것에 주목했다.) 이런 결론은 종래의 추계학적 양자역학과 큰 대조를 이룬다. 추계학적 양자역학에서는 한 개의 세계만이 존재하고, 내가 이 세계에서 살아남을 확률이 아주 작다.

나는 여러분들이 집에서 이 실험을 하는 것을 권하지 않는다. 사실 여러분이 살해되는 세계에 신경 쓰지 않는 것의 배경 논리는 상당히 불안정하다.

구식의 고전적인 단일 우주라는 그림에서 사는 삶을 생각해보자. 이런 우주에 살고 있다고 생각한다면, 누군가가 당신 몰래 들어와 머리에 총을 쏴 당신이 즉시 사망한다 해도 좋은가(다른 사람들이 동요하는 것은 잠시 옆으로 밀어놓도록 하자)? 대부분 사람은 이런 일이 벌어지는 것을 싫어할 것이다. 그러나 앞서의 논리에 따르면, 당신은 그걸 정녕

'신경 쓰지' 말아야 한다. 무엇보다 일단 당신이 죽으면, 일어난 일에 대해 동요할 '당신'은 없기 때문이다.

이 분석이 놓친 점이 있다. 여전히 생생하게 살아 있고 느끼고 있는 바로 '지금' 우리가 동요한다는 사실이다. 우리가 미래에 죽을 것이라는 전망은, 특히 그런 미래가 예상보다 더 빨리 오게 될 거라면, 우리를 동요시킨다. 그리고 다음과 같은 관점이 완벽하게 타당하다. 현재 삶에 대한 평가는 우리의 나머지 다른 존재들이 어떻게 살고 있는지에 대부분 달려 있다. 심지어 우리가 죽어 나머지 존재의 방해를 받지 않는다고 할지라도, 나머지 존재를 없애는 것에 반대하는 것이 완벽하게 허용된다. 그리고 이것을 가정하면, 우리가 즉시 직관적으로 알 수 있듯이, 양자 자살은 구슬프고 불쾌한 일이다. 단일 세계만이 있다고 생각할 때 내가 오래 살기를 희망하는 것만큼, 파동함수의 다양한 가지에 머물게 될 모든 미래의 내가 행복하게 오래 살기를 나는 갈망한다.

이제 7장에서 다루었던 주제로 되돌아가보자. 파동함수의 다른 가지에 있는 개인들이 과거의 한 개인에서 나온 것임에도 불구하고, 이들을 별개의 사람으로 취급하는 것이 중요하다. 다세계 이론에는, '우리의 미래'와 '우리의 과거'를 생각하는 방법 사이에 중요한 비대칭성이 존재한다. 이것은 결국 초기 우주의 낮은 엔트로피 조건에 기인한다고 할 수 있다. 개인이라면 누구나 시간을 거슬러 올라가 한 독특한 사람으로 추적될 수 있지만, 시간을 앞으로 돌리면 우리는 여러 사람으로 분기할 것이다. '진짜 나'라고 할 만한 미래의 나는 존재하지 않으며, 모든 미래의 개인들로 이루어진 한 명의 사람이라는 것도 존재할 수 없다는 것 역시 옳다. 그들은 한 개체로부터 나왔지만 서로 분리되어 있다. 마치 일란성쌍둥이가 구별되는 사람들인 것과 흡사하다.

다른 가지에 사는 복제물에 무슨 일이 생겼는지 우리가 관심을 가질 수 있지만, 이들을 '우리'라고 생각하는 것은 무리다. 당신이 위 스핀과 아래 스핀이 같은 비율을 갖도록 준비한 전자의 수직 스핀을 막 측정하려 한다고 해보자. 한 자선가가 당신의 실험실에 들어와 다음과 같은 제안을 한다. 위 스핀이면 그에게서 100만 달러를 받고, 아래 스핀이면 그에게 1달러만 주면 된다. 이 거래는 받아들이는 것이 현명하다. 미래의 당신 가운데 하나가 분명히 1달러를 잃는다고 할지라도, 실제로 이 거래는 100만 달러를 얻거나 단지 1달러를 잃을 확률이 같은 내기를 하는 것과 같다.

그러나 이제 실험 기구들을 미리 장치해서 자선가가 들어오기 바로 전, 아래 스핀인 결과를 얻었다고 상상해보자. 자선가는 뻔뻔한 거래자여서, 다른 가지에 있는 당신의 복제물이 100만 달러를 받지만, 이 가지에 있는 당신은 1달러를 그에게 줘야 한다고 설명한다.

다른 가지에 있는 당신의 복제물이 이 일로 행복해진다고 할지라도, 당신이 이 일(또는 1달러를 포기하는 일)로 행복해할 이유가 없다. 당신은 그들이 아니며, 그들도 당신의 일부가 아니다. 분기 이후에 당신은 다른 두 사람이다. 당신의 경험과 당신의 보상 어느 것도 다른 가지에 있는 당신의 여러 복제물들이 나눠가질 수 있다고 생각하면 안 된다. 양자 러시안룰렛 게임을 하지 말라. 그리고 뻔뻔한 자선가와 손해 보는 거래도 하지 마라.

o o o

자기 자신의 웰빙만 생각한다면 그것이 합리적인 대응책일 것이다. 그런데 다른 이들의 웰빙에 관해서는 어떨까? 다른 세계의 존재를 아는 것은 도덕적 또는 윤리적 행동이라는 우리의 개념에 어떤 영향을 미칠까?

도덕을 생각하는 올바른 방법 자체가 논란을 불러일으키는 주제이다. 실체의 단일 세계 이론에서조차 그러하다. 우선 도덕 이론의 두 가지 카테고리인 의무론deontology과 결과주의consequentialism를 살펴보는 것이 유익할 것이다. 의무론자들은 도덕적 행동이 올바른 규칙을 지키는 문제라고 생각한다. 즉 결과가 무엇이든지 간에, 행동은 본질적으로 옳거나 그르다. 결과주의자들은 물론 다른 견해를 갖고 있다. 결과주의에 따르면, 우리는 행동을 통해 유익한 결과를 극대화해야 한다. 전반적인 웰빙의 측정치를 극대화하려는 공리주의자들은 결과주의자의 모범이다. 다른 옵션들이 있긴 하지만, 공리주의자들은 기본적인 요점을 잘 보여준다.

의무론은 다른 세계의 존재 가능성에 영향을 받지 않는 것처럼 보인다. 행동의 결과가 무엇이든지 상관없이 행동이 본질적으로 옳거나 그르다는 것이 이 이론의 핵심이라면, 그런 행동의 결과들이 일어날 수 있는 더 많은 세계의 존재는 실제로 중요하지 않다. 대표적인 의무론의 규칙은 칸트의 정언 명령categorical imperative이다. 즉 "그 준칙이 보편 법칙이 될 것을, 그 준칙을 통해 네가 동시에 의욕할 수 있는, 오직 그런 준칙에 따라서만 행위하라." 여기서 "보편 법칙"을 "파동함수의 모든 가지에서 성립하는 법칙"으로 바꾸어도 무방할 것 같다. 이때 어떤 행동이 자격이 있는 행동인지에 대한 실질적인 판단은 전혀 바꾸지 않아도 된다.

결과주의는 전적으로 다른 주장이다. 당신이 효용utility이라는 양을 믿는 합리적인 공리주의자이고, 이 효용으로 의식을 가진 존재와 관련된 웰빙의 양을 측정할 수 있다고 가정해보자. 또한 모든 창조물의 효용을 더하여 전체 효용을 얻을 수 있으며, 도덕적으로 옳은 행동이란 전체 효용을 극대화하는 행동이라고 해보자. 더 나아가 우주의 전체 효용이 양의 수positive number라고 가정한다(그렇지 않으면, 어떤 의미에서 우주를 파괴하게 되어, 좋은 이웃 이야기가 아닌 좋은 슈퍼 악당 이야기가 탄생해버린다).

결론은 다음과 같다. 우주가 양의 효용을 갖고 있고 우리의 목표가 효용을 극대화하는 것이라면, 우주 전체의 복제물을 새로 만드는 것이 우리가 취할 수 있는 가장 도덕적으로 용감한 행동 중 하나가 될 것이다. 우리가 해야 할 올바른 일이란 우주 파동함수를 최대한 빈번하게 분기하도록 하는 것이다. 이를테면 양자 효용 극대화 기기quantum utility maximizing device, QUMaD를 제작하는 것을 상상할 수 있다. 이 기기는 아마도 처음에는 전자들의 수직 스핀을, 다음에는 수평 스핀을 측정하는 기기를 통과하도록 전자를 계속 주입하는 장치일 것이다. 전자 한 개에 한 번의 측정을 할 때마다, 우주가 둘로 분기하여 전체 우주의 효용을 두 배로 증가시키게 된다. 만약 누군가 이런 기기를 제작한 다음 작동을 시킨다면, 그는 역사상 가장 도덕적인 사람이 될 것이다.

하지만 이런 주장은 미심쩍다. 그 기기를 켜는 것은 이 우주, 또는 다른 우주에 사는 사람들의 삶에 전혀 영향을 주지 않는다. 사람들은 이런 기기가 존재하는지도 모른다. 그럼에도 이 기기가 도덕적으로 칭송받을 만한 효과를 가졌다고 진심으로 믿는가?

다행히도 이 퍼즐에서 벗어날 수 있는 몇 가지 방법이 존재한다. 한 가지는 다음 가정들을 부정하는 것이다. 즉, 합리적인 공리주의는 최고의 도덕 이론이 아닐지도 모른다. 사람들은 명목상 우주의 효용을 증가시키기는 하지만 우리의 도덕적 직관과는 전혀 관계가 없어 보이는 것들을 발명하는, 오래된 명예로운 전통을 가지고 있다 (로버트 노직은 "효용 괴물utility monster"이라는 것을 상상했다. 이 가상의 존재는 쾌락을 경험하는 것을 좋아하는데, 사람들이 할 수 있는 가장 도덕적인 일이란, 누군가가 이 때문에 고통을 받더라도 가능한 한 이 괴물을 즐겁게 하는 것이다). 이른바 양자 효용 극대화 기기는 이런 사고를 따르는 또 다른 예에 지나지 않는다. 다른 사람들 사이에서 효용을 늘린다는 단순한 생각이 항상 우리가 처음에 마음속으로 그렸던 결과로 이어지는 건 아니다.

그러나 또 다른 해법이 있다. 다세계 철학에 더욱 직접적으로 어울리는 해법이 존재한다. 앞서 보른의 규칙을 유도할 때, 우리는 자기위치 설정 불확정성의 조건에 신빙성을 할당하는 방법을 다루었다. 그 내용은 이렇다. 당신은 우주 파동함수는 알고 있지만, 당신 자신이 어느 가지에 있는지는 모른다. 해답은 당신의 믿음(신빙성)이 가지의 무게, 즉 해당 진폭을 제곱한 것에 비례해야 한다는 것이었다. 이 '무게'가 바로 에버렛 이론에서 세계를 바라보는 데 있어 결정석으로 중요한 속성이다. 신빙성은 그냥 확률이 아니다. 에너지 보존

역시 각 가지들이 가진 에너지에 해당 무게를 곱하는 경우에만 성립한다.

그러면 효용에 대해서도 이와 똑같이 해야 한다는 게 말이 된다. 어떤 주어진 전체 효용을 가진 우주가 있고, 스핀을 측정하여 우주가 두 개로 분기한다면, 분기 이후의 효용은 각 가지의 무게에 이 가지의 효용을 곱한 것의 합과 같아야 한다. 그러면 스핀 측정이 누군가의 효용에 크게 영향을 주지 않는 사건에서는, 측정을 하더라도 전체 효용은 전혀 변하지 않는다. 이것이 우리가 직관적으로 예상하는 것이다. 또 이것은 6장에서 언급한, 확률에 관한 결정 이론 접근법의 직접적인 결과와 같다. 이런 관점에서 다세계 이론은 도덕적인 행동에 관한 우리의 생각을 눈에 띄게 변화시키지 말아야 한다.

그럼에도 불구하고, 다세계 이론과 붕괴 이론의 차이가 실제 도덕적으로 관련이 있도록 계를 만들어낼 수 있다. 어떤 양자 실험이 균등하게 A라는 결과 또는 B라는 결과로 유도된다고 하자. 결과 A는 아주 좋고 결과 B는 조금 좋으며, 이 효과가 세상에 있는 모든 사람에게 동일하게 적용된다. 단일 세계 관점에서 보면, 공리주의자(또는 진짜로 상식을 가진 사람)는 실험을 하는 것을 선호할 것이다. 왜냐하면 크게 좋은 A나 조금 좋은 B 모두 세상의 알짜 효용을 증가시키기 때문이다. 그러나 당신의 윤리 의식이 전적으로 평등을 추구한다고 가정해보자. 모든 사람에게 평등한 한, 당신은 무슨 일이 일어나든지 상관하지 않는다. 붕괴 이론의 입장에서는, 어떤 결과를 얻을지 알 수는 없지만 어느 결과나 동일한 확률을 가지므로, 실험을 하는 것이 좋은 생각이다. 그러나 다세계 이론의 경우, 한쪽 가지에 있는 사람은 결과 A를 얻지만, 다른 쪽 가지에 있는 사람은 결과 B를 얻는다. 가지들 사이에 통신이 불가능하거나 상호작용을 할 수 없다면, 평등해야 한다는 도덕성을 현저히 위반하게 되는 것이다. 따라서 이 경우에는 실험에 절대 반대하게 될 것이다. 개인적으로 나는 문자 그대로 다른 세계에 살고 있는 사람들 사이의 불평등은 우리에게 그리 중요하지 않다고 생각하지만, 논리적으로는 그럴 가능성이 있다고 생각한다.

이런 인위적인 상상을 배제하면, 다세계 이론에 도덕적 의미가 많다고는 보이지 않는다. 분기를 우주의 완전히 새로운 복제물을 '창조'하는 것으로 묘사하는 것이 생생하긴 하지만, 전혀 맞는 것이 아니다. 그보단 분기를 기존의 우주를 거의 동일한 조각들로 나누는 것으로 생각하는 편이 더 좋다. 이때 각 조각은 원래 우주보다 무게가 더 가볍다. 만약 우리가 이런 상들을 주의 깊게 따른다면, 마치 보른의 규칙을 따르는 추계학적 단일 세계에서 사는 듯이 우리의 미래를 생각하는 것이 옳다는 결론을 내리게 될 것이다. 다세계 이론은 직관에 반하는 것처럼 보이기 때문에, 결국 우리가 삶을 겪는 방식을 실제로 변화시키지는 않을 것이다.

o o o

지금까지 파동함수의 분기를 우리 자신과는 독립적으로 일어나는 어떤 것으로 취급했다. 따라서 우리는 그저 따라가기만 하면 되었다. 이제 이 관점이 적절한지 물을 때가 되었다. 내가 결정할 때마다, 내가 다른 것을 선택하는 또 다른 세계가 있을까? 내가 내릴 수 있는 다른 일련의 대안적인 선택에 상응하는 실체들, 또는 내 삶의 모든 가능성을 실제로 현실화하는 우주들이 존재할까?

'결정을 내린다'는 생각은 물리학의 기본 법칙 속에 새겨져 있지 않다. 그것은 인간 크기의 현상을 기술할 때 동원하기 편리하다고 밝혀진, 유용하고 거의 정확하며 새로 등장한 개념 가운데 하나이다. 당신과 내가 '결정을 내린다'고 표식 붙인 것은 실상 뇌에서 일어난 일군의 신경화학적 과정이다. 결정을 내리는 것에 관해 이야기하는 것은 자유지만, 그것은 분명 물리학 법칙을 따르는 보통의 물질적 대상에는 적용하기 어렵다.

그러므로 당신이 결정을 할 때 머릿속에서 일어나는 물리적 과정이 우주 파동함수의 분기를 유도하는지, 아울러 각 가지에서 다른 결정을 할 수 있는지 의문이다. 만약 내가 포커 게임을 하다가 안 좋은 타이밍에 블러핑(패가 낮은데도 불구하고 높은 척하는 행동—옮긴이)을 해서 칩을 모두 잃는다고 해보자. 이때 조금 더 보수적으로 게임을 하는 또 다른 가지가 있을 거라고 생각하면 내게 위안이 될까?

그렇지 않다. 결정을 내린다고 해서 파동함수의 분기를 유도할 수는 없다. 대개는 다른 일을 "일으키는" 어떤 것 때문에 분기가 이루어진다. 분기는 거시적인 크기로 증폭된 미시적인 과정의 결과로 생긴다. 양자 중첩 상태에 있는 계가 더 큰 계와 얽히고, 이 계는 다시 환경과 얽히면서 결풀림이 일어난다. 반면 결정하는 일은 순수하게 거시적인 현상이다. 우리 뇌 속의 전자와 원자가 결정하지 않는다. 이들은 단지 물리학 법칙을 따를 뿐이다.

결정과 선택과 이에 따른 결과는 거시적 인간 크기의 수준에서 사물을 이야기할 때 유용한 개념들이다. 선택이 가능한 영역에서만 이야기하도록 제한한다면, 선택을 실제로 존재하고 영향을 미치는 어떤 것으로 생각해도 큰 무리가 없다. 달리 말해 사람은 슈뢰딩거 방정식을 따르는 입자 집단이라고 이야기하거나, 또는 세계에 영향을 미치는 결정을 내리겠다는 의지를 가진 대리인이라고 이야기해도 무방하다. 그러나 사람에 대한 두 가지 기술을 동시에 사용할 수는 없다. 당신의 결정은 파동함수를 분기시킬 수 없는데, 이유는 '파동함수의 분기'가 기초 물리학과 관련된 개념이고, '당신의 결정'은 사람의 거시적 일상과 관련된 개념이기 때문이다.

그러므로 당신의 결정이 분기를 일으키지 않는 것은 분명하다. 그러나 여전히 당신이 다른 결정을 하는 다른 가지가 존재하는지 물을 수 있다. 그리고 실제로 그럴 가능성이 있지만, 인과율의 관점에서 "당신이 결정하고, 그 결정이 우주 파동함수의 분기를 일으킨다"라고 생각하기보다 "분기를 일으키는 어떤 미시적인 과정이 생기고, 당신은 다른 가지에서 다른 결정을 한다"라고 생각하는 것이 옳다. 하지만 대개의 경우, 당신이 결정을 할 때(위기일발과 같은 상황에서 결정할 때조차) 많은 다른 가지에 무게가 동일하게 퍼져 있지 않고, 거의 모든 무게가 하나의 가지에 집중된다.

우리 뇌 속의 신경세포는 중추신경계와 많은 말초신경을 구성하고 있는 세포이다. 말초신경 대부분은 수상돌기dendrite이며, 이들은 주위 신경세포에서 신호를 받는다. 그런데 이들 가운데 하나가 신호를 밖으로 보내는, 길이가 더 긴 섬유질의 축색axon이다. 전기화학적

펄스가 발생하는 점에 도달할 때까지 전하를 띤 분자(이온)가 신경세포 내부에 축적되면, 이 펄스가 축색을 따라 이동해 시냅스를 지나 다른 신경세포의 수상돌기에 도착한다. 이런 많은 사건이 결합하여 '생각'을 하게 된다(여기서 복잡한 과정은 생략했다. 신경과학자들에게 용서를 빈다).

대개의 경우 이 과정을 순수하게 고전적인 것으로 생각하거나, 또는 적어도 결정론을 따른다고 생각할 수도 있다. 화학 반응의 수준에서 양자역학이 역할을 담당한다. 왜냐하면 전자가 한 원자에서 다른 원자로 도약하거나, 두 원자가 서로 결합하는 법칙들을 결정하는 것이 양자역학이기 때문이다. 그러나 한 장소에 충분히 많은 원자가 모이면, 이들의 최종적인 행동을 얽힘이나 보른의 규칙과 같은 양자 개념을 사용하지 않고서도 기술할 수 있다(그렇지 않다면 고등학교 시절 먼저 슈뢰딩거 방정식을 배우지 않고, 또 측정 문제를 염려하지 않고 화학 수업을 들을 수가 없었을 것이다).

그러므로 '결정'을 양자적인 사건이 아닌 고전적인 사건으로 생각하는 것이 최선이다. 최종에 가서 당신이 개인적으로 어떤 선택을 할지는 불확실하지만, 해당 결과는 이미 뇌 속에 새겨져 있다. 생각 이면의 물리적 과정에 대해 아는 것이 별로 없기 때문에, 어느 정도로 우리 생각이 옳은지 절대적으로 확신할 수는 없다. 신경학적으로 중요한 화학 반응들의 비율이 관련 원자 간의 얽힘에 따라 조금 변화될 수도 있다. 이것이 사실이라면, 제한적이기는 하지만 두뇌를 양자컴퓨터라고 생각할 수 있다.

아울러 정직한 에버렛 지지자들은 아주 불가능한 일을 하는 것처럼 보이는 양자계의 파동함수 가지들이 존재한다는 것을 인정한다.

8장에서 앨리스가 언급했던 것처럼, 가령 내가 벽과 충돌할 때 벽에서 튕기지 않고 벽을 통과하는 그런 가지가 존재할 수도 있는 것이다. 마찬가지로, 내 두뇌가 포커판에서 모든 칩을 걸라는 고전적인 결정을 내렸다고 해보자. 하지만 한 무리의 신경세포가 약간의 칩을 거는 가능성이 희박한 일을 벌일 작은 진폭이 여전히 존재한다.

가장 간단한 방식으로 우리 뇌에서 일어나는 화학을 이해한다면, 대부분의 사고思考가 얽힘이나 파동함수의 분기와는 전혀 관계가 없음을 알 수 있을 것이다. 우리가 어떤 곤란한 결정을 함으로써 세계가 여러 복제물로 갈라지고, 각 세계의 복제물 속에 다른 결정을 내리는 당신의 복제물이 있다고 상상해서는 안 된다. 물론 책임을 지기 싫어서 양자 난수 발생기에 당신의 결정을 미루고 싶지 않다면 말이다.

o o o

마찬가지로, 양자역학은 자유의지와는 아무 관계가 없다. 둘이 서로 관계가 있을지도 모른다고 생각하는 것이 자연스럽기는 하다. 자유의지는 흔히 미래가 현재 우주 상태에 의해 완전히 결정된다는 결정론과 대조가 되기 때문이다. 미래가 이미 결정되어 있다면, 내가 결정을 할 무슨 여지가 남아 있겠는가. 하지만 교과서 양자역학에서는 측정 결과가 진짜 무작위적이고, 따라서 결정론적이지 않다. 고전역학의 경우 뉴턴식의 시계공 패러다임 때문에 자유의지가 사라진 것과 대조적이다. 양자역학으로 인해 자유의지가 숨어들어올 수 있는 틈이 열리지 않았을까?

하지만 이런 생각은 크게 잘못된 것이다. 대체 어디서부터 논의를 출발해야 할지 알 수 없을 정도다. 우선 '자유의지 대 결정론'으로 구분 짓는 것 자체가 어렵다. 결정론은 비결정론indeterminism의 반대고, 자유의지는 무자유의지no free will의 반대다. 결정론은 다음과 같이 간단히 정의할 수 있다. 즉 계의 현재 상황이 정확히 주어져 있다면, 물리학 법칙이 나중의 상태를 정확히 결정한다는 것이다. 자유의지를 정의하기는 더 어렵다. 사람들은 보통 자유의지를 '달리 선택하는 능력'이라고 정의한다. 이것은 실제로 일어난 일(우리가 주어진 상황에서 결정했고, 이 결정에 따라 행동했다)을 다른 가상의 시나리오(시간을 원래 상황으로 되돌려 다른 결정을 '할 수 있는지' 묻는다)와 비교한다는 것을 의미한다. 이 게임을 할 때 실제 상황과 가상 상황 사이에 변하지 않은 것이 무엇인지 명시하는 것이 중요하다. 미시적인 사항까지 절대적으로 같은가? 아니면 보이지 않는 미시적인 사항은 달라질 수 있지만, 우리가 얻을 수 있는 거시적인 정보는 달라지지 않는다고 상상하는 것일까?

이 질문을 좀 더 파고들어보자. 똑같은 초기 조건에서 출발해 우주를 다시 돌아가게 한다고 가정하면 실제로 어떤 일이 일어날지 비교해보자. 이때 초기 조건이 마지막 소립자의 상태까지 정확하게 같아야 한다. 고전적인 결정론을 따르는 우주에서는 그 결과가 정확히 같아야 하므로 '다른 결정을 할' 가능성은 전혀 없다. 대조적으로 교과서 양자역학에 의하면, 무작위적인 요소가 끼어들어 같은 초기 조건에서도 미래에 같은 결과를 얻는다고 확신할 수 없다.

그런데 이것은 자유의지와는 상관이 없다. 다른 결과가 나올 수 있다는 것이 자연의 법칙에 영향을 미치는 어떤 개인적이고 물리학을 초월하는 의지가 있음을 보여주는 것은 아니다. 다른 결과는 어떤 예측 불가능한 다른 양자 난수들이 나타난다는 것을 의미할 뿐이다. 전통적으로 '강한' 개념의 자유의지에서 중요한 점은 우리가 결정론적 자연의 법칙에 종속되어 있느냐가 아니라, 우리가 일종의 비인격적인 법칙에 종속되어 있느냐는 것이다. 미래를 예측할 수 없다는 것은 미래를 자유롭게 선택할 수 있다는 것이 아니다. 교과서 양자역학에서조차, 인간을 여전히 물리학 법칙을 따르는 입자와 장의 집합체로 보고 있다.

이 점에 있어서, 양자역학이 꼭 비결정론적이지는 않다. 다세계 이론이 반대 예이다. 지금의 한 사람이 미래의 여러 사람으로 완벽하게 결정론적으로 진화한다. 여기에는 어떤 선택도 끼어들 여지가 없다.

반면 '약한' 개념의 자유의지에 대해서도 생각해볼 수 있다. 이 자유의지는 완벽한 미시적 지식에 기반한 사고실험을 통해서가 아니라, 우리가 가진 세상에 대한 거시적 지식을 통해 얻는다. 이 경우 다른 형태의 예측 불가능성이 생긴다. 어떤 사람이 있고 우리(또는 그들 또는 모두)가 이 사람의 현재 정신 상태를 안다고 해도, 보통 이 지식과 호환 가능한, 이 사람의 몸과 뇌 속에 있는 원자와 분자의 배열은 아주 다양할 것이다. 이런 배열이 진짜로 있다면, 그 배열의 일부는 매우 다른 행동을 유발하는 충분히 다른 뇌의 과정을 보일 수 있다. 이 경우, 인간(또는 다른 의식이 있는 대리인)이 실제 세계에서 행동하는 방식을 기술하기 위해 실제로 우리가 할 수 있는 최상의 것은 이들이 의지(다른 선택을 할 수 있는 능력)를 갖고 있다고 생각하는 것이다.

자신에 대해서는 물론 다른 사람들에 대해 이야기를 하면서 살아가는 모든 사람은 실제로 인간이 의지를 가졌다고 생각한다. 실제로 현재에 대한 완벽한 지식을 갖고 있으면 우리가 미래를 예측할 수 있느냐 없느냐는 중요하지 않다. 왜냐하면 우리가 이런 지식을 갖고 있지도 않고 앞으로도 가질 수 없기 때문이다. 토머스 홉스까지 거슬러 올라가, 철학자들이 결정론적인 기초 법칙과 인간 선택의 실체에 관한 양립주의compatibilism를 제안한 것이 이 때문이다. 현대 철학자들 대부분은 자유의지에 대해 양립주의를 지지한다(물론 이것이 옳다는 것은 아니다). 탁자와 온도와 파동함수의 가지처럼 자유의지도 실재한다.

양자역학에 관한 한, 우리가 자유의지에 대해 양립주의자냐 비양립주의자냐는 중요하지 않다. 두 경우 모두 양자 불확정성이 우리의 입장에 영향을 주지 않는다. 우리가 양자 측정의 결과를 예측할 수 없을지라도, 이 결과는 우리의 어떤 개인적 선택에 의해서가 아니라 물리학 법칙을 따라 생긴 것이다. 우리 행동으로는 세계를 창조할 수 없으며, 우리 행동은 세계의 일부다.

      o o o

나는 의식 문제를 다루지 않고 다세계 이론의 인간적 측면을 이야기하는 부주의를 저질렀다. '양자역학을 이해하기 위해 인간의 의식이 필요하다' 또는 '의식을 이해하기 위해 양자역학이 필요하다'라는 주장의 역사는 오래되었다. 이런 주장이 제기되는 대부분의 까닭은 양자역학도 신비롭고 의식 역시 신비로운 탓에 둘이 서로 관련이 있다는 인상을 받기 때문이다.

이것만 놓고 보면 틀리지는 않았다. 양자역학과 의식은 어쨌든 서로 연관된 것 같다. 이것은 생각해볼 만한 가설이다. 그러나 우리가 현재 알고 있는 모든 것에 의하면, 실제로 이 가설이 맞는다는 충분한 증거가 없다.

우선 양자역학이 의식을 이해하는 데 도움이 되는지 알아보자. 우리 머리에서 일어나는 다양한 신경 과정의 빈도가 흥미로운 방식으로 양자 얽힘에 의존하기 때문에, 의식을 고전적인 사고로만 이해할 수 없다고 가정할 수 있다(아주 의심스러운 가정이지만). 그러나 전통적으로 생각하듯이, 의식은 신경 과정의 빈도로 간단히 설명할 수 있는 문제가 아니다. 철학자들은 의식에 관한 "쉬운 문제"(사물을 감지하고 이에 반응하며 사고하는 것)와 "어려운 문제"(세상에 대한 우리의 주관적인 일인칭 경험, 즉 다른 사람이 아닌 나라는 느낌)를 구별했다.

양자역학은 이 "어려운 문제"와는 관계가 없어 보이지만 여러 사람이 다양한 시도를 해왔다. 예를 들어 로저 펜로즈 같은 사람은 마취학자 스튜어트 해머로프와 팀을 이루어, 우리가 의식을 경험하는 이유를 설명하는 데에 두뇌 속 미세관의 파동함수의 객관적인 붕괴가 도움을 준다는 이론을 개발했다. 이 제안은 신경과학계에서 큰 환영을 받지 못했다. 더 중요한 사실은 이것이 왜 의식에 중요한지 불분명하다는 것이다. 미세관 또는 완전히 다른 어떤 것과 관련된 모종의 미묘한 두뇌 속 양자 과정이 신경세포의 발화율에 영향을 미친다고 상상할 수도 있다. 그러나 이것도 '신경세포의 발화'와 '우리의 주관적인 자기인식 경험' 사이의 간극을 메우는 데에 도움이 되지 않는다. 많은 과학자와 철학자는(나 자신을 포함해) 이 간극을 메우는 일이 충분히 가능하다고 믿고 있다. 그러나 이런저런 신경화학적 과정이 발생하는 빈도의 작은 변화는 간극을 메우는 방법과 관계가 없어 보인다(그리고 관계가 있다면, 인간이 아닌 컴퓨터에서 그 효과를 재현하지 못할 이유가 없다).

에버렛 양자역학은 의식의 이른바 어려운 문제에 대해 할 이야기가 없으며, 세상이 전적으로 물리적이라는 다른 견해들의 주장을 공유한다. 에버렛 양자역학에서 의식과 관계된 사실은 다음과 같다.

- 의식은 뇌에서 나온다.
- 뇌는 결맞음된coherent 물리계이다.

이것이 전부다(여기서 "결맞음된"은 "상호작용하는 부분들로 이루어진"이라는 의미이다. 상호작용하지 않는 두 파동함수 가지에 있는 두 신경세포 집단은 두 개의 별개 뇌다). '뇌'를 '신경계' 또는 '유기체' 또는 '정보처리계'라고 생각해도 무방하다. 핵심은 다세계 양자역학을 논의하기 위해, 의식이나 개인의 정체성에 관한 추가적인 가정을 하지 않는다는 것이다. 다세계 이론은 관측자나 경험이 특별한 역할을 담당하지 않는 전형적인 역학 이론이다. 물론 의식을 가진 관측자들이 파동함수의 나머지 가지들과 함께 분기를 하지만, 바위와 강과 구름 역시 분기를 한다. 다세계 이론으로 의식을 이해하려는 것은 양자역학이 아직 없었을 때 의식을 이해하려 했던 것만큼 어려우며, 그 이상도 이하도 아니다.

과학자들이 아직 이해하지 못하는 의식에는 여러 중요한 측면이 있다. 이는 정확히 우리의 예상과 일치한다. 일반적인 인간의 마음, 특히 의식은 지극히 복잡한 현상이다. 우리가 이들을 충분히 이해하고 있지 않다는 사실로 인해, 우리를 도와줄 완전히 새로운 기초 물리학 법칙을 찾으려 할 필요는 없다. 우리는 물리학 법칙을 아주 잘 이해하고 있으며, 이는 뇌의 기능 혹은 뇌와 마음의 관계보다 훨씬 더 탁월하게 실험을 통해 증명되었다. 언젠가 의식을 성공적으로 설명하기 위해 물리학 법칙의 수정을 고려해야 할지도 모르지만, 이것은 마지막 수단이어야 한다.

o o o

질문을 달리 해보자. 양자역학이 의식을 설명하는 데 도움을 주지 못한다면, 그럼에도 불구하고 의식이 양자역학을 설명하는 중심 역할을 담당하는 것이 가능할까?

많은 것들이 가능하다. 하지만 그것만으로는 완전하지 않다. 표준적인 교과서 양자역학의 규칙들이 측정이라는 행위에 우월성을 부여한다고 가정하면, 의식을 가진 마음과 양자계의 상호작용에 어떤 특별한 것이 존재하지 않는다고 생각하는 것이 이상하다. 파동함수가 붕괴하는 까닭은 물리적 대상의 특정 측면을 의식적으로 시각하기 때문이 아닐까?

교과서 내용에 의하면 측정을 할 때 파동함수가 붕괴하지만, '측정'이 정확히 무엇인지가 조금 애매하다. 코펜하겐 해석은 양자 영역과 고전 영역을 구별하고 있으며, 측정을 고전적인 관측자와 양자계 사이의 상호작용으로 취급하고 있다. 어디에 선을 그어야 할지가 불분명하다. 예를 들어 방사능 방출을 관측하는 가이거 계수기를 갖고 있다면, 계수기를 고전적인 관측자의 일부로 생각하는 것이 당연하다. 그러나 그럴 필요가 없다. 심지어 코펜하겐 해석에서조차 가이거 계수기를 슈뢰딩거 방정식을 따르는 양자계로 볼 수 있다. 측정의 결과를 오직 인간이 인식할 때에만, (이런 사고방식에서는) 파동함수가 반드시 붕괴해야 한다. 왜냐하면 다른 측정 결과들과 중첩되어 있다는 보고를 그 어떤 사람도 하지 않았기 때문이다. 그러므로 최종적으로 '파동함수가 중첩 상태에 있는지를 증언할 수 있는 관측자'와 '그 외의 모든 것' 사이에 경계선을 긋는 것이 가능하다. 중첩되어 있지 않다고 인식하는 것이 의식의 일부이기 때문에, 의식이 정말 붕괴를 일으키는지 묻는 것이 이상하지 않다.

이런 아이디어를 이미 1939년 프리츠 런던과 에드먼드 바우어가 발표했고, 나중에 대칭에 관한 연구로 노벨상을 받은 유진 위그너가 이를 지지했다. 위그너는 다음과 같이 이야기했다.

> 양자역학이 제공하고자 하는 것은 의식의 연이은 인상impression('통각apperception'이라고도 불린다)을 연결하는 확률이 전부다. 비록 관측자(그의 의식이 영향을 받는다)와 물리적 관측 대상 간의 경계선이 한쪽으로 크게 치우칠지라도, 경계선을 없앨 수는 없다. 현재의 양자역학에

대한 철학이 미래에도 물리학 이론의 영구적인 특징으로 남아 있을 거라고 믿는 것은 시기상조다. 미래에 개념들을 개발하는 방법이 무엇이든지 상관없이, 외부 세계에 관한 연구를 통해 '의식의 내용이 궁극적인 실체'라는 결론에 도달한다는 사실에 놀랄 것이다.

나중에 위그너 자신은 양자 이론에서 차지하는 의식의 역할에 관한 생각을 바꾸었다. 하지만 다른 연구자들이 횃불을 이어받았다. 일반적으로 물리학 회의에서는 이 견해가 인정받지 못하고 있지만, 거기서도 이 견해를 심각하게 받아들이는 과학자들을 일부 만날 수 있다.

의식이 양자 측정 과정에 영향을 미친다는 것의 정확한 의미는 무엇일까? 가장 단순한 접근법은 '마음'과 '물질'이 서로 다르며 상호작용하는 두 가지의 대상이라는, 의식에 관한 이원주의dualism 입장을 취하는 것이다. 이런 일반적인 접근법은 우리의 물리적인 몸이 슈뢰딩거 방정식을 따르는 파동함수의 입자들로 구성되어 있지만, 의식은 물질이 아닌 별도로 분리된 마음에 거하면서 파동함수를 인식할 때 파동함수가 붕괴하도록 한다고 주장한다. 르네 데카르트 시절에 이원주의는 전성기를 맞았지만 그 후 인기를 잃었다. 이원주의의 기본적 난제는 '상호작용 문제interaction problem'이다. 즉, 마음과 물질은 어떻게 상호작용하는가? 현재의 표현으로라면, 시간이나 공간과 무관한 비물질의 마음이 어떻게 파동함수를 붕괴시킬 수 있느냐는 것이다.

하지만 덜 투박하고 훨씬 더 극적인 또 다른 전략이 존재한다.

철학적 용어로 관념론idealism이 그것이다. 관념론은 '고결한 이상을 추구하는 것'이라는 뜻이 아니고, 실체의 근본적인 진수가 특성상 물리적이라기보다는 정신적이라는 뜻이다. 관념론은 물리주의physicalism나 유물론materialism과 대비가 된다. 실체는 근본적으로 물리적 재료로 구성되어 있으며, 마음과 의식은 이들 재료가 일으키는 집단 현상이라는 것이 물리주의나 유물론의 주장이다. 물리주의가 물리적 세계만이 존재한다고 주장한다면, 관념론은 정신적 영역만 존재한다고 주장한다(남아 있는 논리적 가능성인 '물리적 세계나 정신세계 어느 것도 존재하지 않는다'는 주장은 대중들에게 큰 지지를 받지 못하고 있다).

관념론자에게는 마음이 우선이다. '물질'로 생각되는 것은 세상에 관한 생각의 그림자에 지나지 않는다. 이 이야기의 어떤 버전에서는 실체가 모든 개별적인 마음의 집단적 효과로부터 창발한다고 말하며, 다른 버전에서는 개별적인 마음과 이들에 의해 유발된 실체 모두의 배후에 "정신the mental"이라는 단일 개념이 존재한다고 주장한다. 동양의 많은 철학자들은 물론 이마누엘 칸트 같은 서양 철학자들, 그러니까 역사상 가장 위대한 철학자 가운데 일부는 관념론의 특정 버전에 호의적이었다.

어떻게 양자역학과 관념론이 잘 어울릴 수 있는지를 아는 것은 어렵지 않다. 관념론은 마음이 실체의 궁극적인 토대라고 이야기하며, (교과서에 나와 있는) 양자역학은 아마 마음을 가진 누군가가 관측하기 전까지는 위치와 운동량 같은 성질이 존재하지 않는다고 이야기한다.

논쟁의 대상인 양자 측정은 제외하고, 의식을 가진 마음의 특별한 도움 없이도 실제 세상이 아주 잘 굴러간다는 사실에 모든 변형된 관념론들이 도전을 받고 있다. 우리 마음은 관측과 실험의 과정을 통해 세계에 관한 것들을 발견하며, 다른 마음은 결국 세계의 다른 면들을 발견한다. 그리고 이렇게 발견되는 것들은 항상 서로 완전히 정합적이다. 우리는 우주 역사의 첫 몇 분에 대한 정말이지 상세하고 성공적인 설명들을 구축해왔다. 그 몇 분 동안에는 그 시간에 대해 사고할 어떤 알려진 마음도 없었다. 한편 신경과학이 발전함에 따라, 특별한 사고 과정이 우리 뇌를 형성하는 물질에서 일어나는 특정한 생화학적 사건이라는 것이 밝혀졌다. 양자역학과 측정 문제가 없었다면, 실체에 대한 우리의 모든 경험은 물질이 우선이고 마음은 물질에서 나온다고 이야기하지, 마음이 우선이고 물질이 다음이라고 이야기하지 않았을 것이다.

과연 물리주의 자체를 버리고 마음을 실체의 첫째가는 근거로 생각하는 관념적인 철학을 선호해야 할 정도로, 양자 측정 과정의 불가사의함은 충분히 제어하기 어려운 것일까? 본래 양자역학의 중심에 마음이 있었던 것일까?

그렇지 않다. 양자 측정 문제를 이야기하기 위해, 의식에 어떤 특별한 역할을 부여할 필요는 없다. 우리는 이미 몇몇 반증을 봤다. 다세계 이론이 구체적인 예다. 결풀림과 분기라는 순수 역학적 과정을 통해, 파동함수의 붕괴를 분명히 설명할 수 있다. 어쨌든 의식이 관여되었을 가능성을 고려할 수는 있지만, 현재 우리가 이것을 이해하고 있지 않다는 것은 분명하다. 물론 우리는 양자역학을 우리가 보는 세상과 일치시키기 위해 흔히 의식적 경험에 관해 이야기하곤 하지만, 이는 그런 경험을 설명하고자 할 때만 그러하다. 그 외에는, 마음은 이것과 아무런 관계가 없다.

    이상은 난해하고 미묘한 주제이다. 여기서 관념론과 물리주의 사이의 논쟁에 대해 완전히 공평하고 포괄적인 판결을 내릴 수 없다. 관념론은 반박하기 어렵다. 누군가가 관념론이 옳다고 믿는다면, 이들의 마음을 분명히 변화시킬 어떤 것을 지적하기 어렵다. 그러나 그들은 양자역학이 관념론을 믿게 한다는 주장을 할 수는 없다. 우리는 실체가 우리와 독립적으로 존재하는, 매우 단순하면서도 강력한 세계 모형을 가지고 있다. 실체를 관측하거나 실체에 대해 사고함으로써 비로소 실체가 존재하게 된다고 생각할 필요가 전혀 없다.

3부

시공간

11장

공간은 왜 존재할까?
창발과 국소성

좋다. 마침내 실제 세계에 대해 생각할 준비가 되었다.

'잠깐만 기다려'라고 당신이 생각하는 게 들린다. '나는 우리가 이미 실제 세계에 관해 이야기했다고 생각했어. 양자역학이 실제 세계를 기술하는 것 아니었어?'

음, 물론이다. 그러나 양자역학은 실제 세계 외에도 다른 많은 세계를 기술할 수 있다. 양자역학 자체는 하나의 특정한 물리계를 다루는 단일 이론이 아니다. 양자역학은 고전역학처럼 많은 다른 물리계에 관해 이야기할 수 있는 하나의 틀이다. 단일 입자, 또는 전자기장, 또는 스핀 집합, 또는 전체 우주의 양자역학에 관해 이야기할 수 있다. 이제 실제 세계의 양자역학이 어떤 것인지에 초점을 맞출 시간이 되었다.

20세기 초부터 여러 세대의 물리학자들이 실제 세계의 양자역학을 찾으려고 노력했다. 누가 보더라도 이들은 엄청난 성공을 거두었다. 자연의 기본 구성 요소가 입자가 아닌 공간에 퍼져 있는 장이라는 한 가지 중요한 통찰력을 얻었고, 이로 인해 '양자장 이론quantum field theory'이 등장했다.

19세기에 물리학자들은 입자와 장 모두 역할을 하는 견해를 선호하는 것 같았다. 즉 물질은 입자로 구성되고, 입자들의 상호작용인 힘은 장으로 기술했다. 오늘날 우리는 이보다 더 많이 알고 있다. 심지어 우리가 알고 있고 사랑하는 입자조차 실제로는 우리 주위 공간을 채우고 있는 장의 진동이다. 물리 실험에서 입자 궤적과 같은 궤적을 본다는 것은 우리가 보는 것이 실제로 존재하는 것이 아니라는 사실을 반영할 뿐이다. 올바른 상황에서는 입자를 볼 수 있지만, 현재 최선의 이론은 장이 더 근본적이라고 말하고 있다.

중력은 양자장 이론 패러다임과 잘 어울리지 않는 물리학의 한 부분이다. 흔히 "우리에겐 중력에 관한 양자 이론이 없다"라고 이야기하는 것을 들었을 것이다. 그러나 이것은 너무 과한 표현이다. 우리는 아주 좋은 고전적인 중력 이론을 갖고 있다. 아인슈타인의 일반상대성 이론이 그것으로, 이 이론은 시공간의 곡률을 기술한다. 일반상대성 이론 자체도 장 이론이다. 이것은 공간에 퍼져 있는 장, 이 경우 중력장을 기술한다. 그리고 우리는 고전적인 장 이론을 양자화하여 양자장 이론으로 만드는 절차도 아주 잘 이해하고 있다. 이런 절차들을 기초 물리학에서 알고 있는 장에 적용하면 '핵심 이론Core Theory'이라는 것을 얻게 된다. 중력장의 세기가 너무 커지지 않는 한, 핵심 이론은 입자물리학부터 중력까지 정확하게 기술할 수 있다. 핵심 이론은 일상 경험에서 일어나는 모든 현상을 정확하게 기술하기에 충분하며, 더 많은 것들(탁자와 의자, 아메바와 부엌, 행성과 별) 역시 기술할 수 있다.

핵심 이론의 문제는 일상을 넘어서는 수많은 상황, 예를 들어 블랙홀이나 빅뱅처럼 중력이 엄청나게 강한 상황을 기술할 수 없다는 것이다. 달리 말하자면, 우리는 중력이 아주 약할 때 적합한 양자 중력 이론을 갖고 있다. 그 이론으로는 사과나무에서 사과가 떨어지는 이유나 달이 지구 주위로 공전하는 이유를 완벽하게 기술할 수 있다. 그러나 이 이론은 제한적이다. 중력이 아주 강해지거나 계산을 너무 확대하려고 하면, 이 이론적인 도구는 실망감을 안긴다. 이것은 중력의 독특한 점이라고 말할 수 있다. 그런데 양자장 이론은 우리가 상상할 수 있는 어느 상황에서든, 모든 입자와 힘을 다룰 수 있게 해준다.

다른 장 이론에 비해 일반상대성 이론을 양자화하기 어렵기 때문에, 수많은 전략을 시도해봐야 한다. 한 가지 전략은 더 열심히 생각하는 것이다. 즉 일반상대성 이론을 직접 양자화하는 좋은 방법이 있을지도 모르는데, 그것은 다른 장 이론에서는 필요하지 않았던 새로운 기술을 끌어들이도록 할 것이다. 또 다른 전략은 일반상대성 이론이 양자화할 수 있는 올바른 이론이 아니라고 가정하는 것이다. 이 경우에는 이를테면 끈 이론과 같은 앞선 다른 고전적인 이론을 양자화하고, 이것이 중력 및 다른 모든 것을 포괄하는 양자 이론이 되기를 희망하는 것이다. 수십 년간 물리학자들은 이 두 접근법을 모두 시도하여 약간의 성공을 거두었으나, 여전히 답하지 못하는 많은 퍼즐이 남아 있다.

여기서 우리는 그 시작부터 실체의 양자적 본질을 직접 다루는 다른 한 가지 전략을 생각해보려고 한다. 모든 물리학자는 세계가 근본적으로 양자적이라는 것을 이해하고 있다. 그러나 실제로 물리학을 할 때는 고전적인 원리를 오랫동안 교육받았기 때문에, 우리 경험과 직관의 영향을 받지 않을 수 없다. 입자가 있고, 장이 있고, 이들이 사물을 구성하며, 우리가 이들을 관측한다. 심지어는 구체적으로 양자역학을 다룰 때도 물리학자들은 일반적으로 고전 이론에서 시작하여 이를 양자화한다. 그러나 자연은 그렇게 하지 않는다. 자연은 처음부터 양자적이다. 에버렛이 주장했듯이, 고전물리학은 적절한 상황일 때 유용한 근삿값에 지나지 않는다.

이것이 앞선 장들에서 어렵게 해온 작업들에 대한 대가이다. 다세계 이론은 독특하게도 우리가 가진 모든 고전적인 직관을 버리는 데 적합한 이론이다. 다세계 이론은 처음부터 양자적이었고, 우리 주위에서 볼 수 있는 고전적인 세계와 흡사한 세계가 궁극적으로 우주 파동함수, 시공간과 모든 것으로부터 어떻게 창발하는지 결정한다.

다세계 이론의 대안들은 흔히 추가적인 변수를 필요로 하거나(이를테면 봄의 역학), 혹은 파동함수가 어떻게 자발 붕괴하는지에 대한 규칙을 필요로 한다(이를테면 GRW이론). 이 대안들은 전형적으로 현재 고려 중인 이론의 고전적인 한계에 대한 우리 경험으로부터 유도되며, 지금까지 양자 중력 이론을 찾는 데 실패한 것도 정확히 이런 경험 때문이다. 반면 다세계 이론은 추가적인 초구조superstructure에 의존하지 않는다. 궁극적으로 다세계 이론은 특정한 종류의 '물질stuff'에 관한 이론이 아니고, 단지 슈뢰딩거 방정식에 따라 진화하는 양자 상태에 관한 이론이다. 이는 보통의 상황에서는 추가 작업을 발생시킨다. 대체 왜 우리가 입자와 장으로 이루어진 세계를 관측하는지 설명해야 하기 때문이다. 그러나 독특한 양자 중력의 맥락에서는 그것이 장점이 된다. 어쨌든 그런 작업을 해야 하기 때문이다. 다세계 이론은 양자가 우선인 관점을 가진 이론으로, 만약 우리가 양자 중력 이론을 구축하는 정확한 출발점 역할을 할 고전 이론을 모른다면 선택할 수 있는 올바른 접근법이다.

o o o

양자 중력에 대해 더 알아보기 전에 기초 지식을 좀 더 쌓을 필요가 있다. 일반상대성 이론은 시공간에 대한 동역학 이론이다. 그러므로 이 장에서는 먼저 '공간'의 개념이 왜 그리 중요한지 물어야 한다. 그 답은 국소성locality 개념(사물들이 공간상 가까이 있을 때 상호작용하는 것)에 있다. 다음 장에서 공간에 퍼져나가는 양자장이 어떻게 국소성 원리를 구현하는지, 빈 공간의 본질에 관한 어떤 것을 가르쳐주는지 알아볼 것이다. 그리고 그다음 장에서 어떻게 양자 파동함수에서 공간 자체를 추출하는지 조사할 것이다. 마지막 장에서는 중력이 강해질 때, 중심 원리인 국소성 자체를 포기해야 한다는 것을 알게 될 것이다. 양자 중력의 신비는 국소성 아이디어의 장점과 단점 둘 다와 친밀하게 연결된 것처럼 보인다.

'국소성'을 두 가지 다른 의미로 사용해왔기 때문에, 이 개념을 사용할 때 조심해야 한다. 하나는 '측정 국소성measurement locality', 다른 하나는 '동역학적 국소성dynamical locality'이라고 부른다. EPR 사고실험은 양자 측정에 비국소적인 어떤 것이 있음을 보여주었다. 앨리스가 자신의 스핀을 측정하면, 밥이 그녀가 측정했다는 사실을 모를지라도, 멀리 떨어져 있는 밥이 자신의 스핀을 측정해 얻을 결과에 즉시 영향을 미친다. 벨의 정리는 구체적인 측정 결과를 보이는 모든 이론(기본적으로, 다세계 이론을 제외한 양자역학에 관한 모든 접근법)이 측정 비국소성의 특징을 가지고 있다는 것을 암시한다. 이런 의미에서 다세계 이론이 비국소적인지 아닌지는 우리의 파동함수 가지를 어떻게 정의하느냐에 달려 있다. 우리에게는 국소적인 선택이나 비국소적인 선택 어느 하나만 가능하며, 그곳에서는 분기가 단지 주변에서 일어나거나 혹은 공간 전체에 걸쳐 즉시 일어난다.

반면 동역학적 국소성이란, 측정이나 분기가 일어나지 않을 때 양자 상태가 연속적으로 진화하는 것을 말한다. 이것은 물리학자들이 모든 것을 완벽하게 국소화해, 한 장소의 요동이 바로 옆에 있는 사물에만 즉시 영향을 미칠 때 사용하는 용어이다. 이런 종류의 국소성은 어느 것도 빛보다 빨리 전파될 수 없다는 특수상대성 이론의 규칙 때문에 강화가 된다. 그리고 공간 자체의 본질과 창발에 관해 연구할 때 고려해야 할 것이 바로 이 동역학적 국소성이다.

이 점을 염두에 두고 소매를 걷어붙이고서 우리가 관측한 실체의 구조(우리는 공간에 위치한 물체들의 집단처럼 보이는 세계에 살고 있으며, 입자들은 이따금 양자 도약을 하는 것을 제외하고 대략 고전적으로 행동한다)가 어떻게 양자 파동함수로부터 나타나는지를 파볼 것이다. 에버렛의 양자역학은 다세계에 관한 이야기를 들려주지만, 이 이론의 가설들(파동함수, 연속적인 진화)은 '세계'에 대해 전혀 언급하지 않고 있다. 이 세계들은 어디에서 나오며, 왜 세계들은 대략 고전적인가?

결풀림을 얘기할 때, 양자계가 주위의 더 큰 환경과 얽히면서 여러 개의 '분리된' 복제물로 갈라진다는 점을 지적했다. 각 복제물에 무슨 일이 일어나든 다른 복제물에 일어나는 일에 간섭할 수 없기 때문이다. 하지만 이 때문에 결풀림이 일어난 파동함수가 분리된 세계들을 기술하는 것을 허용한다고(그렇게 생각할 필요는 없다) 잔소리하고 싶어도, 절대 그러지 말아야 한다. 이보다 더 좋은 방법은 없을까?

진실은 이렇다. 파동함수가 다세계를 기술한다고 우리가 생각하도록 강요하는 것은 어떤 것도 없다. 심지어 결풀림이 일어난 후에도 그러하다. 우리는 단지 전체로서의 파동함수에 관해서만 이야기할 수 있다. 전체 파동함수를 여러 세계들로 갈라지게 하는 것이 실제로 도움이 된다.

다세계 이론은 단일 수학적 대상인 파동함수를 이용해 우주를 기술한다. 일어날 일에 대한 물리적 통찰력을 제공하는 파동함수에 관해 이야기하는 많은 방법이 존재한다. 예를 들면 어떤 경우에는 위치로 이야기하는 것이 좋을 때가 있고, 다른 경우에는 운동량으로 이야기하는 것이 좋을 때가 있다. 마찬가지로 결풀림 이후의 파동함수가 다른 세계들의 집합을 기술한다고 이야기하는 것이 도움이 되는 경우가 많다. 각 가지에서 일어난 일이 다른 가지에서 일어난 일에 영향을 주지 않기 때문에 이 주장은 정당하다. 그러나 결과적으로 우리에게는 이런 표현이 편리하기는 하지만, 그것이 이론 자체가 주장하는 것은 아니다. 기본적으로 이 이론은 파동함수 전반에 대해서만 관심을 가진다.

비유컨대 당신 주위에 있는 방 속 모든 물질에 대해 지금 즉시 생각해보라. 방 안 모든 원자의 위치와 속도를 열거할 수는 있지만(이 순간에 대한 고전적인 근사치의 도움을 받는다), 그것은 미친 짓이다. 모든 정보에 접근할 수도 없고, 그런 정보를 가졌다 하더라도 이를 활용할 수 없으며, 사실 그런 정보가 필요하지도 않다. 대신 주위에 있는 물질을 덩어리로 나누어, 의자, 탁자, 전구, 바닥 등 유용한 개념의 집합으로 바꿀 수 있다. 이것은 모든 원자를 열거하는 것보다는 엄청나게 간결한 기술 방법이면서도, 여전히 무슨 일이 일어날지에 대해 많은 통찰력을 제공한다.

마찬가지로 양자 상태를 다세계의 면에서 특징짓는 것 역시 불필요하다. 그것은 우리에게 놀랄 정도로 복잡한 상황을 다룰 수 있는 엄청나게 유용한 도구를 제공할 뿐이다. 8장에서 앨리스가 주장했듯이, 세계는 근본적인 존재가 아니다. 그보다 세계는 창발한다 emergent.

이런 의미의 창발은, 병아리가 알에서 생겨나는 emerge 것과 같이, 시간에 따라 드러나는 사건을 말하고 있지 않다. 그것은 세계를 완전히 이해할 수는 없지만 실체를 좀 더 다루기 쉬운 덩어리들로 나눌 수 있음을 기술하는 방법이다. 방이나 바다 같은 개념을 물리학의 기초 법칙에서는 찾을 수 없다. 이들은 창발한다. 이들은 우리 주위에 있는 모든 원자와 분자들 각각에 대한 완벽한 정보를 갖고 있지 않을지라도, 어떤 일이 일어날지를 효율적으로 기술하는 방법이다. 어떤 것이 창발한다고 말하는 것은 그것이 어떤 (보통 거시적인) 수준에서 유효하며, 실체에 관한 근사적인 기술의 한 부분이라고 이야기하는 것이다. 이는 미시적인 수준에서 정확한 기술의 한 부분인 '근본적인' 사물들과는 대조된다.

'라플라스의 악마' 사고실험에서 무제한의 계산 능력 외에 모든 물리학 법칙과 세계의 정확한 상태를 알고 있는 엄청난 능력의 지능을 상상했다. 이 악마는 현재와 과거와 미래의 모든 것을 알고 있다. 그러나 우리 중 누구도 라플라스의 악마가 아니다. 실제로는 기껏해야 세계의 상태에 대한 부분적인 정보와 아주 제한된 계산 능력만을 갖고 있을 뿐이다. 한 잔의 커피를 볼 때, 누구도 원자 속 모든 입자를 볼 수 없다. 우리는 액체의 거시적인 속성과 컵만 볼 수 있다. 그러나 이것이 커피에 관한 유익한 토론을 하거나, 여러 상황에서 커피의 행동을 예측할 때 필요한 정보의 전부다. 커피 한 잔은 창발 현상의 한 가지 예다.

에버렛의 양자역학 속 세계에 대해서도 같은 이야기를 할 수 있다. 우주 양자 상태에 대한 정확한 지식을 가진 '라플라스의 악마' 양자 버전의 경우, 파동함수를 세계 집단을 기술하는 가지들의 집합으로 나눌 필요가 전혀 없다. 그러나 그렇게 하는 것이 엄청난 편리함과 도움을 주며, 개별 세계들이 상호작용하지 않기 때문에, 이런 편리함을 허용하는 것이 유리하다.

이는 세계가 '실제real'가 아니라는 의미가 아니다. '근본적인 것' 대 '창발하는 것'이라는 구별은 '실제' 대 '비실제'라는 구별과 완전히 별개다. 의자와 탁자와 커피는 우주에 있는 실제 패턴을 기술하고 있기 때문에, 의심의 여지없이 실제이다. 에버렛주의자의 세계들에 대해서도 똑같이 말할 수 있다. 우리는 편의상 파동함수를 조각내 나눌 때 이들을 언급하지만, 그렇다고 무작위로 조각내 나누지는 않는다. 파동함수를 가지로 나누는 방법에는 옳은 방법과 잘못된 방법이 있으며, 옳은 방법의 경우 근사적으로 고전물리학 법칙을 따르는 독립적인 세계를 남긴다. 결국, 어느 방법이 실제로 작동하느냐를 결정하는 것은 자연의 기본 법칙이지 인간의 변덕이 아니다.

o o o

창발은 물리계의 일반적인 속성이 아니다. 완벽한 기술에 필요한 정보보다 훨씬 적은 정보를 가지고 있지만, 그럼에도 불구하고 앞으로 일어날 일에 대한 유용한 도구를 제공하는 계를 기술하는 특수한 방법이 존재할 때, 창발 현상이 일어난다. 실체를 탁자와 의자와 파동함수의 가지 등으로 조각내 나누어 기술하는 것이 의미가 있는 이유가 이것이다.

태양 주위를 도는 행성들을 생각해보자. 지구와 같은 행성은 대략 10^{50}개의 입자를 갖고 있다. 심지어는 고전적 수준에서 지구의 상태를 정확히 기술하려면, 이 모든 입자의 위치와 운동량을 나열해야 하는데, 이것은 슈퍼컴퓨터의 능력을 극단적으로 가정하더라도 이 능력을 초월한다. 다행히 만약 우리가 지구의 궤도에만 관심을 가진다면, 이 정보의 아주 많은 부분이 불필요하다. 그 대신 우리는 지구를 하나의 점으로 이상화할 수 있는데, 이 점은 지구의 질량 중심에 위치하고 전체 운동량이 지구와 동일하다. 이 이상화된 점의 상태는 위치와 운동량으로 주어지며, 이 아주 작은 양의 정보(위치와 운동량에 각각 세 개씩 모두 여섯 개의 숫자. 모든 입자의 위치와 운동량에 해당하는 6×10^{50}개의 숫자와 대조된다)가 지구 궤도의 계산에 필요한 전부다. 이것이 바로 창발로서, 자세하게 기술하는 대신 훨씬 적은 정보를 사용해 계의 중요한 속성을 갈무리하는 방법이다.*

흔히 창발이 사용하기에 얼마나 '편리'한지를 이야기하지만, 그렇다고 해서 인간 중심의 어떤 일이 일어난다고 생각하지 말아야 한다. 심지어 탁자와 의자와 행성에 관해 이야기하는 사람이 아무도 없더라도, 이들은 여전히 존재한다. '편리'란 객관적인 물리적 성질을 가리키는 속기법이다. 이 경우 계를 규정하는 데 필요한 전체 정보의 작은 부분만을 필요로 하는 계의 정확한 모형이 존재한다.

창발은 자동으로 일어나지 않는다. 창발은 특별하며 귀중한 것으로, 창발이 일어날 때 엄청난 단순화가 가능하다. 지구에 속한 10^{50}개의 입자의 위치를 모두 알지만 이들의 운동량은 모른다고 가정해보자. 우리는 엄청난 양의 정보(필요한 전체 정보의 절반)를 갖고 있지만, 지구가 다음에 어디로 움직일지 예측할 가능성은 정확히 0이다. 엄밀하게 말하자면, 지구의 한 입자만 빼고 모든 입자의 운동량을 안다고 할지라도, 지구가 다음에 어떤 행동을 할지 말할 수 없다. 이 단일 입자가 다른 모든 입자의 운동량을 합친 만큼의 운동량을 가질 수도 있기 때문이다.

---

* 불행하게도 경쟁 관계에 있는 '창발emergence'이라는 단어의 정의가 존재한다. 일부 정의는 여기서 정의한 것과 상반된다. 때로 그런 문헌에서는 우리의 정의를 "약한 창발"이라고 부른다. 이것은 전체를 부분의 합으로 단순화할 수 없다는 "강한 창발"과 대비된다.

이것은 물리학에서 흔히 접할 수 있는 상황이다. 많은 부분으로 구성된 계가 다음에 어떤 행동을 할지 정확히 예측하기 위해서는 모든 부분의 정보를 계속해서 추적해야 한다. 정보를 조금만 잃어도 아무것도 알 수 없다. 반대 상황이 벌어질 때 창발이 일어난다. (어느 정보를 조금 남겨야 할지 정확히 알고 있다면) 정보를 조금만 남기고 거의 전부를 잃더라도, 여전히 어떤 일이 벌어질지 아주 잘 이야기할 수 있다.

많은 입자로 구성된 대상의 질량 중심의 경우, 창발을 기술하기 위해 우리가 가진 정보의 종류는 초기에 알고 있던 종류(즉 위치와 운동량)와 정확히 같으며, 정보량은 이보다 훨씬 적다. 그러나 창발은 이보다 더 미묘할 수 있다. 즉 창발을 기술하는 것이 우리의 출발점과 완전히 다를지도 모른다.

방 안 공기에 대해 생각해보자. 공간을 변의 길이가 대략 1밀리미터인 작은 상자들로 나눈다고 상상해보자. 각 상자 속에는 여전히 엄청난 개수의 분자가 담겨 있다. 그러나 각 분자의 상태를 추적하는 대신, 각 상자의 밀도, 압력, 온도 같은 평균 물리량들을 추적한다. 공기가 어떻게 행동할지 정확히 예측하는 데 필요한 정보가 이것들임이 밝혀졌다. 창발 이론은 분자 집단이 아닌 다른 종류의 것, 즉 액체를 기술하지만, 이 액체 기술 방법은 공기를 높은 정확도로 충분히 기술한다. 공기를 액체로 취급하면, 공기를 입자 집단으로 취급할 때에 비해 훨씬 적은 양의 데이터가 필요하다. 말하자면 액체 기술 방법은 창발한다.

에버렛의 다세계 역시 같은 방식을 따른다. 단지 개별 세계에서 어떤 일이 일어날지에 대한 쓸 만한 예측을 하기 위해, 전체 파동함수를 추적할 필요가 없다. 고전역학을 사용해 각 세계에서 일어나는 일을 근사적으로 잘 예측할 수 있으며, 중첩으로 미시적인 계와 얽힐 때만 간간이 양자역학이 관여하면 된다. 우주의 양자 상태를 완벽하게 모를지라도, 뉴턴의 중력 법칙과 운동 법칙만으로 달까지 날아가는 로켓을 다루기 충분한 것은 이 때문이다. 우리의 개별적인 파동함수의 가지는 창발하는 거의 고전적인 세계를 기술할 수 있다.

분리된 세계를 기술하는 파동함수의 가지는 다세계 이론의 가설에서 언급되지 않았다. 입자와 힘의 핵심 이론에서 거론한 탁자와 의자와 공기 역시 마찬가지로 언급되지 않았다. 철학자 대니얼 데닛이 이야기한 것을 데이비드 월리스가 양자역학적 문장으로 바꿔 말했듯이, 각 세계는 근원적인 동역학 속에 들어 있는 "실제 패턴real pattern"을 포착하는 창발적 특징이다. 실제 패턴은 포괄적인 미시적 기술에 호소하지 않고서도 세계를 이야기하는 정확한 방법을 알려준다. 일반적으로 이것이 창발 패턴을 만들며, 특히 에버렛의 다세계는 의심의 여지없는 실제이다.

o o o

파동함수의 가지가 창발 세계를 생각하는 데 유용하다고 믿는다면, 왜 특별히 이런 세계 집합이어야 하는지 궁금해질 것이다. 왜 우리는 공간에서 다른 위치의 중첩 상태에 있지 않고 아주 잘 정의된 위치에 놓인 거시적인 대상들을 보게 되는 것일까? 왜 '공간'이 이런 중심적 개념이 되었을까? 양자역학 입문 교과서들은 때때로 물체 크기가 아주 크게 되면, 고전적인 행동을 피할 수 없다는 인상을 준다. 그러나 이것은 말이 안 된다. 모든 종류의 기묘한 중첩 상태에 있는 거시적인 대상을 기술하는 파동함수를 상상하는 데 아무 어려움이 없다. 정답은 더 흥미롭다.

위치에 대한 우리 생각을 운동량에 대한 우리 생각과 비교함으로써, 공간의 특수성을 이해할 수 있다. 아이작 뉴턴이 처음으로 고전역학의 방정식을 적었을 때, 위치가 우월적인 역할을 담당한 것이 분명한 반면, 속도와 운동량은 모두 유도된 물리량이었다. 위치는 '공간상 어디에 있는지'인 반면, 속도는 '공간에서 얼마나 빨리 움직이는지'를 의미하고, 운동량은 질량에 속도를 곱한 것이다. 공간이 가장 주된 것처럼 보인다.

그러나 더 깊이 들여다보면, 위치와 운동량의 개념이 처음 보았을 때보다 더 동등한 지위를 가지는 것을 알 수 있다. 아마 놀랄 것도 없을 것이다. 결국, 위치와 운동량은 함께 고전적인 계의 상태를 정의하는 두 물리량이다. 사실 해밀턴의 고전역학에서는 위치와 운동량이 구체적으로 같은 지위를 가진다. 이런 사실이 표면상으로는 분명하게 드러나지 않는 어떤 근원적인 대칭성을 반영하는 것일까?

우리 일상생활에서 위치와 운동량은 아주 달라 보인다. 수학자들이 "모든 가능한 위치들의 공간"이라고 부르는 것을 우리는 그냥 "공간"이라고 부른다. 우리가 사는 세계는 3차원 세계이다. "모든 가능한 운동량의 공간" 또는 "운동량 공간" 역시 3차원 공간이지만, 이 공간은 외관상 추상적인 공간이다. 운동량 공간에 우리가 사는 것을 아무도 믿지 않는다. 왜 그럴까?

공간을 특별하게 만드는 속성은 국소성이다. 다른 대상이 공간에서 근처에 있을 때, 이들 사이에 상호작용이 생긴다. 두 당구공이 같은 위치에서 만나면, 서로 반발한다. 입자들이 같은(또는 반대의) 운동량을 가지면, 아무 일도 일어나지 않는다. 두 공이 같은 위치에 있지 않다면, 그냥 운동을 계속한다. 이것은 물리학 법칙의 필수 속성이 아니다. 이를테면 이런 일이 생기지 않는, 다른 가능한 세계를 상상할 수 있다. 그러나 이것이 우리 세계에서는 아주 잘 성립되는 물리학 법칙이다.

당구공의 도비(물체가 물수제비뜨는 돌멩이처럼 튕기면서 나는 것-옮긴이)는 고전적인 현상이지만, 양자역학에서도 같은 논의를 할 수 있다. 기본적인 양자역학 역시 위치와 운동량을 동일하게 취급한다. 우리는 파동함수를 '입자가 있을 수 있는 모든 장소에 복소수 진폭을 부여하는 것'이라고 표현할 수 있다. 또는 '입자가 취할 수 있는 모든 운동량에 복소수를 부여한다'고 표현할 수도 있다. 같은 근원적인 양자 상태를 기술하는 이 두 가지 방법은 서로 동등한데, 불확정성 원리를 논의할 때 보았듯이, 같은 정보를 다른 방식으로 표현하고 있는 것이다.

여기에는 심오한 의미가 있다. 앞서 명확한 운동량을 가진 파동함수는 사인파처럼 보인다고 이야기했다. 그러나 이 말은 위치의 면에서 그렇게 보인다는 것으로, 위치라는 말은 우리가 자연적으로 사용하는 언어이다. 운동량으로 표현하면, 같은 양자 상태는 특별한 운동량에 위치한 스파이크(뾰족한 못 모양—옮긴이)처럼 보인다. 명확한 위치를 가진 상태는 모든 운동량에 퍼져 있는 사인파처럼 보인다. 이것은 실제로 중요한 것이 '양자 상태'라는 추상적인 개념이지, 위치 또는 운동량 어느 하나로 파동함수를 구체적으로 보여주는 것이 아님을 암시한다.

우리의 특정 세계에서 계들이 공간상 가까이 있을 때, 상호작용이 일어나 다시 한 번 대칭성이 깨어진다. 이것이 동역학적 국소성이 하는 일이다. 양자 상태만이 근본적이고 나머지는 창발하는 것으로 여기는 다세계 이론의 관점에서, 이것은 우리가 생각을 달리해야 한다는 것을 의미한다. 즉 '공간상 위치'는 상호작용을 국소적으로 보이게 하는 변수이고, 공간은 기본적인 변수가 아니다. 공간은 단지 근원적인 양자 파동함수에서 무슨 일이 일어나는지를 체계화하는 방법이다.

o o o

이런 견해는 왜 에버렛의 파동함수를 근사적으로 고전적인 세계의 집합으로 자연스럽게 나눌 수 있는지 이해하는 데 도움이 된다. 이 주제는 선호하는 기저 문제preferred-basis problem라고 알려져 있다. 다세계 이론은 일반적으로 거시적인 대상이 아주 다른 위치에 있는 것과 중첩해 있는 상태를 포함해 모든 종류의 중첩을 우주 파동함수가 기술한다는 사실에 근거를 두고 있다. 그러나 중첩 상태에 있는 의자나 볼링공을 절대 볼 수 없다. 우리가 경험한 바에 의하면, 이들은 항상 명확한 장소에 위치한 것처럼 보이며, 이들의 운동은 근사적으로 고전역학의 규칙을 아주 잘 따른다. 왜 지금까지 우리가 본 상태들이 거시적인 중첩과는 관련이 없을까? 많은 구별되는 세계들의 조합으로 파동함수를 적을 수 있지만, 왜 파동함수를 특히 '이런' 세계들로 나누는 것일까?

연구자들이 여전히 세부사항을 다듬고 있지만, 1980년대에 결풀림을 사용해 답을 찾아냈다. 이 답을 이해하려면, 오래된 사고실험인 슈뢰딩거의 고양이로 눈을 돌리는 것이 좋다. 밀폐된 상자 속에 고양이와 수면 가스가 든 용기가 들어 있다. 슈뢰딩거의 원래 시나리오에서는 독을 사용했지만(슈뢰딩거의 딸 루스는 "아버지가 고양이를 싫어했기 때문이라고 생각해요"라고 회상했다) 굳이 고양이를 죽일 필요는 없다.

가이거 계수기와 같은 탐지기가 방사능 입자를 감지해 딸깍 소리를 낼 때, 실험자가 용수철을 작동시켜 용기를 열고 가스를 방출해 고양이를 잠들게 한다. 탐지기 옆에는 방사능 물질이 있다. 매초 방사능 입자가 방출되는 양을 알고 있으므로, 가이거 계수기가 딸깍 소리를 내고 일정 시간이 지난 후 망치가 내려올 확률을 계산할 수 있다.

방사능 방출은 기본적으로 양자 과정이다. 그냥 간헐적이고 무작위적인 입자 방출 과정이라고 하지만, 실제로 이 과정은 방사능 물질 속 원자핵의 파동함수가 연속적으로 진화하는 과정이다. 각 원자핵은 순수한 비붕괴 상태에서 (비붕괴) + (붕괴)의 중첩 상태로 진화하며, 시간이 지남에 따라 (붕괴) 상태가 점차 증가한다. 탐지기가 파동함수를 직접 특정하지 않기 때문에, 이 방출은 무작위적으로 보인다. 수직 슈테른-게를라흐 자석이 위 스핀 또는 아래 스핀만을 볼 수 있듯이, 탐지기는 (비붕괴) 또는 (붕괴) 어느 하나만을 본다.

사고실험의 요지는 미시적인 양자 중첩을 명백한 거시적인 상황으로 증폭하는 것이다. 탐지기가 딸깍 소리를 낼 때 이런 일이 일어난다. 수면 가스와 고양이가 하는 일은 양자 중첩을 더 생생하게 거시적인 세계로 증폭하는 것이다('얽힘entanglement'이란 단어, 또는 독일어 단어 Verschränkung은 슈뢰딩거가 아인슈타인과 서신 교환을 하면서, 그의 고양이를 기술하기 위해 양자역학에 처음 도입했다).

슈뢰딩거의 사고실험은 측정 문제에 대한 교과서적 접근법의 맥락에서 제기되었는데, 해당 문제 상황에서는 말 그대로 파동함수를 관측할 때 파동함수가 붕괴한다. 슈뢰딩거는 상자를 닫은 채 (내부를 들여다보지 않고) 놓아둔다고 상상해보자고 말한다. 파동함수가 '적어도 한 원자핵이 붕괴하는 것'과 '원자핵이 전혀 붕괴하지 않는 것'이 같은 확률로 중첩된 상태로 진화할 때까지 상자를 닫아놓는다. 이 경우 탐지기, 가스, 고양이의 파동함수들은 모두 '탐지기가 딸깍 소리를 내고, 가스가 방출되어 고양이가 잠든다'와 '탐지기가 딸깍 소리를 내지 않고, 가스가 여전히 용기 안에 있어 고양이가 깨어 있다'가 같은 확률로 중첩된 상태로 진화할 것이다. 슈뢰딩거는 분명히 물을 것이다. 상자를 열 때까지 그 속에 깨어 있는 고양이와 잠든 고양이가 중첩되어 있다는 사실을 심각하게 믿는 사람은 없겠지?

그것에 관해 말하자면, 슈뢰딩거가 옳다. 일단 우리가 양자 동역학에 관해 에버렛의 관점을 취한다면, 파동함수가 같은 확률의 두 가지 가능성, 즉 고양이가 잠들어 있을 가능성과 고양이가 깨어 있을 가능성의 중첩으로 자연스럽게 진화한다는 것을 받아들일 것이다. 그러나 결풀림이 또한 우리에게 말해주는 것이 있으니, 바로 고

양이가 상자 속에 있는 모든 공기 분자와 광자로 구성된 환경과 얽혀 있다는 것이다. 탐지기가 딸깍 소리를 내자마자, 효율적인 분기가 일어나 여러 세계로 분리된다. 실험하는 사람이 상자를 열면, 파동함수의 가지 두 개가 존재하게 된다. 가지마다 고양이 한 마리와 실험하는 사람 한 명이 존재하고, 중첩은 존재하지 않는다.

이로써 슈뢰딩거가 원래 걱정했던 문제는 해결되었지만 또 다른 문제가 생긴다. 상자를 열 때, 왜 깨어 있는 고양이 상태 또는 잠든 고양이 상태 중 어느 하나만이 특정한 결풀림 양자 상태로 가능할까? 왜 두 상태의 중첩을 볼 수 없을까? '깨어 있음'과 '잠듦' 모두 전자의 '위 스핀'과 '아래 스핀'처럼 고양이계의 한 가지 가능한 기저basis를 나타낼 뿐이다. 왜 이 기저가 다른 기저보다 더 선호되는 것일까?

문제가 되는 물리적 과정은 고려 대상인 물리계와 상호작용하는 환경 속에 있는 물질(기체 분자, 광자)에서 일어난다. 특정한 입자가 실제로 고양이와 상호작용하는지, 또는 하지 않는지는 고양이가 있는 곳에 달려 있다. 광자는 상자 속을 배회하는 깨어 있는 고양이에게

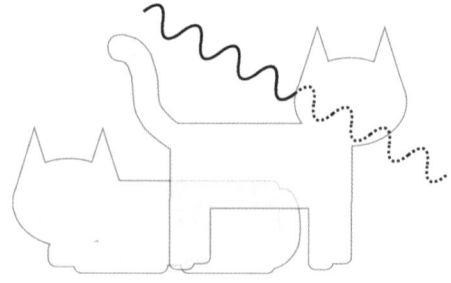

자고 있는 고양이가 아니라, 깨어 있는 고양이에 흡수된 광자

는 아주 잘 흡수될 테지만, 상자 바닥에서 자고 있는 고양이는 완전히 비껴갈 것이다.

'깨어 있음'/'잠듦' 기저의 특별한 점은 무엇일까? 달리 말해 개별 상태란, 잘 정의된 공간 속의 배열을 기술하는 것인가? 공간은 물리적 상호작용이 국소적이라는 것을 나타내는 물리량이다. 한 입자가 고양이와 물리적 접촉을 하면, 이 입자가 고양이와 부딪친다. 고양이 파동함수의 두 부분, '깨어 있음'과 '잠듦'이 환경 속의 다른 입자들과 접촉하면서, 다른 세계로 분기한다.

이것이 바로, 왜 우리가 특정 세계만을 보는지에 대한 기본적인 답이다. 선호된 기저 상태들은 공간상에서 결이 맞는 대상들을 기술하는데, 이는 그런 대상들이 환경과 늘 상호작용하기 때문이다. 또한 이들을 흔히 바늘 상태pointer state라고 부르는데, 그 까닭은 이들이 중첩 상태에 있지 않고 거시적인 측정 기기의 바늘이 특정한 값을 가리키게 하는 그런 상태에 있는 탓이다. 바늘 기저는 고전적인 근사로 잘 정의되기 때문에, 창발 세계를 정의하기에 적합한 종류의 기저이다. 결풀림은 궁극적으로 에버렛 양자역학의 극도의 단순함과 우리가 보는 세계의 혼란스러운 독특함을 연결해주는 현상이다.

12장

진동의 세계
양자장 이론

아인슈타인이 사용한 형용사 "기괴한"을 수정하여 흔히 "원격작용"이라고 표현한다. 이 용어는 흔히 양자 얽힘과 EPR 퍼즐을 논의할 때 등장한다. 그러나 이 아이디어는 그보다 훨씬 더 오래되었으며, 적어도 아이작 뉴턴과 그의 중력 이론으로 거슬러 올라간다.

뉴턴은 고전역학의 기본 구조를 구축한 것만으로도 역사상 가장 위대한 물리학자 후보로 꼽혔을 것이다. 뉴턴에게 왕관을 씌워야 하는 이유는 그가 훨씬 더 많은 일을 했다는 데 있다. 미적분학을 발명한 작은 일도 여기에 포함된다. 하지만 사람들 대부분은 멋진 가발을 쓴 뉴턴의 초상화를 볼 때 여전히 뉴턴의 중력 이론을 생각한다.

뉴턴의 중력 이론은 유명한 역제곱 법칙으로 요약할 수 있다. 즉 두 물체 사이의 중력은 각 물체의 질량에 비례하고, 이들 사이의 거리 제곱에 반비례한다. 따라서 달을 지구로부터 두 배 멀리 이동시키면, 둘 사이의 중력은 4분의 1로 줄어든다. 뉴턴은 이런 간단한 규칙을 사용하여 행성들이 자연적으로 태양 주위를 타원 궤도로 움직인다는 것을 보여주었으며, 요하네스 케플러가 수년 전 발견한 경험적인 관계식을 확인시켜주었다.

그러나 뉴턴은 사실 자신의 이론에 절대 만족하지 않았다. 왜냐하면 정확히는 중력 이론이 원격작용을 내포하고 있기 때문이었다. 두 물체 사이의 힘은 각 물체가 위치한 곳에 의존하며, 한 물체가 이동할 경우에는 중력의 방향이 순간적으로 우주의 모든 공간에서 변화해야 한다. 그런데 이런 변화를 매개할 것이 물체 사이에 존재하지 않았다. 즉 이런 일이 그냥 일어나야 한다. 이 문제가 뉴턴을 괴롭혔다. 이것이 비논리적이거나 관측과 모순되기 때문이 아니고, 말하자면 그냥 잘못인 것처럼 보였기 때문이다.

> 물질이 아닌 다른 어떤 것의 매개 없이, 생명이 없는 야수적인 물질이 작용하여 상호 접촉하고 있지 않은 다른 물질에 영향을 미친다는 것을 상상조차 할 수 없다. (…) 특정 법칙에 따라 계속해서 작용하는 요인에 의해 중력이 발생해야 한다. 그러나 그 요인이 물질인지, 비물질인지는 독자들의 생각에 맡긴다.

사실 이처럼 중력이 작용하게 하는 "요인$_{agent}$"이 존재하며, 이 요인은 완벽하게 물질이다. 바로 중력장이 그것이다. 이런 개념을 처음으로 도입한 사람은 피에르 시몽 라플라스였다. 그는 중력이 무한히 먼 거리를 신비로운 도약을 통해 전달되는 것이 아니라, 중력 퍼텐셜장이 중력을 전달한다고 뉴턴의 중력 이론을 다시 썼다. 그러나 중력의 변화는 여전히 모든 공간에서 순간적으로 일어난다. 중력장의 변화가 전자기장의 변화처럼 광속으로 공간에 퍼져나간다는 것을 증명한 것은 아인슈타인이 일반상대성 이론을 발표한 이후다. 일반상대성 이론은 라플라스의 중력 퍼텐셜장을 바꾸어, 시공간의 곡률을 규정짓는 수학적으로 복잡한 방식인 '계량$_{metric}$'장으로 만들었지만, 중력장이 모든 공간에 퍼져 있다는 일반적인 생각은 바뀌지 않았다.

장이 힘을 전달한다는 생각은 개념적으로 매력적인데, 이것이 국소성이라는 생각을 증거하고 있기 때문이다. 지구가 움직일 때, 지구의 중력 방향은 우주 공간에서 순간적으로 변하지 않는다. 그보다 지구 중력장이 지구가 위치한 곳에서 즉시 변하고, 이 점의 중력장이 근처 중력장을 끌어당기고, 다시 이 중력장이 조금 더 먼 곳의 중력장을 끌어당기는 일이 광속으로 움직이는 파동처럼 연속해서 일어난다.

현대물리학은 이 생각을 문자 그대로 우주에 있는 모든 것으로 확장했다. 장의 집합에서 출발해 이를 양자화하는 것으로 '핵심 이론'이 만들어졌다. 전자와 쿼크와 같은 입자들조차 실제로는 양자장의 진동이다. 이것은 그 자체로도 멋있는 이야기이지만 이 장의 목표는 조금 더 단순하다. 즉 양자장 이론에서의 '진공', 그러니까 공간에 해당하는 양자 상태를 이해하는 것이다(이 책 뒤에 있는 부록에서 실제 입자들의 상태에 대해 간단히 논의하고 있다). 공간 자체의 양자 창발에 관해서는 나중에 다루고, 지금은 따분해도 관례에 따르려 한다. 여기서 우리는 이미 존재하고 있는 공간 속에서 고전적인 장 이론을 양자화하여 양자장 이론을 얻는다고 생각할 것이다.

우리가 앞으로 배울 내용 가운데 하나는 얽힘이 양자입자 이론에서보다 양자장 이론에서 더 중심 역할을 담당하게 된다는 것이다. 입자가 우리의 주요 관심사라면, 물리적 상황에 따라 얽힘이 중요할 수도 있고 그렇지 않을 수도 있다. 전자 두 개가 얽혀 있는 상태를 만들 수 있지만, 전자 두 개가 전혀 얽혀 있지 않은 흥미로운 상태도 아주 많다. 이와 대조적으로 장 이론에서 모든 물리적으로 흥미로운 상태는 본래 엄청난 양의 얽힘을 가진 상태이다. 아주 단순하게 여기는 빈 공간조차, 양자장 이론에서는 얽혀 있는 진동들의 복잡한 집합으로 기술된다.

o o o

양자역학이 처음 시작된 건, 플랑크와 아인슈타인이 전자기파는 입자와 같은 성질을 갖고 있다고 주장하면서부터다. 그 후 보어, 드브로이와 슈뢰딩거는 입자가 파동성을 가질 수 있다는 제안을 했다. 그러나 여기서 '파동성waviness'에는 두 종류가 존재하며, 이 둘을 구별하는 데 조심할 필요가 있다. 한 종류의 파동성은 입자에 대한 고전 이론에서 양자 이론으로 전환할 때 등장한다. 다른 종류의 파동성은 고전적인 장 이론에서 나타나는데, 이때는 심지어 양자역학이 등장하기도 전이다. 고전 전자기학 또는 아인슈타인의 중력 이론이 이 경우에 해당한다. 고전 전자기학과 일반상대성 이론은 모두 장(따라서 파동) 이론이지만, 모두 완벽한 고전 이론이다.

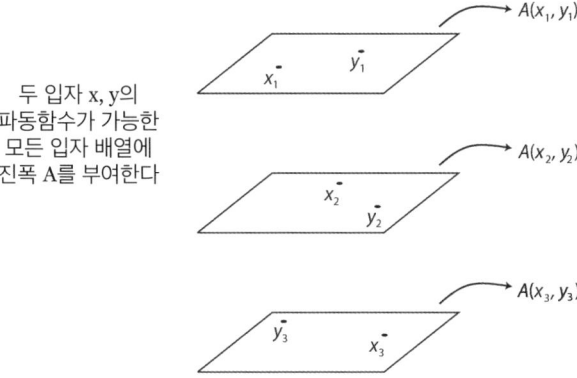

두 입자 x, y의 파동함수가 가능한 모든 입자 배열에 진폭 A를 부여한다

양자장 이론의 경우, 고전적인 장 이론에서 출발하여 이것의 양자 버전을 구축한다. 한 입자가 어떤 위치에 있을 확률을 말해주는 파동함수 대신, 공간에 퍼져 있는 장의 특정 배열의 확률을 말해주는 파동함수를 얻게 된다. 이것을 파동의 파동함수라고 불러도 좋다.

고전 이론을 양자화하는 방법은 많지만, 가장 직접적인 방법은 우리가 이미 취했던 방법이다. 입자 집단을 생각하고 "이 입자들이 어디에 위치할 수 있을까?"라고 물어보자. 각 개별 입자에 대한 이 질문의 답은 간단히 "공간의 어느 점이라도 가능하다"이다. 따라서 단일 입자만 존재한다면, 파동함수는 공간 속의 모든 점에 진폭을 부여해야 한다. 그러나 입자가 몇 개 있을 경우에는 각 입자가 각기 분리된 파동함수를 가질 수 없다. 모든 입자가 동시에 위치할 곳들의 모든 가능한 집합에 대해 다른 진폭을 부여하는 하나의 거대한 파동함수가 존재한다. 이것이 얽힘이 일어나는 방식이다. 입자의 모든 배열에 대해 진폭을 제곱하면, 동시에 거기서 이 입자들을 관측할 확률을 얻을 수 있다.

장의 파동함수가 가능한
모든 장의 배열에
진폭 A를 부여한다

장에 대해서도 동일하다. "입자의 가능한 배열"을 "장의 가능한 배열"로 대체하면 된다. 여기서 '배열configuration'은 전체 공간 속 각 점에서의 장의 값을 의미한다. 이 파동함수는 모든 가능한 장의 배열을 고려하여 각각에 진폭을 부여한다. 모든 곳에서 한 번에 장을 관측할 수 있다고 상상하면, 어떤 특정한 장의 모양을 얻을 확률은 이 배열에 부여한 진폭의 제곱과 같을 것이다.

이것이 고전적인 장과 양자 파동함수의 차이다. 고전적인 장은 공간 함수이고, 많은 장을 가진 고전 이론은 서로 겹쳐 있는 여러 공간 함수들을 기술한다. 양자장 이론의 파동함수는 공간 함수가 아니고, 모든 고전적인 장이 가질 수 있는 모든 배열 집합의 함수이다(핵심 이론에서는 중력장, 전자기장, 여러 아원자 입자들의 장 등을 포함한다). 까다로운 성격의 야수이긴 하지만, 물리학자들은 이 야수를 이해하고 심지어는 귀여워하는 방법을 배웠다.

이 모든 것은 묵시적으로 양자역학의 다세계 버전을 가정하고 있다. 결풀림과 분기에 대해 전혀 이야기하지 않지만, 우리가 진짜로 필요로 하는 것은 양자 파동함수와 적절한 버전의 슈뢰딩거 방정식이 전부임을 당연하게 여긴다. 그리고 나머지는 스스로 알아서 진행된다. 이것은 정확히 에버렛이 예측한 상황이다. (사람들이 때때로 "슈뢰딩거 방정식"이라고 말할 때, 이는 특히 원래 슈뢰딩거가 이야기한 버전을 의미한다. 이 버전은 비상대론적 입자에 대해서만 적절하지만, 상대론적 양자장이나 해밀토니안을 가진 다른 계에도 적용할 수 있는 적절한 버전을 만드는 것은 그리 어렵지 않다.) 다른 이론에서는 흔히 파동함수의 자발 붕괴를 설명해줄 추가적인 변수나 규칙이 필요하다. 장 이론으로 눈을 돌리면, 이런 추가적인 요소가 무엇인지 불분명해진다.

o o o

만약 양자장 이론이 세계를 고전적인 장 배열의 파동함수라고 기술한다면, 이것은 파동성 위에 파동성을 쌓은 것처럼 보인다. 얼마만큼 파동적인 것이 가능한지 묻는다면, 대답은 "이보다 더 파동적인 것은 없다"이다(영화 〈이것이 스파이널 탭이다〉의 등장인물인 나이젤 터프넬의 대사를 차용했다). 그리고 예를 들어 스위스 제네바에 있는 대형 강입자 충돌기의 탐지기에서 양자장을 관측할 때, 우리는 아직 질점point-like object(그것을 가진 실제 물체를 편의상 물체와 같은 질량을 가진 점으로 취급하는 개념—옮긴이)과 같은 대상의 경로를 나타내는 개별적인 궤적을 보게 되지, 파동처럼 퍼져 있는 구름을 보게 되지는 않는다. 어쨌든 파동을 기술하려고 했지만 다시 입자로 돌아왔다.

입자로 되돌아간 이유는 원자 속 전자에 대해 불연속적인 에너지를 보게 되는 이유와 같다. 스스로 공간 속에서 움직이는 전자는 어떤 에너지라도 가질 수 있지만, 원자핵의 인력이 작용하는 주위에서는 전자가 상자 속에 갇혀 있는 것처럼 행동한다. 즉 원자에서 멀리 떨어지면 파동함수가 0이 된다. 양 끝이 묶여 있지만 그 사이에서는 자유로이 움직일 수 있는 줄처럼, 파동함수도 그렇게 묶여 있다고 생각할 수 있다. 이런 상황에서 묶인 줄의 진동 패턴은 불연속적이다. 마찬가지로 전자의 파동함수 역시 에너지 준위가 불연속적이다. 계의 파동함수가 먼large / 아주 먼faraway / 극단적으로 먼extreme 배열에 대해 0으로 가는, 그런 '묶여 있는' 상태에 있다면, 이 파동함수의 에너지 준위는 항상 불연속적이 된다.

장 이론으로 되돌아가서, 아주 간단한 장 배열인 전체 공간에 퍼져 있는 사인파를 생각해보자. 이런 배열을 장의 모드mode라고 부른다. 어떠한 배열이라도 다른 파장을 가진 많은 모드의 조합으로 생각할 수 있기 때문에, 모드는 편리한 사고 도구이다. 이 사인파는 에너지를 갖고 있으며, 파동의 높이가 크면 클수록 에너지도 급격히 증가한다. 이 장의 양자 파동함수를 만들어보자. 장의 에너지가 파동의 높이에 따라 증가하기 때문에, 아주 높은 에너지를 가진 파동의 확률이 너무 커지지 않도록, 파동의 높이가 증가함에 따라 파동함수가 급격히 감소해야 한다. 사실상 큰 에너지에서 파동함수는 묶여 있어야 한다(파동함수가 0이 되어야 한다).

그 결과 진동하는 줄이나 원자 속 전자처럼, 양자장이 진동하는 경우 에너지 준위는 불연속적이다. 실제로 장의 모든 모드는 최저 에너지 상태, 또는 다음 에너지 상태, 또는 그다음 에너지 상태 등에 머물게 된다. 최소 에너지 파동함수에서는 모든 단일 모드가 최저 에너지를 가진다. 이것은 하나뿐인 상태로 진공vacuum이라고 부른다. 양자장 이론가들이 진공을 이야기할 때 이들은 바닥에서 먼지를 제거하는 기계나 물질이 없는 행성 사이의 공간을 얘기하는 게 아니다. 이들이 말하는 진공은 '양자장 이론의 최저 에너지 상태'이다.

양자 진공을 비어 있는 지루한 것으로 생각할지 모르겠다. 그러나 사실은 야생의 장소이다. 원자 속 전자는 최저 에너지를 갖고 있지만, 이것을 전자 위치의 파동함수로 생각하면, 이 파동함수는 여전히 흥미로운 모양을 가질 수 있다. 마찬가지로 이 장의 개별적인 부분에 관해 물으면, 장 이론의 진공은 여전히 흥미로운 구조를 가질 수 있다.

다음 에너지 준위는 각 모드의 다음 최고 에너지에서 만들어지기 때문에 조금 더 복잡하다. 이 에너지 준위는 조금 더 자유롭다. 대부분 짧은 파장 모드인 상태가 존재할 수 있고, 또는 대부분 긴 파장 모드인 상태도 존재할 수 있으며, 이들의 조합도 가능하다. 이들에 공통적인 것은 각 모드가 최소 에너지보다 조금 더 큰 에너지를 가진 '제1 흥분 상태first excited state'에 있다는 것이다.

모두를 종합해보면, 양자장 이론의 제1 흥분 상태 파동함수는 위치가 아닌 운동량의 함수로 표현했을 때, 단일 입자의 파동함수와 정확히 같아 보인다. 일반적으로 입자 파동함수에는 다른 운동량에 해당하는 다른 파장들이 기여를 한다. 관측을 할 때 이러한 종류의 상태가 입자처럼 행동한다는 것이 가장 중요하다. 즉 한 장소에서 에너지 약간을 측정하면("나 거기서 방금 입자를 봤어"라고 해석할 수 있다), 파동함수가 원래 공간 전체에 퍼져 있었을지라도, 다음 순간에 보았을 때 근처에서 같은 양의 에너지를 관측할 가능성이 아주 크다. 우리가 보게 되는 것은 장에서 전파되는 국소적인 진동이며, 이것이 실험 탐지기에 입자와 같은 궤적을 남긴다. 이 진동이 입자처럼 보이고 입자처럼 행동한다면, 이것을 입자라고 불러도 된다.

최저 에너지 상태의 모드 몇몇과 제1 흥분 상태의 모드 몇몇을 조합해서 양자장 이론의 파동함수를 만들 수 있을까? 물론이다. 영입자zero-particle 상태와 단입자one-particle 상태의 중첩 상태가 그것이다. 이것은 입자의 개수가 명확하지 않은 상태이다.

짐작했겠지만, 양자장 이론의 그다음 높은 에너지 파동함수는 두 개 입자의 파동함수와 유사하다. 이 이야기는 세 개 입자, 네 개 입자 등을 나타내는 양자장 상태로 이어진다. 우리는 슈뢰딩거의 고양이가 깨어 있는 상태이거나 잠든 상태인 것은 관측할 수 있지만, 고양이가 이 둘의 중첩 상태에 있는 것은 관측하지 못한다. 마찬가지로, 약하게 진동하는 양자장을 관측할 때 우리가 관측하게 되는 것은 입자 집단이다. 앞 챕터의 용어로 표현하자면, 장이 너무 심하게 요동하지 않는 한, 양자장의 "바늘 상태"들은 명확한 개수의 입자 집단처럼 보인다. 이들은 우리가 실제로 세계를 바라볼 때 보게 되는 상태들이다.

더 좋은 점은 양자장 이론이, 전자가 원자 속에서 에너지 준위를 오르내리는 것 같은, 다른 개수의 입자를 가진 상태로 전이하는 것을 기술할 수 있다는 것이다. 통상적인 입자 기반의 양자역학에서는 입자의 개수가 고정되어 있지만, 양자장 이론에서는 입자가 붕괴하거나 소멸하거나 충돌로 인해 생성되는 것을 기술하는 데 전혀 문제가 없다. 사물에는 항상 이런 일이 일어나기 때문에 양자장 이론의 그런 점은 장점이다.

양자장 이론은 물리학 역사상 통합의 위대한 개가 중의 하나로서, 입자와 파동이라는 언뜻 상반되어 보이는 아이디어를 통합시키려는 시도이다. 전자기장의 양자화가 입자 같은 광자로 이어진 것을 일단 우리가 깨닫는다면, 전자와 쿼크 같은 다른 입자들도 양자화된 장에서 생긴다는 사실에 놀라지 않을 것이다. 전자는 전자장electron field의 진동이고, 여러 종류의 쿼크는 여러 종류의 쿼크장의 진동이다.

양자역학 개설들은 종종 같은 동전의 양면인 것처럼 입자와 파동을 대조시킨다. 그러나 궁극적으로 "입자냐, 장이냐" 다투는 것은 공평하지 않다. 장이 더 근본적이다. 현재 우리에게 우주가 무엇으로 구성되어 있는지에 대해 최고의 그림을 제공하는 것이 바로 장이다. 입자는 단지 우리가 알맞은 상황에서 장을 관측할 때 보게 되는 것이다. 때로는 이 상황이 알맞지 않을 때도 있다. 흔히 쿼크와 글루온이 개별 입자인 것처럼 얘기할지라도, 이들을 양성자나 중성자 내부에 퍼져 있는 장이라고 생각하는 것이 더 정확하다. 물리학자 폴 데이비스가 약간의 과장을 섞어 논문 제목을 "입자는 존재하지 않는다"로 쓴 것처럼 말이다.

o   o   o

여기서 우리는 입자들의 구체적인 패턴과 이들의 질량 및 상호작용이 아니라, 양자 실체에 대한 기본적인 패러다임에 관심이 있다. 얽힘과 창발, 그리고 고전적인 세계가 어떻게 파동함수의 분기에서 생기는지가 관심사다. 다행히도 이 목적을 위해 진공의 양자장 이론(어떤 입자도 날아다니지 않는 빈 공간의 물리학)에 관심을 집중할 수 있다.

양자장 이론에서 진공이 흥미롭다는 것을 보여주기 위해 진공의 가장 분명한 특징 가운데 하나인 에너지에 초점을 맞춰보자. 정의에 따라, 진공 에너지가 0이라고 생각하기 쉽다. 그러나 조심해야 한다. 진공은 '에너지가 0인 상태'가 아니라 '최저 에너지 상태'라는 데 주목하라. 실제로 진공 에너지는 어떤 값도 가능하다. 이 값은 자연의 상수이며, 다른 측정 가능한 파라미터들의 집합으로 결정할 수 없는 우주의 파라미터이다. 양자장 이론에 관한 한, 밖에 나가 진공 에너지가 얼마인지 실제로 측정해야 한다.

우리는 진공 에너지를 측정해왔다. 또는 적어도 우리 생각에 그러하다. 물론 측정은 쉽지 않다. 이를테면 진공에서 저울 위에 속이 빈 컵을 놓고 무게가 얼마인지 측정하는 식으로는 알 수가 없다. 측정을 해내려면 진공 에너지에 미치는 중력의 영향을 살펴야 한다. 일반상대성 이론에 의하면, 에너지는 시공간의 곡률을 만드는 근원이고, 따라서 중력의 근원이다. 빈 공간의 에너지는 특별한 형태를 가진다. 즉 시공간이 팽창하거나 휘어지는 것과 무관하게 우주 전체에서 변하지 않는 정확히 일정한 크기의 세제곱센티미터당 에너지가 존재한다. 아인슈타인은 이 진공 에너지를 우주 상수cosmological constant라고 불렀고, 우주론자들은 오랫동안 이 값이 정확히 0인지, 아니면 다른 값인지를 놓고 논쟁했다.

이 논쟁은 천문학자들이 우주가 팽창할 뿐만 아니라 가속한다는 사실을 발견한 1998년에야 끝난 것처럼 보인다. 먼 은하를 보고 이 은하가 멀어지는 속도를 측정하면, 이 속도가 시간에 따라 증가한다는 것을 알 수 있다. 우주에 속한 모든 것이 통상적인 물질과 복사뿐이라면, 이것은 아주 놀라운 일이다. 왜냐하면 물질과 복사 모두 사물을 끌어당기는 중력 효과를 주어 팽창률을 감소시키기 때문이다. 양의 진공 에너지는 반대 효과를 가진다. 진공 에너지는 우주가 서로 멀어지도록 하여 가속 팽창을 일으킨다. 두 팀의 천문학자들이 우주의 감속을 예상하고 외부 은하에 있는 초신성의 거리와 속도를 측정했다. 그들이 실제로 발견한 것은 우주가 가속하고 있다는 것이었다. 이런 예상치 못한 결과를 얻은 불편함과 놀라움은 2011년 노벨상 수상으로 위로가 되었다. (이 논쟁이 해결된 것처럼 보이지만, 우주의 가속이 진공 에너지 이외의 다른 것에 의해 생길 수 있다는 가능성이 열려 있다. 그러나 이론적 근거와 관측 근거에 의해, 단연코 진공 에너지에 의한 설명이 가장 설득력이 있다.)

이것이 이야기의 끝이라고 생각할지 모르겠다. 빈 공간은 에너지를 갖고 있으며, 우리는 이를 측정해냈고, 진공 에너지는 우리 주위에 널려 있다. 그러나 또 다른 질문을 할 수 있다. 진공 에너지의 값이 얼마라고 예상하는가? 진공 에너지는 우주 상수에 불과하기 때문에, 이것은 우스운 질문이다. 우리에게는 우주 상수가 어떤 특별한 값을 가져야 한다고 주장할 권리가 없다. 우리가 할 수 있는 일은 진공 에너지가 얼마나 커야 할지를 대략 추정하는 것이며, 그 결과는 합리적이어야 한다.

진공 에너지를 추정하는 전통적인 방법은 고전적인 우주 상수의 값과 양자 효과에 의해 변화된 값을 구별하는 것이다. 실제로 이것은 올바른 방법이 아니다. 고전 이론에서 시작해 그 위에 양자역학을 쌓는 것에 대해 자연은 전혀 관심이 없다. 자연은 출발부터 양자적이다. 그러나 우리가 하려는 것은 아주 대략적인 추정이기 때문에, 이 과정을 선택해도 문제가 없을지도 모른다.

그러나 문제가 있는 것으로 밝혀졌다. 진공 에너지에 대한 양자 기여도가 무한히 큰 것이 문제다. 이런 종류의 문제는 양자장 이론의 고질병이다. 점진적으로 양자 효과를 포함해서 계산하다 보면, 많은 계산이 무의미하게 무한히 큰 답을 내는 것으로 끝나고 만다.

그러나 이런 무한대를 심각하게 받아들이지 말아야 한다. 궁극적으로, 양자장을 놀라울 정도로 긴 파장에서 0인 파장까지 다양한 파장을 갖고 진동하는 모드들의 조합으로 생각할 수 있다는 사실로 인해 이런 무한대가 생긴다. (특별한 이유는 없지만) 각 모드의 고전적인 최저 에너지가 0이라고 가정하면, 실제 세계의 진공 에너지는 단순히 각 모드의 추가적인 양자 에너지를 모두 더한 것이 된다. 이 모든 모드의 양자 에너지를 더하면, 무한대의 진공 에너지를 얻게 된다. 이것은 물리적으로 현실성이 없다. 결국 아주 짧은 거리에서는 양자 중력을 무시할 수 없기 때문에, 시공간 자체가 성립하지 않는다는 것을 유용한 개념으로 받아들여야 한다. 플랑크 거리보다 긴 파장을 가진 모드들의 기여만을 포함시키는 것이 더 합당할 것이다. 예를 들자면 그렇다는 말이다. 이것을 탈락값 부과imposing a cutoff라고 부른다. 양자장 이론의 경우, 특정 거리보다 긴 파장을 가진 모드만 포함시킨다.

불행하게도 이것으로 문제가 잘 해결되지 않는다. 허용된 모드에 플랑크 길이 수준의 탈락값을 부여해 진공 에너지에 대한 양자 기여도를 추정해보면, 무한대가 아닌 유한한 답을 얻기는 한다. 그러나 이 답은 우리가 실제로 관측한 값보다 10^{122}배나 크다. 우주 상수 문제cosmological constant problem로 알려진 이러한 불일치를 흔히 물리학을 통틀어 이론과 관측 사이의 최대 불일치라고 부른다.

우주 상수 문제는 엄밀한 의미에서 실제로 이론과 관측 사이의 다툼은 아니다. 우리는 진공 에너지 값에 관한 믿음직한 이론적 예측을 하지 못할 뿐이다. 우리의 매우 잘못된 추정값은 두 개의 의심스러운 가정 때문에 생긴 것이다. 즉 진공 에너지에 대한 고전적인 기여가 0이라는 것과 플랑크 길이 수준의 탈락값을 부여한 것이 그것이다. 우리의 출발점이었던 고전적인 기여가 거의 정확하게 양자적인 기여만큼 크고, 하지만 부호는 반대일 가능성은 항상 있다. 이 경우 우리가 이 둘을 함께 더하면, 상대적으로 작은 값을 지닌 '물리적인' 진공 에너지 관측값을 얻게 된다. 우리는 왜 이것이 옳은지 알지 못할 뿐이다.

문제는 이론이 관측과 갈등하는 것이 아니다. 우리의 대략적인 예상이 한참 잘못되어 있다는 것이 문제이며, 대부분의 사람들은 그것을 신비로우면서도 알려지지 않은 무엇인가가 작동하고 있다는 단서로 받아들인다. 우리가 추정한 진공 에너지는 순수 양자역학적 효과이며, 그것의 중력 효과를 이용해 그 존재를 측정한다. 충분히 잘 늘어맞는 중력에 관한 양자 이론을 발견할 때까지는 이 문제를 해결할 수 없다.

o   o   o

양자장 이론에 관해 이야기할 때, 흔히 진공을 "양자 요동"이 가득한 곳이라든지, 심지어는 "입자들이 빈 공간에서 튀어나왔다가 사라지는 곳"으로 기술하는 것이 인기가 많다. 이것은 기억하기 쉬운 그림을 제공하긴 하지만, 사실보다는 오류에 가깝다.

양자장 이론에서 진공으로 기술되는 빈 공간에는 뭔가 요동하는 것이 전혀 없다. 양자 상태는 절대적으로 정상stationary 상태에 있다. 입자들이 튀어나오고 사라지는 그림은 실체와는 전혀 다르다. 실제로 진공의 상태는 매순간 정확히 동일하다. 빈 공간의 에너지에 대한 고유한 양자 기여가 의심의 여지없이 존재하지만, 아무것도 요동하지 않는다. 그렇기 때문에 이 에너지가 "요동"에 의해 생겼다고 얘기하는 것은 잘못이다. 이 계는 최저 에너지 양자 상태에서 평화로이 머물러 있다.

그렇다면 왜 물리학자들은 계속해서 양자 요동에 관해 이야기하는 것일까? 이것은 우리가 다른 맥락에서 주목했던 현상들과 같은 현상이다. 양자역학은 계속해서 우리에게 그러지 말라고 이야기하고 있지만, 인간에게는 우리가 보는 것을 실제라고 생각하는 저항할 수 없는 욕구가 있다. 숨은 변수 이론은 연속적으로 진화하는 파동함수가 아닌 어떤 것이 실제로 존재한다고 주장하여 이런 욕구를 채워준다.

에버렛의 양자역학은 분명하다. 빈 공간을 순간순간 아무 일도 일어나지 않는, 변화하지 않는 정상stationary 상태의 양자 상태라고 기술한다. 그러나 만약 우리가 양자장 값의 측정을 통해 좁은 지역을 아주 조심스럽게 들여다보면, 아주 무질서한 것처럼 보이는 뭔가를 보게 된다. 그리고 다음 순간에 다시 들여다보면, 다른 모습의 무질서를 보게 된다. 그래서 심지어 우리가 보지 않을 때에도, 빈 공간을 돌아다니는 어떤 것이 있다는 결론을 내리고 싶은 크나큰 유혹을 느낀다. 그러나 그것은 실제로 일어나고 있는 일이 아니다. 그보단, 우리는 불확정성 원리의 맥락에서 이야기했던 것의 징후를 보고 있는 것이다. 즉 양자 상태를 관측할 때, 우리는 보통 관측하기 전의 양자 상태와는 아주 다른 것을 보게 된다.

이 점을 이해하기 위해 실험적으로 접근 가능한 측정에 대해 더 알아보자. 모든 곳에서 장의 값을 측정하는 대신, 양자장 이론의 진공 상태에 있는 입자의 전체 개수를 측정한다고 상상해보자. 이상적인 사고실험의 세계에서는, 모든 공간에서 일시에 이런 측정을 할 수 있다고 상상할 수 있다. 우리는 실험 조건상 최저 에너지 상태에 있기 때문에, 모든 곳에서 100퍼센트 확실하게 입자를 전혀 발견할 수 없었다는 이야기를 듣는다고 해도 전혀 놀라지 않을 것이다. 빈 공간이기 때문이다. 그러나 실제 세계에서 우리는 실험실 내부와 같은 특정 영역의 공간에서만 실험을 하고, 몇 개의 입자가 거기에 있는지 물을 수밖에 없다. 이때 우리는 어떤 결과를 얻게 될까?

그리 어렵지 않은 질문 같다. 입자가 전혀 없다면, 우리는 분명 실험실에서 어떠한 입자도 발견할 수 없을 것이다. 그렇지 않은가? 애석하게도 틀렸다. 양자상 이론은 그런 식의 답을 주지 않는다. 진공 상태에 있더라도, 실험 도구가 특정한 좁은 지역에만 있다면, 한 개

또는 그 이상의 입자를 발견할 확률이 작게나마 항상 존재한다. 일반적으로 그 확률은 정말이지 아주 작지만(실제 실험 장치에서 걱정하지 않아도 될 정도로) 0은 아니다. 그 반대 역시 사실이다. 특정 좁은 공간에서의 실험으로는 절대 입자를 발견할 수 없는 양자 상태도 존재하지만, 이런 상태는 진공 상태의 에너지보다 더 큰 에너지를 가진다.

다음과 같은 질문을 하고 싶을 것이다. 그러나 입자들이 실제로 거기에 존재할까? 어떻게 우주 전체에 입자가 전혀 없을 수 있으며, 또 어떻게 어느 특정한 장소에서 관측할 때는 입자를 볼 수 있을까?

그러나 우리는 입자에 관한 이론을 이야기하고 있지 않다. 이것은 장에 관한 이론이다. 특정한 방법으로 이 이론을 관측할 때, 우리가 보게 되는 것은 입자이다. "실제로 거기에 몇 개의 입자가 존재할까?"라는 질문을 하지 말아야 한다. "특별한 방법으로 양자 상태를 관측할 때, 가능한 측정 결과가 무엇일까?"라고 질문해야 한다. "전체 우주에 몇 개의 입자가 존재할까?"라는 형식의 측정은 "이 방 안에 몇 개의 입자가 존재할까?"라는 형식의 측정과는 근본적으로 다르다. 위치와 운동량처럼 이들이 아주 다르기 때문에, 양자 상태는 동시에 두 질문에 대한 구체적인 답을 줄 수 없다. 우리가 보는 입자의 개수는 절대적인 것이 아니고, 어떻게 양자 상태를 보느냐에 따라 달라진다.

o o o

이 질문은 양자장 이론의 중요한 성질로 우리를 인도한다. 공간의 다른 지역에 있는 장의 부분들 사이의 얽힘이 그것이다.

공간의 어떤 곳에 가상의 평면을 그려 우주를 두 지역으로 나눈다고 상상해보자. 편의상 이 지역들을 '왼편'과 '오른편'이라고 부르자. 고전적으로 모든 곳에 장이 존재하기 때문에, 특별한 장의 배열을 만들기 위해서는 왼편 지역과 오른편 지역에서 장이 무슨 일을 해야 할지 지정해야 한다. 경계면에서 장의 값이 일치하지 않는다면, 전반적인 장의 모양에 큰 불연속성이 나타날 것이다. 이것은 받아들일 수 있지만, 그럴 경우 점에서 점으로 장을 변화시킬 때 에너지를 소모하게 되며, 따라서 장의 불연속적 도약은 이 점에 많은 양의 에너지가 있음을 암시한다. 이것이 정상적인 장의 배열이 갑자기 변하지 않고 연속적으로 변하는 이유이다.

"장 값이 경계 양쪽에서 일치한다"라는 고전적인 진술은 양자 수준에서 "왼편 지역과 오른편 지역의 장이 서로 강하게 얽혀 있다"로 변환된다. 두 지역이 서로 얽혀 있지 않지만, 경계면에 무한대의 에너지가 존재하는 양자 상태를 생각할 수 있다.

이런 추론을 확장해보자. 모든 공간을 같은 크기의 상자로 나눈다고 해보자. 고전적으로 장은 각 상자 속에서 뭔가를 하고 있을 것이지만, 무한 에너지 밀도를 피하기 위해서는 상자 사이의 경계면에서 장의 값이 일치해야 한다. 그러므로 양자장 이론에서 한 상자 속에서 일어나는 일은 이웃한 상자 속에서 일어나는 일과 강하게 얽혀 있어야 한다.

이것이 전부가 아니다. 한 상자가 이웃한 상자들과 얽혀 있고, 이들 이웃한 상자들이 다시 이웃한 상자들과 얽혀 있다면, 원래 상자

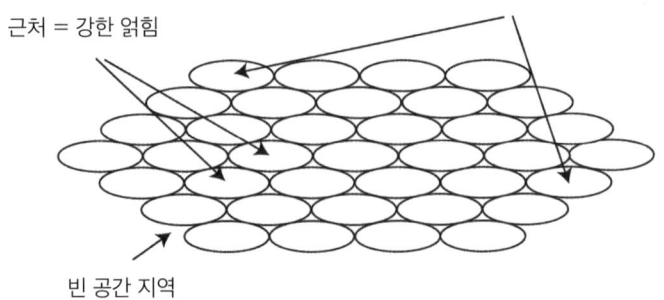

속의 장 역시 이웃한 상자는 물론 한 상자 건너의 상자들과도 얽혀 있어야 하는 것이 합리적이다(이것이 논리적으로 필요조건은 아니지만 이 경우에는 합리적으로 여겨지며, 세심한 계산을 통해 사실임이 밝혀졌다). 한 상자 건너 상자와의 얽힘은 바로 옆 상자와의 얽힘보다 정도가 훨씬 약하지만, 그래도 어느 정도 얽혀 있다. 그리고 사실 이런 패턴이 공간 전체에서 계속된다. 즉 상자들이 멀리 떨어져 있으면 있을수록 얽힘의 정도가 점점 더 약해지기는 하지만, 어느 한 상자 속의 장은 우주의 다른 모든 상자 속의 장과 얽혀 있다.

어쨌거나 무한히 큰 우주에는 무한히 많은 상자가 존재하기 때문에 이런 얽힘은 불가능해 보인다. 정말로 한 작은 지역 속의 장, 말하자면 1세제곱센티미터 정육면체 속의 장이 우주의 모든 다른 1세제곱센티미터 정육면체 속의 장과 얽힐 수 있을까?

그렇다. 가능하다. 장 이론에서는 1세제곱센티미터 정육면체(또는 어떤 다른 크기의 상자)조차 무한개의 자유도를 가질 수 있다. 우리가 4장에서 자유도를, 예를 들어 '위치'나 '스핀'과 같이, 계의 상태를 규정하는 데 필요한 물리량의 개수로 정의한 것을 기억하라. 장 이론에서는 어떤 유한한 지역에서도 무한개의 자유도가 존재한다. 공간의 모든 점에서 이 점의 장 값이 별도의 자유도가 된다. 그리고 공간에는, 심지어 작은 지역 속에도, 무한개의 점이 존재한다.

양자역학적으로, 계의 가능한 모든 파동함수의 공간은 이 계의 힐베르트 공간이다. 그러므로 양자장 이론에서 어떤 지역을 기술하는 힐베르트 공간의 차원은 무한대이다. 무한개의 자유도가 존재하기 때문이다. 알게 되겠지만, 실체의 올바른 이론에서는 이 사실이 계속해서 성립할 수 없지도 모른다. 한 지역이 유한한 개수의 자유도를 가지는 것이 양자 중력의 특징이라고 생각할 이유가 존재한다. 그러나 중력이 포함되지 않은 양자장 이론에서는, 어떤 작은 상자도 무한개의 가능성을 가질 수 있다.

이 자유도는 공간 다른 곳의 자유도와 얽혀 있다. 얼마나 세게 얽혀 있는지 알기 위해 다음과 같이 상상해보자. 진공 상태로부터 출발해, 1세제곱센티미터 정육면체 가운데 하나를 택하고, 정육면체 내부의 양자장을 찌르는 것이다. '찌른다'는 의미는 측정을 하거나 상호작용을 하는 등의 어떤 방법으로든 이 국소 영역 안의 장에 영향을 미친다는 것이다. 양자 상태를 측정하면 이 상태가 다른 상태로(사실 새로운 파동함수의 각 가지들에서 다른 상태로) 변화한다는 것을 알고 있다. 주어진 상자 내부의 상태를 찌르면, 상자 외부의 상태가 즉시 변화한다고 생각할 수 있을까?

상대성 이론에 대해 조금이라도 알고 있다면, "아니오"라고 답하고 싶을 것이다. 어떤 효과가 멀리 떨어진 지역에 전파되려면 시간이 걸린다. 그러나 우리는 EPR 사고실험을 기억하고 있다. 아무리

서로 멀리 떨어져 있어도 앨리스가 스핀을 측정하면, 밥의 스핀의 양자 상태에 즉시 영향이 미치게 된다. 비밀 요소는 얽힘이다. 그리고 방금 양자장 이론의 진공 상태가 강한 얽힘 상태에 있어, 모든 상자가 다른 모든 상자와 얽혀 있다고 이야기했다. 당신은 점점 의아할 것이다. 한 상자의 장을 찌르면 나머지 상자들의 상태에 극적인 변화가 올까? 아무리 멀리 떨어져 있더라도?

실제로 그것은 가능하다. 공간의 작은 지역에 있는 양자장을 찔러서 우주 전체의 양자 상태를 문자 그대로 어떠한 상태로든 변환시키는 것이 가능하다. 기술적으로 이런 결과를 레-슐리더 정리Reeh-Schlieder theorem라고 부르지만, 타지마할 정리Taj Mahal theorem라고도 부른다. 이러한 명칭은, 내 방을 떠나지 않고도 실험을 하여 갑자기 지금 타지마할의 복제물이 달에 나타나는 결과를 얻을 수 있음을 시사한다(또는 어느 다른 건물이나 우주의 어느 다른 장소라도 가능하다).

너무 흥분할 필요는 없다. 고의로 타지마할을 창조하거나 어떤 특별한 것을 나타나게 할 수는 없다. EPR의 예에서 보듯, 앨리스는 그녀의 스핀을 측정할 수 있지만 어떤 측정 결과를 얻을지는 보장할 수 없다. 레-슐리더 정리는 국소 양자장을 측정할 때, 타지마할이 갑자기 달에 나타나는 것과 관련된 측정 결과를 얻을 가능성이 있음을 암시한다. 그러나 우리가 어떤 노력을 기울이든지, 이 결과를 실제로 얻을 확률은 정말, 정말, 정말로 아주 낮다. 대개의 경우 국소적인 측정은 세계의 멀리 떨어진 부분을 거의 변화시키지 않는다. 양자역학의 많은 놀라운 결과들처럼, 이것도 실질적인 걱정거리는 되지 못한다.

어떤 모임에서 저녁식사 후의 토론거리로 인기가 높은 주제는 '우리가 레-슐리더 정리에 놀라야만 할까, 아니면 놀랄 필요 없을까'이다. 지하실에서 측정을 하는 것만으로 우주의 상태를 말 그대로 어떤 것으로든 변환시킬 수 있다는 것은 분명 놀랍게 느껴진다. 놀라운 일 가운데에서도 이것이 최고로 놀랍다. 그러나 상반되는 주장도 있다. 얽힘을 이해하면 이 정리에 전혀 놀랄 필요가 없다는 것이다. 기술적으로는 모든 것이 가능하지만, 이 가능성은 아주 낮아서 무시해도 될 정도의 수준이다. 정확하게 바라보면, 양자 상태의 작은 부분 속에는 타지마할이 달에 늘 존재하는 가능성이 존재한다. 실험은 파동함수를 적절히 분기하도록 함으로써, 단지 이 가능성을 진공에서 끄집어 올렸을 뿐이다.

나는 놀라도 괜찮다고 생각한다. 그러나 더 중요한 것은 진공의 풍요로움과 복잡성에 감사해야 한다는 것이다. 양자장 이론에서는 빈 공간조차 우리를 흥분시키는 장소가 된다.

13장

진공에서 숨 쉬기
양자역학에서 중력 찾기

 양자장 이론은 인간이 지금까지 수행한 모든 실험을 성공적으로 설명할 수 있었다. 실체를 기술할 때 양자장 이론은 우리가 가진 최상의 접근법이다. 따라서 미래 물리학 이론들이 양자장 이론의 넓은 패러다임 속에 자리를 잡거나, 양자장 이론의 작은 변형이어야 한다고 상상할 가능성이 아주 높다.

 그러나 적어도 중력이 강해지면 양자장 이론으로 중력을 잘 기술할 수 없어 보인다. 그러므로 이 장에서는 다른 각도에서 이 문제에 접근함으로써 성과를 낼 수 있을지 묻고자 한다.

 파인만을 따라, 물리학자들은 실제로 양자역학을 이해한 사람이 없다는 것을 상기시키기를 좋아한다. 한편 누구도 양자 중력을 이해하고 있지 않다고 오랫동안 애석해하기도 했다. 아마 이런 두 가지 이해의 부족은 서로 연관이 있어 보인다. 중력은 시공간에서 움직이는 입자나 장을 기술한다기보다 시공간 자체의 상태를 기술하는데,

우리가 양자 언어를 사용해 그러한 중력을 기술하고자 할 때 특별한 도전을 야기한다. 우리가 양자역학 자체를 충분히 이해하고 있다고 생각하지 않는다면, 이 사실이 놀랍지 않을 것이다. 양자 이론의 토대에 대한 사고(특히 세계는 파동함수에 지나지 않으며, 다른 모든 것은 파동함수로부터 창발한다는 다세계 이론의 관점)는 휘어진 시공간이 어떻게 양자적 토대에서 창발하는지를 설명하는 데 도움이 될 것이다.

우리 스스로 해야 할 작업은 리버스reverse 엔지니어링(역공학이라고도 부르며, 장치 또는 시스템의 기술적인 원리를 그 구조 분석을 통해 발견하는 과정 — 옮긴이)이다. 고전적인 일반상대성 이론을 양자화하는 대신, 양자역학 안에서 중력을 발견하고자 한다. 즉 양자 이론의 기본 요소들(파동함수, 슈뢰딩거 방정식, 얽힘)을 가지고, 어떤 상황에서 파동함수의 가지들(휘어진 시공간에서 전파되는 양자장처럼 보인다)이 창발할 수 있는지를 묻는 것이다.

지금까지 이 책에서 얘기한 내용들은 전부 기본적으로 잘 이해되고 확립된 교리(양자역학의 핵심과 같은), 또는 적어도 믿을 만하고 존경받을 만한 가설(다세계 접근법)이었다. 이제 이것들을 이해했다고 해도 좋을 정도에 이르렀기 때문에, 미지의 영토로 모험을 떠나려고 한다. 양자 시공간과 우주론을 이해하는 데 있어 중요할지도 모르는 모험적인 아이디어들을 살펴보려 한다. 그러나 이 아이디어들이 그리 중요하지 않을 수도 있다. 수년 또는 수십 년간의 조사를 통해야 비로소 믿을 만한 답을 얻을 수 있을 것이다. 물론 더 많은 생각을 도발하는 이런 아이디어들을 받아들이고, 미래에 이런 논의가 어디로 가는지 지켜봐야 한다. 하지만 우리 이해력의 경계에 놓인 어려운 문제와 싸울 때 등장하는 태생적인 불확실함도 염두에 둬야 한다.

○　　○　　○

 아인슈타인이 생각에 잠겨 동료에게 "양자역학을 이해하기 위해 상대성 이론 때보다 내 머리에 더 많은 기름칠을 하고 있다네"라고 말했다. 그러나 아인슈타인을 과학계의 슈퍼스타로 만들어준 것은 상대성 이론에 대한 기여였다.
 '양자역학'처럼 '상대성 이론'은 하나의 구체적인 물리학 법칙이라기보다 이론들을 만들 수 있는 토대이다. '상대적인' 이론들은 공간과 시간의 본질, 즉 물리적 세계가 단일 통합체인 '시공간'에서 일어나는 사건들로 기술된다고 공통으로 묘사한다. 상대성 이론이 등장하기 전에도 뉴턴 물리학에서 시공간에 관해 이야기했다. 즉 3차원의 공간과 1차원의 시간이 존재하며, 우주에서 한 사건을 정의하기 위해선, 사건이 공간의 어디서, 또 어느 시간에 일어났는지 지정하면 된다. 그러나 아인슈타인 이전에는 이들을 하나의 4차원 개념으로 결합할 동기가 전혀 없었다. 상대성 이론이 등장하면서 이것이 자연스러운 단계가 되었다.
 '상대성 이론'이라는 이름 속에는 특수상대성 이론과 일반상대성 이론이라는 두 가지 큰 아이디어가 담겨 있다. 1905년에 등장한 특수상대성 이론은 빈 공간에서 모든 사람이 같은 속력의 광속을 측정한다는 아이디어에 근거를 두고 있다. 이 통찰력과 운동에 대한 절대적인 기준틀이 없다는 주장을 결합하면, 곧바로 시간과 공간이 '상대적'이라는 생각에 이르게 된다. 시공간은 보편석이며, 모두가 인정하고 있지만, 어떻게 '공간'과 '시간'으로 나눌지가 관측자마다 달라진다.

특수상대성 이론은 많은 구체적인 이론들을 포함하고 있는 토대이다. 이 이론들 모두 '상대론적'이라고 불린다. 1860년대에 제임스 클러크 맥스웰이 집대성한 고전 전자기학은 상대성 이론이 나오기 전에 만들어진 것이지만, 상대론적 이론이다. 전자기학의 대칭성을 더 잘 이해하려는 노력이 상대성 이론이 등장하게 된 첫 번째 원동력이 되었다(때로 사람들은 '고전적'이라는 단어를 '비상대론적'이라는 뜻으로 잘못 사용하고 있지만, 고전적이라는 단어는 '비양자적'이라는 의미로 사용하기 위해 남겨두는 것이 좋다). 양자역학과 특수상대성 이론은 100퍼센트 호환이 가능하다. 현대 입자물리학에서 사용하는 양자장 이론의 핵심도 상대론적이다.

10년 뒤 아인슈타인이 중력과 휘어진 시공간에 관한 이론인 일반상대성 이론을 제안하면서, 상대성 이론의 또 다른 큰 아이디어가 등장했다. 결정적으로 4차원 시공간이 물리학의 흥미로운 일들이 일어나는 단순한 정적 배경이 아니라는 것을 깨닫게 해주었다. 즉 시공간도 자신의 삶을 갖고 있다. 물질과 에너지의 존재에 따라, 시공간이 휘고 뒤틀릴 수 있다. 우리는 유클리드가 기술한 평면 기하학을 배우며 자랐다. 여기서 처음에 평행한 선들은 영원히 평행하고, 삼각형 내각의 합은 항상 180도이다. 아인슈타인은 시공간이 비유클리드 기하학을 따른다는 것을 깨달았다. 여기서는 이전에 존경할 만했던 사실들이 더 이상 성립하지 않는다. 예를 들어 처음에 평행했던 광선들이 빈 공간을 이동하는 동안 서로 만나게 되는 것이 가능하다. 이런 뒤틀린 기하학적 효과를 우리는 '중력'이라고 인식한다. 일반상대성 이론은 우주의 팽창과 블랙홀의 존재와 같은 수많은 색다른 결과들을 양산했지만, 물리학자들조차 이런 결과를 이해하는 데 오랜 시간이 걸렸다.

특수상대성 이론은 토대지만, 일반상대성 이론은 구체적인 이론이다. 고전적인 계의 진화가 뉴턴의 법칙을 따르는 것처럼, 또는 양자 파동함수의 진화가 슈뢰딩거 방정식을 따르는 것처럼, 아인슈타인은 시공간의 곡률이 따르는 방정식을 유도했다. 슈뢰딩거 방정식을 적어봤듯, 세부 사항은 모를지라도 실제로 아인슈타인의 방정식을 적어보는 것도 재미가 있다.

$$R_{\mu\nu} - (1/2)Rg_{\mu\nu} = 8\pi GT_{\mu\nu}$$

아인슈타인 방정식의 수학은 매우 어렵지만 기본 아이디어는 단순하다. 존 휠러는 다음과 같이 간결하게 요약했다. "물질은 시공간에게 어떻게 휠지 알려주며, 시공간은 물질에게 어떻게 운동할지 알려준다." 방정식의 왼쪽은 시공간의 곡률을 나타내는 한편, 오른쪽은 에너지와 같은 물리량(운동량, 압력, 질량 등)을 나타낸다.

일반상대성 이론은 고전 이론이다. 시공간의 기하학적 형태는 독특하고, 결정론에 따라 진화하며, 원리적으로 시공간을 건드리지 않으면서 얼마든지 성확하게 측정할 수 있다. 양자역학이 등장하자 자연스럽게 일반상대성 이론을 '양자화'하게 되었고, 중력의 양자 이론이 만들어졌다. 말로 하기는 쉽다. 상대성 이론을 특별하게 만드는 것은 상대성 이론이 시공간 내부의 물질에 대한 이론이 아니라, 시공간에 대한 이론이라는 점이다. 다른 양자 이론들은 구체적이고 잘 정의된 '공간 속 장소'와 '시간 속 순간'에서 측정한 것들에 확률을 부여하는 파동함수를 기술한다. 대조적으로 양자 중력 이론은 시공간 자체의 양자 이론이 돼야 한다. 이 때문에 많은 논란이 생긴다.

자연히 아인슈타인은 이 문제를 인지한 최초의 사람 중 한 명이었다. 1936년 아인슈타인은 양자역학의 원리들을 시공간의 본질에 어떻게 적용할지에 대한 어려움을 토로했다.

> 하이젠베르크의 방법이 성공한 것은 아마도 자연을 기술하는 순수한 대수적 방법이 있음을 시사한다. 그것은 바로 물리학에서 연속 함수를 제거하는 것이다. 하지만 그렇게 하면 원리적으로 공간-시간 연속체를 포기해야 한다. 그러한 길을 따라 계속 나아가는 것을 가능하도록 하는 방법을 언젠가 인간의 창의력으로 발견할 수 있으리라고는 상상할 수 없다. 그러나 현재로서는 이런 프로그램이 빈 공간에서 숨 쉴 수 있는 한 가지 시도로 여겨진다.

여기서 아인슈타인은 양자 이론에 대한 하이젠베르크의 접근법에 대해 생각하고 있다. 이 접근법은 도중에 일어나는 미시적인 과정에 대한 세부적 내용을 채우려고 하지 않고, 구체적인 양자 도약을 통해 기술하는 방법이라는 것을 기억할 것이다. 우리의 관점이 파동함수에 대한 슈뢰딩거의 관점에 더 가깝다면, 비슷한 염려를 할 수 있다. 아마 다른 가능한 시공간 기하학에 진폭을 부여하는 파동함수가 필요할지 모른다. 그러나 예를 들어, 다른 시공간 기하학을 기술하는 이런 파동함수의 가지 둘을 상상한다면, 두 개의 가지에서 두 개의 사건이 시공간상 '같은' 점에 대응되도록 규정하는 특유의 방법은 없다. 달리 말하자면, 두 다른 기하학 사이에 특별한 지도는 존재하지 않는다.

2차원의 구와 토러스torus(도넛 모양의 물체—옮긴이)를 생각해보자. 당신 친구가 구 위의 한 점을 선택하고, 토러스 상에서 '같은' 점을 선택하라고 한다고 가정하자. 당신이 난처해야 할 충분한 이유가 있다. 그럴 수가 없기 때문이다.

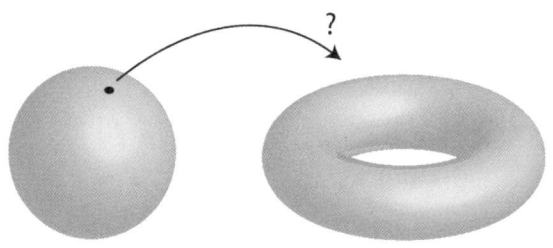

분명, 시공간은 양자 중력 이론에서 중심 역할을 담당할 수 없다. 나머지 다른 물리학에서의 시공간과는 다르다. 양자 중력 이론에서 단일 시공간은 존재하지 않으며, 많은 다른 시공간 기하학의 중첩만이 존재한다. 전자를 공간의 특정한 점에서 발견할 확률이 무엇인지도 물을 수 없다. 우리가 이야기하는 점이 어디인지를 규정할 수 있는 객관적인 방법이 없기 때문이다.

게다가 양자 중력 이론은 자신을 다른 양자역학 이론들과 구별하는 여러 개념상의 문제들을 함께 동반한다. 이런 문제들은 태초에 무슨 일이 일어났는지, 또는 태초가 정말 있었는지를 포함해, 우리 우주의 본질에 대한 중요한 파생 질문들을 품고 있다. 심지어 우리는 공간과 시간이 근본적인 것인지, 아니면 더 깊숙이 숨겨진 무엇인가로부터 그것들이 창발한 것인지도 물을 수 있다.

o o o

물리학자들이 다른 문제에 집중하면서, 양자 중력 분야는 상대적으로 수십 년간 무시되어왔다. 양자역학의 토대가 무시되었던 것과 똑같았다. 그러나 완전히 무시되지는 않았다. 휴 에버렛이 다세계 접근법을 제안하게 된 이유 일부는 그가 중력이 중요한 역할을 담당하는 전체 우주의 양자 이론에 대해 생각하고 있었기 때문이다. 그리고 그의 스승인 존 휠러도 수년간 이 문제에 골몰하고 있었다. 그러나 개념적인 문제는 제쳐두고서라도, 중력을 양자화하는 과정을 결정적으로 다른 장애물들이 가로막고 있었다.

직접적인 실험 데이터를 얻기 힘들다는 것이 주요 장애물이었다. 중력은 매우 약한 힘이다. 두 전자 사이의 전기적 반발력은 중력에 의한 이들 사이의 인력보다 대략 10^{43}배 강하다. 양자 효과를 관측할 것으로 기대되는 소수 입자에 대한 실제 실험에서 다른 힘들에 비해 중력은 거의 무시할 수 있다. 우리가 플랑크 에너지로 입자를 부수는 강력한 입자가속기를 만든다고 상상해보자. 그 정도의 에너지에서는 양자 중력이 중요해질 수밖에 없다. 불행히도 현재 입자가속기 기술 수준을 이 정도로 높이려면, 입자가속기의 지름이 수 광년 정도 되어야 한다. 현재로선 이런 건설 프로젝트는 불가능하다.

또한 앞서 언급한 개념적 문제에 추가하여, 이 이론 자체에도 기술적 문제들이 존재한다. 일반상대성 이론은 고전적인 장 이론이다. 이와 관련된 장을 계량metric이라고 부른다(아인슈타인 방정식의 중앙에 있는 기호 $g_{\mu\nu}$가 '계량'을 나타내며, 다른 물리량들은 이것에 의존한다). '계량'이라는 용어는 '측정에 사용되는 어떤 것'을 뜻하는 그리스어 'metron'에서 유래했으며, 이것이 정확히 계량장metric field이 하는 일이다. 시공간에서 경로가 주어지면, 계량은 이 경로에 따른 거리를 알려준다. 계량은 본질적으로 피타고라스의 정리를 업데이트한 것으로, 그것은 평평한 유클리드 기하학에서 성립하지만 시공간이 휘어져 있을 때는 반드시 일반화되어야 한다. 만약 모든 곡선의 길이를 안다면, 모든 점에서 시공간의 기하학적 구조를 충분히 알아낼 수 있다.

심지어 특수상대성 이론과 뉴턴의 물리학에서도 시공간은 계량을 가진다. 그러나 이 계량은 단단해 변화하지 않으며 평평하다. 모든 점에서 시공간의 곡률이 0인 것이다. 일반상대성 이론은 거대한 통찰력으로 계량장을 동역학적이며 물질과 에너지의 영향을 받는 대상으로 만들었다. 우리는 다른 장들을 양자화하려 했던 것처럼, 계량장의 양자화도 시도할 수 있다. 전자기장의 잔물결이 광자처럼 보인 것같이, 양자화된 중력장의 잔물결은 중력자graviton라고 부르는 입자처럼 보인다. 지금까지 중력자를 탐지한 사람은 없으며, 앞으로도 그럴 것이다. 왜냐하면 중력이 믿을 수 없을 정도로 약하기 때문이다. 그러나 일반상대성 이론과 양자역학의 기본 원리를 받아들인다면, 중력자의 존재는 필연이다.

그러면 중력자들이 서로 산란하거나 다른 입자들과 산란을 할 때,

어떤 일이 일어나는지 물을 수 있다. 애석하게도 이 이론이 예측한 모든 것이 무의미하다는 것을 발견하게 된다. 흥미를 끄는 특별한 물리량을 계산하려면 무한개의 입력 파라미터가 필요하므로, 이 이론은 예측력을 전혀 갖고 있지 않다. 우리는 중력의 '유효effective'장 이론으로 관심을 제한할 수 있는데, 그 이론에서는 강제로 긴 파장과 낮은 에너지로만 관심을 한정짓는다. 그것은 태양계의 중력장을 계산할 때 쓰는 방법인데, 양자 중력의 중력장을 계산할 때도 역시 사용된다. 그러나 만물 이론theory of everything 또는 적어도 모든 에너지에서 성립하는 중력 이론을 원한다면, 난관에 봉착하고 만다. 극적인 어떤 것이 필요하다.

양자 중력에 관한 가장 인기 있는 현재의 접근법은 입자를 1차원 '끈'의 작은 고리나 조각들로 대체한 끈 이론string theory이다(끈이 무엇으로 만들어졌는지는 묻지 말라. 끈이 만물을 구성한다). 끈 자체는 멀리서 관측할 때 입자처럼 보일 정도로 엄청나게 작다.

끈 이론은 처음에 강한 핵력을 이해하기 위해 제안되었지만 그리 성공적이지 않았다. 한 가지 문제는 이 이론이 필연적으로 정확히 중력자처럼 보이고 중력자처럼 행동하는 입자의 존재를 예측한다는 것이었다. 처음에는 이것을 귀찮게 생각했으나, 곧바로 물리학자들은 "흠, 중력이 실제로 존재하네. 그럼 끈 이론이 중력에 관한 양자 이론이 아닐까?"라는 생각을 하게 되었다. 이 생각이 옳다는 것이 밝혀졌으며 보너스까지 주어졌다. 즉 무한개의 입력 파라미터 없이도 이론적으로 모든 물리량에 대한 유한한 크기의 예측이 가능해졌다. 1948년 마이클 그린과 존 슈워츠가 끈 이론이 수학적 일관성을 갖고 있다는 것을 보이면서, 끈의 인기는 폭발적으로 높아졌다.

다른 이론들도 지지자들을 갖고 있긴 하지만, 오늘날 끈 이론은 양자 중력을 탐사하기 위해 가장 많이 연구되고 있는 접근법이다. 두 번째로 인기 있는 접근법은 고리 양자 중력loop quantum gravity 이론이다. 이 이론은 변수들을 교묘하게 선택하여, 일반상대성 이론을 직접 양자화하는 방법으로 출발했다. 각 점에서 시공간의 곡률을 살피는 대신, 이를테면 벡터가 공간에서 닫힌 고리를 따라 이동할 때 이 벡터가 얼마나 회전했는지를 관찰한다(공간이 평평하다면 벡터가 전혀 회전하지 않지만, 공간이 휘어져 있다면 벡터가 많이 회전한다). 끈 이론이 모든 힘과 물질에 관한 이론이 되려고 하는 반면, 고리 양자 중력 이론은 중력 자체만을 목표로 하고 있다. 불행하게도 양자 중력과 관련된 실험 데이터를 모으는 게 만만찮다는 것이 모든 대안 이론에 동일한 장애물로 작용한다. 그래서 우리는 실제로 어느 접근법(뭐든 그런 것이 존재한다면)이 올바른 것인지 알 수 없는 난관에 부닥쳐 있다.

끈 이론은 양자 중력의 기술적 문제를 다루는 데 있어 약간의 성공을 보이긴 했지만, 개념적 문제에는 별 도움을 주지 못한다. 사실 다른 접근법을 판단하는 양자 중력 연구자들의 방법은 이 접근법이 사물의 개념적 측면을 어떻게 생각하고 있는지 묻는 것이다. 끈 이론가는 모든 기술적 문제를 해결하고 나면, 결국 개념적 문제도 해결되리라 믿는다. 다른 식으로 생각하는 사람은 고리 양자 중력 이론이나, 또 다른 대안 이론에 끌릴지 모른다. 데이터가 한 특정 방향을 가리키지 않을 때, 각 의견들은 곤긴히 자기 자리를 지키는 경향이 있다.

끈 이론이나 고리 양자 중력 이론, 또 다른 이론 모두 공통의 패턴을 공유하고 있다. 즉 이들은 고전적인 변수들의 집합에서 출발해 이를 양자화한다. 지금까지 이 책에서 기술한 관점에서 보면, 이것은 조금 후퇴한 방식이다. 자연은 출발부터 양자적이어서, 슈뢰딩거 방정식의 적절한 버전에 따라 진화하는 파동함수로 기술된다. '공간'과 '장'과 '입자'와 같은 것은 적절한 고전적인 한계에서 파동함수를 이야기할 때 유용한 방식이다. 그런데 우리는 공간과 장에서 출발하여 이들을 양자화하기를 원하지 않는다. 우리는 이것들을 본질적인 양자 파동함수로부터 추출하고 싶어한다.

o o o

어떻게 파동함수 속에서 '공간'을 발견할 수 있을까? 우리가 알고 있는 공간을 닮은 파동함수의 속성은 무엇이며, 특히 거리를 정의하는 계량에 해당하는 것은 무엇인가? 통상적인 양자장 이론에서 어떻게 거리가 등장하게 되는지 생각해보자. 우선 간단히 하기 위해 공간상의 거리에 대해서만 생각하고, 시간이 이 게임에 어떻게 등장하게 되는지는 나중에 이야기하도록 하자.

양자장 이론에서 거리가 등장하는 곳이 분명히 있었고, 지난 챕터에서 이에 대해 살펴보았다. 즉 다른 지역의 장들이 서로 얽혀 있는 빈 공간이 그곳이고, 지역이 멀리 떨어져 있을수록 얽힘이 약하다. '공간'과 달리 '얽힘'이라는 개념은 추상적인 양자 파동함수에서 항상 쓸모가 있다. 따라서 여기서 이 주장을 받아들여 상태가 얽힌 구조를 보고, 이것을 거리를 정의하는 데 사용해보자. 우리에게 필요한 것은 실제로 양자 딸림계quantum subsystem가 얼마나 얽혀 있는지를 알려주는 정량적인 척도이다. 다행히도 이런 척도가 존재하는데, 그것은 바로 엔트로피이다.

존 폰 노이만은 양자역학이 어떻게 엔트로피의 고전적인 정의와 유사한 엔트로피의 개념을 소개했는지 보여주었다. 루트비히 볼츠만이 설명한 것처럼, 유체 속 원자와 분자처럼 다양한 방식으로 섞일 수 있는 구성원의 집합에서 시작해보자. 그때의 엔트로피란, 구성원들이 거시적인 계의 모습을 변화시키지 않으면서 이들 구성원을 배열하는 방법의 수를 세는 것이다. 엔트로피는 무지와 관련이 있다. 즉 높은 엔트로피 상태는 측정 가능한 속성만을 아는 것으로, 계의 미시적인 세부 내용을 거의 알지 못하는 상태를 말한다.

반면 폰 노이만의 엔트로피는 본래 순수 양자역학적인 개념으로, 얽힘에서 나온다. 두 부분으로 나뉜 양자계를 생각해보자. 이 계는 두 전자, 또는 공간의 다른 두 지역에 있는 양자장일 수 있다. 전체적으로 이 계는 평상시처럼 파동함수로 기술된다. 측정 결과를 확률적으로만 예측할 수 있음에도 불구하고, 이 계는 명확한 양자 상태를 가진다. 그러나 두 부분이 서로 얽혀 있으면, 각 부분의 분리된 파동함수가 아닌, 전체 계의 단 하나의 파동함수만 존재한다. 달리 말하자면, 부분들은 자신들의 명확한 양자 상태를 갖고 있지 않다.

폰 노이만은 얽힌 딸림계가 자신의 명확한 파동함수를 가지지 않았다는 사실이, 파동함수를 가지긴 했지만 이 파동함수가 무엇인지 모르는 것과 같다는 것을, 여러 방식으로 증명했다. 달리 말해,

양자 딸림계는 거시적으로 같아 보이는 많은 가능한 상태가 존재하는 고전적인 상황과 많이 닮아 있다. 그리고 현재 얽힘 엔트로피 entanglement entropy라고 부르는 것으로 이 불확정성을 정량화할 수 있다. 양자 딸림계의 엔트로피가 클수록, 계는 외부 세계와 더 얽혀 있다.

두 개의 큐비트에 대해 생각해보자. 하나는 앨리스에게 속해 있고, 다른 하나는 밥에게 속해 있다. 두 큐비트가 얽혀 있지 않다면, 각 큐비트는 자신의 파동함수, 예를 들어 위 스핀과 아래 스핀이 같은 비율로 중첩된 상태의 파동함수를 가진다. 이 경우 각 큐비트의 얽힘 엔트로피는 0이다. 심지어 측정 결과를 확률적으로만 알 수 있음에도 불구하고, 각 딸림계는 여전히 명확한 양자 상태에 있다.

그러나 두 큐비트가 얽혀 있는데, '두 큐비트 모두 위 스핀'과 '두 큐비트 모두 아래 스핀'이 같은 비율로 중첩된 상태라고 상상해보라. 앨리스의 큐비트가 밥의 큐비트와 얽혀 있기 때문에, 앨리스의 큐비트는 자신만의 파동함수를 갖고 있지 않다. 실제로 밥은 자기의 스핀을 측정해 파동함수를 분기할 수 있고, 그래서 지금 앨리스의 두 복제물이 존재하며 각 복제물은 명확한 스핀 상태를 가진다. 그러나 앨리스의 어느 복제물도 그 상태가 무엇인지 알지 못한다. 즉 앨리스는 무지의 상태에 있다. 이 경우 앨리스가 할 수 있는 최상의 예상은 앨리스의 큐비트가 위 스핀 또는 아래 스핀을 가질 가능성이 50 대 50이라는 것이다. 미묘한 차이에 주목하길 바란다. 앨리스의 큐비트는 측정 결과가 무엇이 될지 알 수 없는 양자 중첩 상태에 있지 않다. 앨리스 큐비트의 각 가지는 명확한 측정 결과를 주는 상태에 있지만, 앨리스는 그것이 어느 상태인지 알지 못한다. 그러므로 우리는 앨리스의 큐비트가 0이 아닌 엔트로피를 가졌다고 이야기한다. 폰 노이만의 생각은, 밥이 실험할지 말지를 앨리스가 전혀 모르기 때문에, 밥이 측정하기 전에조차 앨리스 큐비트의 엔트로피가 0이 아니라는 것이었다. 이것이 바로 얽힘 엔트로피이다.

o o o

양자장 이론에서 어떻게 얽힘 엔트로피가 나타나는지 알아보자. 잠시 중력에 대해서는 잊어버리고, 진공 상태에 있는 빈 공간 속의 한 지역을 생각해보자. 이 지역은 경계면에 의해 내부와 외부가 분리되어 있다. 빈 공간은 풍성한 질감을 가진 장소로, 양자 자유도로 가득 차 있다. 양자 자유도는 진동하는 장의 모드들이라고 보면 된다. 지역 내부의 모드들은 외부의 모드들과 얽혀 있어서, 이 지역의 전반적인 상태가 단순한 진공 상태라고 하더라도, 이 지역의 엔트로피는 이런 얽힘과 관련이 되어 있다.

심지어 엔트로피 값이 얼마인지 계산할 수도 있다. 답은 무한대이다. 이것은 양자장 이론이 가진 공통적인 복잡한 문제이다. 장의 진동 방법 개수가 무한하기 때문에, 명백히 물리석으로 관련된 많은 질문의 답이 무한대인 것이다. 그러나 앞 장에서 진공 에너지를 계산할 때 그랬던 것처럼, 특정 파장보다 긴 파장을 가진 모드들만 허용히는 탈락값을 부여하고, 어떤 일이 생실지 불을 수 있다. 결과로 얻은 엔트로피는 유한하며, 자연스럽게 이 엔트로피가 지역의 경계

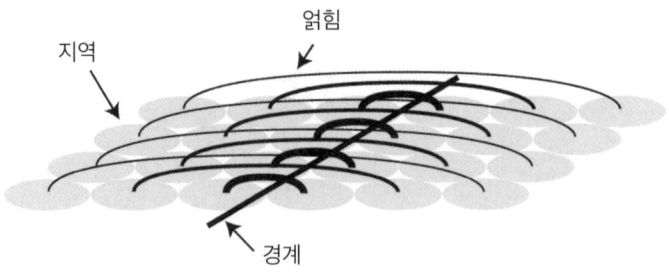

면 면적에 비례한다는 것이 밝혀졌다. 그 이유를 이해하는 것은 어렵지 않다. 공간의 한 부분 속 장의 진동은 다른 지역과 얽혀 있지만, 얽힘의 대부분은 가까운 지역에 집중되어 있다. 빈 공간 한 지역의 전체 엔트로피는 경계면에서의 얽힘 양에 의존하고, 이 양은 경계면이 얼마나 넓은가 하는 면적에 비례한다.

이것이 양자장 이론의 흥미로운 속성이다. 빈 공간 내부의 한 지역을 선택하면, 이 지역의 엔트로피는 경계면의 면적에 비례한다. 이것은 한편으로는 기하학적 양(지역의 면적)을 '물질'의 양(지역 내부에 담긴 엔트로피)과 관계 맺어준다. 이 모든 것은 기하학적 형태(시공간의 곡률)를 물질의 양(에너지)과 연결하는 아인슈타인의 방정식을 어렴풋이 떠올리게 한다. 어떤 식으로든 이들이 연관되어 있을까?

그렇다. 연관될 수 있다. 메릴랜드대학의 유능한 물리학자 테드 제이콥슨은 1995년 그의 도발적인 논문에서 이러한 연관성을 긍정했다. 중력을 포함하지 않은 통상적인 양자장 이론에서 엔트로피는 진공 상태의 면적에 비례하지만, 높은 엔트로피 상태에서는 그럴 필요가 없다. 제이콥슨은 중력에 특별한 어떤 것이 존재하기 때문이라고 가정했다. 중력을 포함하면 한 지역의 엔트로피는 항상 경계면의 면적에 비례한다. 이것은 양자장 이론의 예상과는 완전히 다르지만, 중력이 들어오면 그럴 수도 있다. 이 경우가 바로 그런 경우라고 상상할 수 있다. 이제 무슨 일이 일어나는지 알아보자.

제법 멋진 일이 일어난다. 제이콥슨은 표면의 면적이 (표면이 둘러싸고 있는) 해당 지역의 엔트로피에 비례한다고 생각했다. 면적은 기하학적인 양이다. 지역이 속한 공간의 기하학적 형태를 모르고서는, 공간의 일부인 표면의 면적을 계산할 수 없다. 아주 작은 표면의 면적을 아인슈타인 방정식의 왼편에 있는 동일한 기하학적인 양과 관련을 지을 수 있다는 점에 제이콥슨은 주목했다. 반면 엔트로피는 '물질', 넓게 해석하면 시공간 내부에 있는 대상들에 관한 어떤 것을 알려준다. 엔트로피라는 개념은 원래 열역학에서 나온 것으로, 계에서 빠져나가는 열과 관련된 것이다. 그리고 열은 에너지의 일종이다. 제이콥슨은 엔트로피가 아인슈타인 방정식의 오른편에 나오는 에너지 항과 직접 관련되어 있다고 주장했다. 아인슈타인이 그저 방정식이 사실이라고 '가정'했던 것과 달리, 제이콥슨은 이런 작업을 통해 일반상대성 이론의 방정식을 '유도'했다.

좀 더 직접적으로 같은 내용을 다뤄보자. 평평한 시공간 속에 어떤 작은 지역이 있다. 지역의 내부 모드가 외부 모드와 얽혀 있기 때문에, 이 지역은 엔트로피를 가지고 있다. 이제 양자 상태를 조금 변화시켜 얽힘의 양을 감소시킴으로써 엔트로피를 줄인다고 해보자. 제이콥슨의 묘사에서는, 그에 따라 이 지역을 둘러싼 면적도 조금 줄어든다. 제이콥슨은 양자 상태의 변화에 따른 이런 시공간의 기하학적 반응이 일반상대성 이론의 아인슈타인 방정식(곡률을 에너지와 연관지음)과 동등하다는 것을 보여주었다.

이것을 계기로, 현재 "엔트로피적" 중력 또는 "열역학적" 중력이라고 부르는 것에 대한 흥미가 폭발했다. 그런 상황에서 타누 파드마나반(2009)와 에릭 페르린더(2010)가 또 다른 중요한 기여를 했다. 일반상대성 이론에서의 시공간의 행동을 더 높은 엔트로피의 배열로 가려는 계의 자연적인 경향이라고 생각할 수 있다는 것이다.

이것은 아주 혁명적인 관점의 변화이다. 아인슈타인은 에너지(우주 속에 있는 대상의 특정한 배열과 관련된 명확한 물리량)를 가지고 시공간의 행동을 이해했다. 제이콥슨을 비롯한 다른 연구자들은 엔트로피(계의 많은 작은 구성원 사이의 상호작용에서 창발하는 집단 현상)만을 고려해도 같은 결론에 도달할 수 있다고 주장했다. 이런 간단한 초점의 변화가 중력에 관한 근본적인 양자 이론을 발견하고자 하는 우리의 탐구 여정에 결정적인 길을 제공할지도 모른다.

o   o   o

제이콥슨 자신은 양자 중력 이론을 제안하지 않았다. 그는 에너지원의 구실을 하는 양자장을 가지고, 고전적인 일반상대성 이론의 아인슈타인 방정식을 유도하는 새로운 방법을 제시했다. "면적"이나 "공간 속 지역" 같은 단어가 등장한다는 것은 제이콥슨의 제안이 시공간을 실체가 있는 고전적인 것으로 취급하고 있음을 말해준다. 그러나 얽힘 엔트로피가 그의 유도 방법에서 중심 역할을 담당한다는 것을 고려하면, 애초에 본질적으로 조금 더 양자적인 접근법에 이런 기본 아이디어를 적용할 수 있을지 묻는 것은 당연하다. 이런 양자적 접근법에서 공간 자체는 파동함수에서 창발한다.

다세계 이론에서 파동함수는 초고차원의 수학적 구성물인 힐베르트 공간 내부에 있는 추상적인 벡터이다. 보통 고전적인 것에서 시작해 이를 양자화함으로써 파동함수를 만들 수 있으며, 이는 파동함수가 무엇을 기술하게 될지, 즉 파동함수를 구성하고 있는 기본적인 부분들이 무엇인지 즉시 이해하게 해준다. 그러나 지금 여기서 우리는 그런 사치를 누릴 수 없다. 우리가 가진 것이라고는 상태 자체, 그리고 슈뢰딩거 방정식이다. 우리는 추상적으로 '자유도'를 이야기하지만, 이 자유도는 선뜻 인식할 수 있는 어떤 고전적인 대상의 양자 버전이 아니다. 이 자유도는 시공간은 물론 다른 모든 것들을 창발하는 양자역학적 진수essence이다. 존 휠러는 물리적 세계가 (어쨌든지) 정보로부터 나온다는 것을 암시하며 "비트로부터 나온 그것It from Bit"이라는 아이디어를 이야기하곤 했다. 오늘날에는 양자 자유도의 얽힘이 논의의 주된 초점이 되었으니, "큐비트로부터 나온 그것It from Qubit"이라고 이야기하는 게 좋겠다.

슈뢰딩거 방정식을 돌아보면, 이 방정식은 파동함수의 변화율이 해밀토니안에 의해 결정된다는 것을 말해준다. 다음을 기억하자. 해밀토니안은 계가 얼마나 많은 에너지를 가지고 있는가를 기술하는 방법이며, 계의 동역학에 관한 모든 것을 담고 있는 간략한 방법이다. 실제 세계에서 해밀토니안의 표준 속성은 동역학적 국소성이다. 즉 딸림계들이 서로 옆에 있을 때만 한 딸림계가 다른 딸림계와 상호작용하고, 멀리 떨어져 있을 때는 상호작용하지 않는다. 서로의 영향이 공간을 통해 전파될 수 있지만, 전파 속력은 광속보다 낮거나 같다. 그러므로 한 특정한 순간의 사건은 현재의 위치에서 일어나는 사건에만 즉시 영향을 미칠 수 있다.

우리가 스스로에게 부과한 문제, 그러니까 '어떻게 공간이 추상적인 양자 파동함수에서 창발하는가' 하는 문제에 관해, 우리는 편리하게 개별 부분들을 출발점으로 삼을 수도 없고, 또한 어떻게 이들이 상호작용하는지를 물을 수도 없다. 우리는 해당 맥락에서 '시간'이 의미하는 바는 알지만(슈뢰딩거 방정식의 문자 t가 바로 시간이다), 입자나 장, 심지어 3차원의 위치조차 우리에게 주어져 있지 않다. 우리는 지금 빈 공간에서 숨을 고르는 중이며, 산소가 있을 만한 곳에서 산소를 찾아야 한다.

다행히 이런 경우에 리버스 엔지니어링을 아주 잘 사용할 수 있다. 계의 개별 조각들에서 시작해 어떻게 이들이 상호작용하는지 묻는 대신, 다른 길로 우회할 수 있다. 전체 계(추상적인 양자 파동함수)와 계의 해밀토니안을 고려해볼 때, 이 계를 딸림계로 나누는 합리적인 방법이 존재할까? 비유컨대 그것은 얇게 썬 빵을 평생 구매하고, 그런 다음 썰지 않은 빵 덩어리를 건네받는 것과 같다. 빵을 써는 다양한 방법들을 떠올려볼 수 있을 텐데, 그중 최상의 방법이라고 확신할 수 있는 하나의 특정한 방법이 있을까?

그렇다. 있다. 만약 국소성이 실제 세계의 중요한 속성이라고 믿는다면 말이다. 이 문제를 한 비트 한 비트, 혹은 한 큐비트 한 큐비트 살펴보자.

일반적인 양자 상태는 명확한 고정된 에너지를 가진 기저 상태들의 중첩으로 생각할 수 있다(회전하는 전자의 일반적인 상태를 분명한 위 스핀과 아래 스핀을 가진 전자의 중첩으로 생각할 수 있는 것과 같다). 해밀토니안은 각각의 가능한 명확한 에너지 상태에 대해 저마다 실제 에너지가 무엇인지 알려준다. 가능한 에너지들의 목록을 고려하면, 보통 파동함수를 '국소적'으로 상호작용하는 딸림계로 나누는 유일한 방법이 존재한다. 실제로, 에너지 목록이 무작위적일 경우에는 파동함수를 국소적인 딸림계로 나누는 방법이 존재하지 않지만, 해밀토니안이 올바른 종류일 경우에는 정확히 한 가지 방법이 존재한다. 물리학을 국소적으로 보이도록 만들면, 양자계를 자유도 집단으로 분해하는 방법을 알 수 있다.

달리 말해 실체의 근본 구성블록 집합을 출발점으로 삼은 다음, 이들을 합쳐 세계를 만들 필요가 없다. 세계에서 출발하여, 세계를 근본 구성블록의 더미로 생각하는 방법이 있는지 물을 수 있다. 올바른 종류의 해밀토니안을 갖고 있다면 그것이 가능하며, 세계에 관한 모든 데이터와 경험은 우리가 정말로 올바른 종류의 해밀토니안을 갖고 있음을 암시한다. 물리학 법칙이 전혀 국소적이지 않은 세계를 떠올리기는 쉽다. 그러나 이런 세계에서의 삶이 어떤 것인지, 또 심지어 삶이 가능하기는 한 것인지 상상하기가 쉽지 않다. 물리적 상호작용의 국소성은 우주에 질서를 가져오는 데 도움을 준다.

o o o

이제 공간 자체가 어떻게 파동함수에서 창발하는지 알 수 있게 되었다. 우리 계를 나누는 특별한 방법, 그러니까 국소적으로 자기 주변과 상호작용하는 자유도들로 계를 나누는 방법이 있다고 말할 때, 이 말이 실제 함의하는 바는 각 자유도가 단지 적은 수의 다른 자유도하고만 상호작용한다는 것이다. '국소'와 '최근접'의 개념이 처음부터 부과된 것은 아니다. 이 개념들은 상호작용이 아주 특별하다는 사실에서 나온 것이다. 이것을 "자유도들이 가까이 있을 때만 상호작용한다"라고 해석하면 안 되고, "이들이 상호작용할 때 두 자유도가 '가까이' 있고, 그렇지 않을 때 '멀리 떨어져' 있다고 '정의'한다"라고 해석해야 한다. 기다란 목록의 추상적인 자유도들은 네트워크로 함께 접합되며, 이 네트워크 안에서 각 자유도는 적은 수의 다른 자유도와 연결된다. 이 네트워크가 공간 자체를 건설할 뼈대가 된다.

바로 이것이 출발점이다. 하지만 우리는 더 많은 것을 원하는데, 이를테면 누군가 당신에게 두 도시가 얼마나 멀리 떨어져 있느냐 물을 때, 그는 '가까이'나 '멀리'보다는 더 구체적인 답을 얻기를 바란다. 그는 실제 거리를 원하며, 이것이 보통 계산 가능한 시공간에서의 계량이다. 우리는 자유도로 나뉜 추상적인 파동함수에서 아직 완전한 기하학적 형태를 만들지 못했고, 단지 '가까운'과 '먼'의 개념만을 만들었다.

우리는 더 잘할 수 있다. 제이콥슨이 양자장 이론의 진공 상태에 관한 직관으로부터 아인슈타인 방정식을 유도했다는 것을 상기해보자. 공간 한 지역의 얽힘 엔트로피는 경계면의 면적에 비례한다. 추상적인 자유도를 사용해 양자 상태를 기술하는 현재의 맥락에서, 우리는 '면적'의 의미가 무엇인지 알지 못한다. 그러나 자유도 사이의 얽힘이 존재하고, 이로부터 엔트로피를 계산할 수 있다.

그러므로 다시 한 번 리버스 엔지니어링 철학에 따라, 얽힘 엔트로피에 비례하는 자유도 집단의 면적을 '정의'할 수 있다. 사실 가능한 모든 자유도의 딸림 집합에 대해서도 이를 확고히 할 수 있는데, 네트워크 내부에 그릴 수 있는 모든 표면에 면적을 부여하면 된다. 다행히 수학자들은 오래전부터 한 지역의 내부에 그릴 수 있는 모든 표면의 면적을 알면, 이 지역의 기하학적 형태를 충분히 결정할 수 있다는 사실을 알아냈다. 이는 곧 모든 곳에서의 계량을 아는 것과 완전히 동등하다. 달리 말해 ① 자유도들이 어떻게 얽혀 있는지를 안다, ② 자유도 집단의 엔트로피가 이 집단을 둘러싼 경계면의 면적을 정의한다, 이 둘을 결합하면 창발하는 공간의 기하학적 형태를 결정하기에 충분하다.

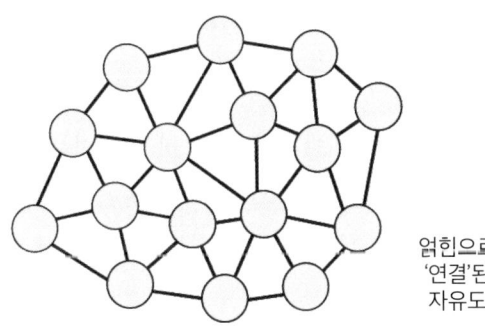

얽힘으로 '연결'된 자유도

이를 조금 덜 공식적인 용어로 기술할 수도 있다. 시공간 자유도 중 두 개를 선택하자. 일반적으로 이들은 조금 얽혀 있다. 만약 이들

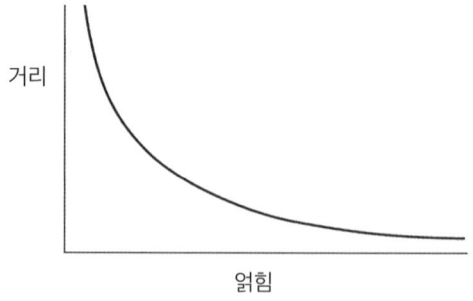

이 진공 상태에서 진동하는 양자장의 모드라면, 우리는 그 얽힘의 정도가 어떤지 정확하게 알 수 있다. 이들이 가까이 있으면 강하게 얽혀 있고, 멀리 떨어져 있으면 약하게 얽혀 있다. 이제 다른 식으로 생각해보자. 자유도가 강하게 얽혀 있으면 이들이 가까이 있다고 정의하고, 멀면 멀수록 약하게 얽혀 있다고 정의한다. 양자 상태의 얽힘으로부터 공간의 계량이 창발했다.

물리학자들에게조차 이런 방식의 사고는 조금 예외적이다. 왜냐하면 공간 자체를 당연시하면서 공간 속을 움직이는 입자를 생각하는 것에 익숙해져 있기 때문이다. EPR 사고실험에서 알 수 있듯, 두 입자가 아무리 멀리 떨어져 있더라도 두 입자는 완전히 얽혀 있다. 즉 얽힘과 거리는 전혀 관계가 없다. 하지만 지금 우리는 입자가 아닌 공간 자체를 구성하고 있는 근본 구성블록인 자유도에 관해 이야기하고 있다. 이들은 낡은 방식으로 얽혀 있지 않으며, 매우 구체적인 구조 속에 함께 엮여 있다.*

이제 엔트로피와 면적에 대한 제이콥슨의 꾀를 사용해보자. 네트워크상에 있는 모든 표면의 면적을 알면 공간의 기하학적 형태를 알 수 있고, 각 지역의 엔트로피를 알면 이 지역의 에너지를 알 수 있다. 나는 이 접근법을 사용해 동료인 전준 (찰스) 카오와 스피리돈 미차라키스와 함께 2016년과 2018년에 논문을 발표했다. 이와 밀접한 관련이 있는 아이디어들도 톰 뱅크스. 윌리 피슐러, 스티브 기딩스 등의 물리학자들이 연구해왔다. 그들은 시공간이 근본적인 것이 아니라 파동함수로부터 창발했다는 아이디어를 기꺼이 받아들인다.

하지만 다음과 같이 단순히 이야기하기에는 너무 이르다. "맞아요. 이런 창발한 공간의 기하학은 시간에 따라 진화해요. 일반상대성 이론의 아인슈타인 방정식을 따르는 시공간을 기술하는 방식과 정확히 같죠." 그것이 궁극적인 목표이기는 하지만, 아직 거기에 이르지는 못했다. 우리가 할 수 있는 일은 필요조건의 목록을 구체화하고, 이런 필요조건에서 정확히 어떤 일이 일어날지 알아내는 것이다. 개별 필요조건들은 합리적인 것 같다(이를테면 "먼 거리에서는, 물리학이 유효 양자장 이론처럼 보인다" 같은 것들). 그러나 이들 중 많은 것은 아직 증명되지 않았으며, 아직 중력장이 비교적 약한 경우에만 가장 엄격한 검증을 통과했다. 가능성 있는 이론들이 존재하긴 하지만, 우리는 아직 블랙홀이나 빅뱅을 기술하는 방법을 모른다.

이것이 이론물리학자의 삶이다. 우리는 모든 답을 알지 못하지

---

* 2013년 후안 말다세나와 레너드 서스킨드는 얽힌 입자들이 시공간 속의 미시적이(또 통과할 수 없는) 웜홀로 연결되어 있다는 제안을 했다(웜홀이란 두 블랙홀 사이를 연결하는 통로로, 순간적인 공간 이동이나 시간 여행을 하는 데 사용할 수 있다고 알려져 있다—옮긴이). 이것을 1935년에 발표된 유명한 논문 두 편의 이름을 따서 "ER=EPR 추측"이라고 부른다. 그중 한 편은 물론 아인슈타인과 네이선 로즌의 논문으로, 그들은 이 논문에서 웜홀의 개념을 소개했다 다른 한 편은 아인슈타인, 로즌, 보리스 포돌스키의 논문으로, 이 논문은 얽힘에 대해 논의했다. 하지만 이러한 웜홀 관련 제안이 얼마나 오래 받아들여질지는 여전히 불분명하다.

만 야망을 품고 있다. 추상적인 양자 파동함수에서 출발하여, 어떻게 양자 얽힘에 의해 고정된 기하학적 형태를 가진 공간이 창발하고, 어떻게 이 기하학적 형태가 일반상대성 이론의 동역학 규칙을 따르는 것처럼 보이는지를 기술하는 로드맵을 갖고 있다. 이 제안에는 너무 많은 경고와 가정들이 포함되어 있어, 대체 어느 것부터 나열해야 할지 모르겠다. 그러나 우주를 이해하기 위한 과정이 중력을 양자화하는 데 있지 않고, 양자역학 내부에서 중력을 발견하는 데 있다는 것은 매우 현실적인 전망으로 보인다.

o   o   o

이 논의 가운데 미세한 불균형이 있다는 것을 알아차렸을 것이다. 지금까지 어떻게 시공간이 양자 중력의 얽힘에서 창발하는지 물었다. 그러나 정직하게 말해, 실제로는 어떻게 공간이 창발하는지만 살펴보았다. 우리는 이 과정에서 당연히 시간이 등장한다고 생각했다. 그리고 이런 접근법이 완전히 공평하다고 할 수도 있다. 상대성 이론은 공간과 시간을 같은 비중을 가진 것으로 취급하고 있지만, 일반적으로 양자역학은 그렇지 않다. 특히 슈뢰딩거 방정식은 공간과 시간을 아주 다르게 취급하고 있다. 말 그대로, 슈뢰딩거 방정식은 양자 상태가 시간에 따라 어떻게 진화하는지를 기술한다. 우리가 어떤 계를 관측하느냐에 따라 '공간'은 이 방정식의 부분이 될 수도 있고 되지 않을 수도 있지만, 시간은 근본적이다. 우리에게 공간과 시간의 대칭성은 상대성 이론을 통해 익숙한데, 이러한 대칭성은 고전적인 근사에서는 나타나지만 양자 중력에서는 적용되지 않을 가능성이 크다.

그럼에도 불구하고, 공간처럼 시간도 근본적이지 않고 창발하는 것이며, 얽힘이 이런 창발과 관계가 있을지 모른다고 생각할 법하다. 비록 세부사항은 조금 불완전하지만, 두 가지 생각 모두에 "맞다"라고 답할 수 있다.

있는 그대로 슈뢰딩거 방정식을 받아들이면, 원래부터 시간이 방정식 안에 있다. 이 사실은 실제로 거의 모든 양자 상태에 대해, 우주가 과거와 미래에 영원히 지속한다는 것을 의미한다. 이것은 '빅뱅이 우주의 시초'라는 자주 반복되는 사실과 모순이 될 수 있지만, 사실 자주 반복되는 사실이 옳은 것인지 우리는 잘 알지 못한다. 이것은 고전적인 일반상대성 이론의 예측이지, 양자 중력 이론의 예측은 아니다. 양자 중력이 슈뢰딩거 방정식의 특정 버전에 따라 작동한다면, 거의 모든 양자 상태에 대해, 시간은 과거의 음의 무한대로부터 미래의 양의 무한대까지 변할 수 있다. 무한히 오래된 우주가 진화하는 데 있어, 빅뱅은 단지 한 전환기에 지나지 않는 것이다.

이런 언급 속에는 한 가지 허점이 존재하기 때문에 우리는 "거의 모든"이라는 단서를 붙여야 한다. 슈뢰딩거 방정식이 말해주는 것은 파동함수의 변화율이 양자계의 에너지 크기에 의해 결정된다는 것이다. 그런데 계의 에너지가 정확히 0이 되면 어떤 일이 생길까? 그러면 방정식은 계가 전혀 진화하지 않는다고 말한다. 즉, 시간이 사라진다.

우주의 에너지가 정확히 0이 될 가능성은 거의 없다고 생각할 수 있다. 그러나 일반상대성 이론은 그렇지도 않다고 이야기한다. 물론 우주의 모든 것, 이를테면 별, 행성, 성간 복사, 암흑물질, 암흑에너지 등은 에너지를 가지고 있는 것처럼 보인다. 그러나 수학 계산을 할 때, 중력장 자체에 의한 에너지(일반적으로 음의 에너지)의 기여 역시 존재한다. 닫힌 우주, 그러니까 무한히 펼쳐지지 않고 3차원의 구나 토러스처럼 공간이 말려 콤팩트 기하학을 형성하는 우주에서는 이런 중력 에너지가 정확히 다른 모든 것에 의한 양의 에너지를 상쇄한다. 닫힌 우주는 내부에 무엇이 있든지 상관없이, 우주 에너지가 정확히 0이다.

이것은 고전적 이론의 주장이다. 하지만 존 휠러와 브라이스 디윗이 개발한 양자역학 버전도 있다. 간단히 말해, 휠러-디윗 방정식은 우주의 양자 상태가 시간에 따라 전혀 진화하지 않는다고 주장한다.

미친 주장처럼 들리거나, 적어도 우리 관측 경험과는 크게 모순되는 것처럼 보인다. 우주는 분명 진화하는 것 같다. 이 수수께끼에는 영리하게도 양자 중력의 '시간 문제problem of time'라는 이름이 붙여졌으며, 시간의 창발 가능성이 이 문제의 구원자로 등장했다. 우주의 양자 상태가 휠러-디윗 방정식을 따른다면(가능성이 있지만 분명하지는 않다), 시간은 근본적이지 않고 반드시 창발해야 한다.

돈 페이지와 윌리엄 우터스가 1983년 한 가지 가능한 방법을 제안했다. 시계 하나와 그 외의 우주, 이렇게 두 부분으로 구성된 양자계를 생각해보자. 시계와 나머지 계 모두 보통처럼 시간에 따라 진화한다고 가정하자. 이제 1초에 한 장, 또는 플랑크 시간에 한 장씩 일정한 시간 간격을 두고 양자 상태의 스냅사진을 찍는다. 특정 사진 속에서 양자 상태는 특정한 시간을 가리키는 시계와 이 시간에 특정 배열을 가진 나머지 계를 기술한다. 이를 통해 계의 순간적인 양자 상태를 알 수 있다.

양자 상태의 위대한 점은 새로운 상태를 만들기 위해, 양자 상태를 더할(중첩할) 수 있다는 것이다. 따라서 모든 스냅사진을 더해 새로운 양자 상태를 만들어보자. 새 양자 상태는 시간에 따라 진화하지 않는다. 새로운 양자 상태를 수작업으로 만들었기 때문에, 이 상태는 단지 거기에 존재할 뿐이다. 그리고 시계가 가리키는 특정한 시간이 존재하지 않는다. 시계 딸림계는 스냅사진을 찍은 모든 순간의 중첩 상태에 있다. 이는 그리 우리 세계의 얘기처럼 들리지 않는다.

그러나 여기 한 가지 사실이 있다. 모든 스냅사진의 중첩 속에서 시계의 상태는 나머지 계의 상태와 얽혀 있다. 시계를 측정하여 시계가 특정한 시간을 가리키고 있다는 것을 알게 되면, 그 외의 우주는 정확히 그 시간에 원래의 계가 진화한 상태에 있게 된다.

$$\Psi = (계 @\ t=0, 시계=0)$$
$$+\ (계 @\ t=1, 시계=1)$$
$$+\ (계 @\ t=2, 시계=2)$$
$$+\ \cdots$$

달리 말해, 완전한 정적 중첩 상태에서 '실제' 시간이라는 것은 존재하지 않는다. 그러나 얽힘은 시간이 가리키는 것과 그 외의 우주가 하는 일 사이의 관계를 맺어준다. 그리고 그 외의 우주의 상태는 원래 상태가 시간에 따라 진화했을 때의 상태와 정확히 같다. 우리는 근본적 개념인 '시간'을 '전체 양자 중첩 상태의 시간 부분에서 시계가 가리키는 것'으로 대체했다. 얽힘이란 마법 덕분에 이런 방식으로 시간이 정적 상태로부터 창발한다.

우주의 에너지가 실제로 0인지 아닌지는 아직 판단하기 어렵다. 따라서 시간은 창발하거나, 또는 어느 다른 숫자이다(이를테면 시간이 근본적일 경우처럼). 현재 지식으로는, 가능성을 열어두고 모두 조사해보는 것이 좋을 것 같다.

14장

공간과 시간을 넘어
홀로그래피, 블랙홀과 국소성의 한계

    2018년 스티븐 호킹이 죽기 전, 그는 세계에서 가장 유명한 현존 과학자였다. 이런 평판을 얻은 것은 전적으로 당연하다. 호킹은 카리스마와 영향력을 가진 대중적인 인물이었으며, 영감을 주는 개인적 이야기를 가졌을 뿐 아니라, 그의 과학적 업적 역시 그 자체로 엄청나게 중요했기 때문이다.

    호킹의 가장 위대한 업적은, 일단 우리가 양자역학의 영향을 포함시킨다면 블랙홀은 "그리 검지 않다"는 걸 보여준 것이다. 블랙홀은 실제로 입자들을 꾸준히 공간에 방출하고 있으며, 이 입자들은 블랙홀에서 에너지를 빼앗아가 블랙홀 크기를 줄어들게 만든다. 이런 깨달음을 통해 우리는 심오한 통찰을 얻은 것은 물론(블랙홀은 엔트로피를 가진다), 예상치 못한 수수께끼들과도 마주하게 되었다(블랙홀이 형성된 다음 증발해버릴 때, 그 정보는 어디로 가는가).

    블랙홀이 복사를 한다는 사실, 그리고 그 놀라운 아이디어가 함의하는 바는 양자 중력의 본질에 대한 최고의 단서가 된다. 우리가 가진 유일한 단서이기도 하다. 호킹은 먼저 완전한 양자 중력 이론을 만든 다음 이 이론을 사용해 블랙홀이 복사를 한다는 식으로 자신의 생각을 보여주지 않았다. 대신 호킹은 시공간 자체를 고전적인 것으로 취급하고, 이 위에 동적 양자장이 존재한다는 합리적 가정을 했다. 우리는 어쨌거나 이것이 합리적인 근사이기를 희망한다. 하지만 호킹의 통찰력 중 수수께끼 같은 면 일부 때문에, 이를 재고해보게 된다. 이 주제에 관한 호킹의 원래 논문이 발표된 지 45년이 지난 지금, 블랙홀의 복사를 이해하려는 시도가 여전히 현재 이론물리학의 가장 뜨거운 주제 가운데 하나이다.

이 작업이 완전하지는 않지만, 한 가지 사실은 분명하다. 앞 장에서 스케치한 단순한 묘사, 그러니까 얽혀 있는 최근접 자유도 집합에 의해 공간이 창발한다는 것은 아마도 이야기의 일부일 뿐이다. 물론 그것은 아주 좋은 이야기이며, 양자 중력 이론을 만드는 올바른 출발점일지 모른다. 하지만 이 이야기는 너무 국소성(공간의 한 장소에서 일어난 일은 바로 옆에 있는 점들에만 즉시 영향을 미칠 수 있다)에 의존하고 있다. 우리가 이해하고 있는 범위 내에서, 블랙홀은 자연이 그것보단 더 미묘하다는 것을 가리키고 있는 것 같다. 어떤 상황에서는 세상이 최근접 자유도들과 상호작용하고 있는 자유도 집단처럼 보이지만, 중력이 강해지면 이런 간단한 묘사가 들어맞지 않는다. 자유도들이 공간에 퍼져 있는 대신 표면에 몰려 있게 되고, "공간"은 단지 그 안에 포함되어 있는 정보의 홀로그래피 투영holographic projection에 지나지 않게 되는 것이다.

국소성은 의심의 여지없이 일상의 삶에서 중요한 역할을 담당하지만, 실체의 근본 속성은 공간상의 정확한 장소에서 일어나는 일들의 집합에 의해서는 정녕 포착될 수 없는 것처럼 보인다. 다시 한 번 여기서 우리가 할 일은 양자역학에 다세계 접근법을 적용하는 것이다. 다른 접근법들의 경우에는 공간을 주어진 것으로 생각하고, 이 공간에서 작업한다. 하지만 파동함수가 우선인 에버렛 지지자들의 철학에 따르면, 공간이란 우리가 그것을 어떻게 바라보느냐에 따라 근본적으로 다르게 나타날 수 있다. 물리학자들은 여전히 이 아이디어가 가진 의미를 놓고 고민 중이지만, 그것은 이미 우리를 몇몇 흥미로운 지점으로 이끌었다.

o o o

일반상대성 이론에서 블랙홀은 시공간이 너무 휘어져 있어 아무것도, 심지어는 빛조차도 빠져나올 수 없는 지역을 말한다. 블랙홀의 내부를 외부와 구분해주는 경계를 "사건의 지평선event horizon"이라고 부른다. 고전적인 상대성 이론에 의하면, 사건의 지평선 면적은 줄어들지 않고 늘어나기만 한다. 즉 블랙홀 속으로 물질과 에너지가 빨려 들어와 외부 세계로 질량을 잃지 않을 때, 블랙홀의 크기가 증가한다.

이전까지 모든 사람은 이것이 사실이라고 생각했다. 하지만 1974년, 양자역학이 모든 것을 변화시켰다고 호킹이 발표했다. 양자장이 존재할 때, 블랙홀은 자연적으로 입자를 주위로 방출한다. 이 입자들은 흑체복사 스펙트럼을 보이기 때문에, 모든 블랙홀은 온도를 갖고 있다. 블랙홀의 질량이 크면 클수록 온도가 더 낮은 반면, 아주 작은 블랙홀의 온도는 아주 높다. 이러한 블랙홀의 복사 스펙트럼에 대한 온도 공식이 영국 웨스트민스터 사원에 있는 호킹의 묘비에 새겨져 있다.

블랙홀이 방출한 입자들은 에너지를 밖으로 전달해 블랙홀의 질량이 줄어들게 하고, 결국에는 블랙홀이 완전히 증발하도록 한다. 호킹 복사를 망원경으로 관측할 수 있으면 좋겠지만, 우리가 알고 있는 어떠한 블랙홀에서도 이런 일은 일어나지 않는다. 태양 질량을 가진 블랙홀의 온도는 대략 0.00000006켈빈이다(켈빈은 절대온도 단위이고, 0켈빈은 대략 섭씨 -273도이다—옮긴이). 이런 블랙홀에서 나오는 신호는 빅뱅이 남긴, 약 2.7켈빈의 온도를 가진 마이크로파 복사와 같은 다른 신호에 묻힌다. 블랙홀은 물질과 복사를 융합하여 절대 커질 수 없음에도 불구하고, 완전히 증발해버릴 때까지 10^{67}년 이상 걸린다.

왜 블랙홀이 복사를 하는지 설명하는 표준적인 이야기가 있다. 나도 이 이야기를 들었고, 호킹에 따르면 모든 사람이 이 이야기를 한다고 한다. 내용은 다음과 같다. 양자장 이론에 의하면, 진공은 입자들이 생성/소멸하면서 부글거리며 끓고 있는 입자 스프와 같으며, 이 스프는 대개 하나의 입자와 하나의 반입자로 짝을 지어 이루어져 있다. 보통은 알아차리지 못하지만, 블랙홀의 사건의 지평선 근처에서 입자들 가운데 하나가 외부 세계로 탈출하는 사이에, 또 다른 입자는 블랙홀 내부로 떨어진 다음 절대 빠져나가지 못할 수 있다. 멀리서 이것을 보는 사람의 관점에서 볼 때, 탈출한 입자가 양의 에너지를 갖고 있으므로 대차대조표의 균형을 맞추기 위해서는 블랙홀로 떨어진 입자가 음의 에너지를 가져야 하고, 블랙홀이 이 음의 에너지 입자들을 흡수하기 때문에 블랙홀의 질량이 줄어든다.

파동함수가 우선인 에버렛 이론의 관점에서, 이 현상을 더 잘 기술할 수 있다. 입자들이 생성되었다가 소멸되는 이야기는 흔히 물리적인 직관을 제공하는 화려한 은유에 지나지 않으며, 이 이야기도 분명히 그런 경우의 하나에 해당한다. 그러나 실제로 우리가 가지고 있는 것은 블랙홀 주위에 있는 장의 양자 파동함수이다. 그리고 이 파동함수는 정적이지 않다. 즉 파동함수는 그 외의 뭔가로 진화하며, 이 경우에는 더 작은 블랙홀로 진화한다. 또한 그에 더해 전방위로 블랙홀을 빠져나가는 몇몇 입자들로도 진화한다. 이것은 원자와 그리 다르지 않은데, 원자의 경우 내부 전자가 약간의 추가적인 에너지를 가져 광자를 방출한 다음 더 낮은 에너지 상태로 떨어지게 된다. 원자와 블랙홀의 차이는 원자가 결국 가장 낮은 에너지 상태에 도달하여 거기에 머무는 반면, 블랙홀은 마지막 순간에 높은 에너지 입자들의 섬광과 함께 폭발하면서 (우리가 아는 한) 완전히 붕괴한다는 것이다.

호킹은 전통적인 양자장 이론을 사용하여 블랙홀이 어떻게 복사를 하고 어떻게 증발해버리는지에 대한 이야기를 유도했는데, 입자물리학자들이 대개 사용하는 중력이 없는 맥락이 아닌, 일반상대성이론의 휘어진 시공간 속에서 이 일을 해냈다. 호킹의 이야기는 진정한 양자 중력 이론의 결과가 아니다. 즉, 호킹은 시공간 자체를 양자 파동함수의 일부가 아니라 고전적인 것으로 취급했다. 이 시나리오의 어디에서도 실제로 양자 중력에 대한 심오한 지식을 필요로 하는 것 같지는 않다. 물리학자 입장에서 말하자면, 호킹 복사는 확실한 현상이다. 달리 말해 양자 중력을 연구한다면, 언제나 호킹의 결과를 얻게 된다.

이 때문에 한 가지 문제가 생긴다. 이론물리학계에서 악명이 높은 블랙홀 정보 수수께끼black hole information puzzle가 그것이다. 다세계 이론의 양자역학이 결정론적 이론이라는 것을 기억하자. 무작위성은 단지 겉보기에만 그럴 뿐으로, 이는 파동함수가 분기하고 우리가 어느 가지에 있게 될지 알지 못하는 자기위치 설정 불확정성에서 기인한다. 그러나 호킹의 계산에서 블랙홀 복사는 결정론을 따르지 않는 것 같다. 즉 이것은 분기가 없을 때조차 진짜로 무작위적이다. 정확히 물질이 붕괴하여 블랙홀을 만드는 양자 상태로부터 출발한다고 하더라도, 복사로 인해 블랙홀이 증발했을 때의 양자 상태를 정확히 계산할 방법이 없다. 애초의 상태를 규정하는 정보가 사라지는 것 같다.

한 권의 책(지금 읽고 있는 바로 이 책일 수 있다)을 가져다 책을 불 속에 던져 완전히 태운다고 상상해보자(같은 책을 더 살 수 있으니 걱정하지 않아도 된다). 책 속에 든 정보가 불꽃으로 사라지는 것처럼 보일 것이다. 그러나 사고실험이라는 교묘한 물리학 수단에 의지하면, 이것은 겉보기 손실에 지나지 않는다. 원리적으로, 불탈 때 나오는 모든 빛과 열과 먼지와 재를 갈무리하고 물리학 법칙에 대해 완벽한 지식을 가지고 있다면, 책 페이지에 있는 모든 단어를 포함하여 불 속에 던진 모든 것을 정확히 재현할 수 있다. 실제 세상에서는 이런 일이 절대로 일어나지 않지만, 물리학적으로는 가능하다.

대부분의 물리학자는 블랙홀이 이와 같다고 생각한다. 즉 책을 블랙홀에 던지면, 각 페이지에 담긴 정보가 은밀히 블랙홀이 방출하는 복사 속에 코딩된다. 그러나 호킹이 유도한 블랙홀 복사에 의하면, 실제로 이런 일은 일어나지 않고 책 속의 정보가 진짜로 파괴되는 것처럼 보인다.

물론 이러한 함의가 충분히 맞는 것일 수도 있다. 즉 정보는 실제로 파괴되며, 블랙홀의 증발은 평범한 불과는 전혀 다를 수 있다. 그것은 우리가 실험에서 어떤 내용을 이렇게 저렇게 입력하는 것과는 다른 것이다. 하지만 대부분의 물리학자는 정보가 보존된다고 믿으며, 실제로는 정보가 어쨌든 밖으로 나온다고 생각한다. 또한 그들은 정보를 외부로 뽑아내는 비밀이 양자 중력을 더 잘 이해하는 데 있다는 걸 수상쩍게 여긴다.

말하기는 쉽지만 증명하기는 쉽지 않은 법이다. 당신은 우선 블랙홀이 검은 이유를 설명하는 한 가지 방법으로, 그곳에서 빠져나오기 위해선 광속보다 빨리 이동해야 한다는 점을 들 수 있다. 호킹 복사가 블랙홀 내부의 깊은 곳에서가 아니라, 사건의 지평선 바로 바깥쪽에서 일어나기 때문에, 해당 어려움을 피해갈 수 있다. 그러나 블랙홀에 던진 책의 경우에는 모든 정보를 고스란히 지닌 채 내부로 끌려 들어가지 않는가. 당신은 어쩌면 책이 사건의 지평선을 통과해 끌려들어가는 순간에, 어쨌든 이 정보가 외부로 방출되는 복사상에 복제되어 외부로 전달될지 모른다고 생각할 수도 있다. 하지만 불행하게도 이것은 양자역학의 기본 원리에 모순된다. 이런 결과를 비복

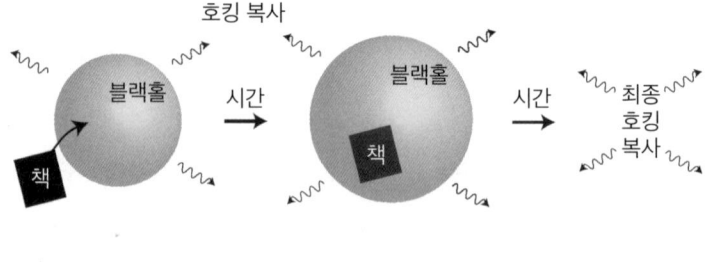

1. 블랙홀에 던진 책   2. 블랙홀 내부의 책   3. 블랙홀이 증발한다

제 정리no-cloning theorem라고 부르며, 이 정리는 원본을 파괴하지 않고서는 양자 정보를 복제할 수 없다고 말한다.

다른 가능성은 책이 블랙홀 끝까지 떨어지지만, 블랙홀 내부의 특이점singularity에 닿으면, 책의 정보가 사건의 지평선에서 외부로 방출되는 복사에 전달된다는 것이다. 불행하게도 이 역시 광속보다 빠른 통신, 또는 그에 상응하는 동적인 비국소성dynamical nonlocality(시공간의 한 점에서 일어난 사건이 어느 정도의 거리만큼 떨어진 곳에서 일어날 일에 즉각적인 영향을 미치는 것)을 필요로 하는 것 같다. 통상적인 양자장 이론의 규칙에 따르면, 정확히 이런 비국소성은 불가능하다. 바로 이것이 양자 중력을 중요하게 만들었던 해당 규칙들을 크게 수정해야 하는 한 가지 단서가 될 수 있다.*

---

* 블랙홀 안으로 떨어진 물체가 실제로 블랙홀 내부의 깊숙한 곳에 도달한다는 것에 모두가 동의하는 것은 아니다. 2012년 일단의 물리학자들은 만약 양자역학의 기본 교리를 위배하지 않으면서 어느 증발하는 블랙홀에서 정보가 빠져나온다면, 사건의 지평선에서 뭔가 극적인 것이 발생해야만 한다고 주장했다. 보통 가정하듯이 고요하고 비어 있는 시공간이 아닌, 방화벽firewall이라고 알려진 높은 에너지 입자들의 폭풍 같은 것 말이다. 방화벽에 대한 의견은 분분하며, 이론물리학자들은 이 주제를 놓고 아직도 논쟁 중이다.

○   ○   ○

블랙홀이 복사를 한다는 호킹의 제안을 예상치 못했던 것은 아니었다. 이것은 블랙홀이 엔트로피를 가지고 있어야 한다는 야코브 베켄슈타인(그는 당시 프린스턴대학에 다니던, 존 휠러의 대학원생이었다)의 제안에 답하면서 나온 것이다.

베켄슈타인이 이런 생각을 한 동기는, 고전적인 일반상대성 이론에 의하면 블랙홀의 사건의 지평선 면적이 절대 감소할 수 없다는 사실이었다. 이것은 닫힌계의 엔트로피가 절대 감소하지 않는다는 열역학 제2법칙과 의심스러울 정도로 닮았다. 이런 유사성에 영감을 받아, 물리학자들은 열역학 법칙과 블랙홀의 행동 사이에 정교한 유사성을 구축했다. 즉 블랙홀의 질량은 열역학계의 에너지와 유사하며, 사건의 지평선 면적은 엔트로피와 유사하다.

베켄슈타인은 이것이 유사성 이상의 의미가 있다는 제안을 했다. 사건의 지평선 면적은 단순히 엔트로피와 유사한 것이 아니라, 그 자체가 바로 블랙홀의 엔트로피이거나, 적어도 엔트로피에 비례한다는 것이다. 호킹 등의 연구자들은 처음에 이 제안을 비웃었다. 블랙홀이 전통적인 열역학계처럼 엔트로피를 가진다면, 블랙홀의 온도가 존재해야 하고, 그러면 복사가 일어나야 한다! 호킹은 이런 우스운 개념을 반박하려고 연구를 시작했지만, 결국에는 이것이 모두 옳다는 것을 증명하고 말았다. 그리하여 현재는 블랙홀의 엔트로피를 베켄슈타인-호킹 엔트로피 Bekenstein-Hawking entropy라고 부른다.

이 결과가 도발적인 까닭은, 고전적으로 보면 블랙홀은 절대로 엔트로피를 가져서는 안 되는 존재이기 때문이다. 블랙홀은 단지 공간이 비어 있는 지역일 뿐이다. 계가 엔트로피를 갖는 것은 해당 계가 원자나 다른 작은 성분들로 이루어져 있을 때이며, 그것은 거시적으로는 동일한 모양을 유지하면서도 많은 다양한 방식으로 배열될 수 있다. 그런데 블랙홀의 경우, 구성 성분이 무엇이란 말인가? 그 답은 양자역학에서 나와야 한다.

블랙홀의 베켄슈타인-호킹 엔트로피가 일종의 얽힘 엔트로피라고 자연스레 가정할 수 있다. 블랙홀 내부에 자유도가 존재하고, 이 자유도는 외부 세계와 얽혀 있다고 해보자. 이 자유도는 무엇일까?

가장 먼저 이 자유도를 단순히 블랙홀 내부에 있는 양자장의 진동 모드라고 추측해볼 수 있다. 이 추측에는 몇 가지 문제가 있다. 그중 하나는, 양자장 이론에선 어떤 지역의 엔트로피에 대한 진짜 답이 '무한대'라는 것이다. 아주 짧은 파장의 모드들을 무시하면 엔트로피를 유한한 값으로 낮출 수 있겠지만, 그렇게 하려면 고려 중인 장 진동의 에너지에 임의로 탈락값을 도입해야 한다. 반면 베켄슈타인-호킹 엔트로피는 유한한 값을 가진다. 또 다른 문제는, 장 이론에서의 얽힘 엔트로피는 정확히 얼마나 많은 장(전자, 쿼크, 뉴트리노 등)이 관여되어 있는지에 달려 있다는 것이다. 호킹이 유도한 블랙홀의 엔트로피 공식에는 이런 것들이 전혀 언급되어 있지 않다.

블랙홀의 엔트로피가 단순히 블랙홀 내부의 양자장 때문이 아니라면, 대안은 시공간 자체가 어떤 양자 자유도로 구성되어 있으며, 베켄슈타인-호킹의 공식은 블랙홀 외부의 자유도와 내부의 자유도 사이의 얽힘을 측정하는 것이라고 생각하는 것이다. 이 주장이 너무

모호하다고 생각할지 모르겠지만, 사실이 그렇다. 이런 시공간의 자유도가 무엇인지, 또는 이들이 어떻게 상호작용하는지는 불분명하다. 그러나 양자역학의 일반 원리는 여전히 존중받아 마땅하다. 만약 엔트로피가 존재하고 그 엔트로피가 얽힘에 의해 생긴다면, 비록 고전적인 블랙홀이 다 평범하고 특색이 없다고 하더라도, 나머지 세계와 많은 다른 방식으로 얽힐 수 있는 자유도들이 존재해야 한다.

이 이야기가 맞다면, 블랙홀의 자유도 수가 무한대는 아니더라도 실제로 아주 커야 한다. 우리 은하의 중심에는 궁수자리 A* Sagittarius A*라고 불리는 라디오파를 방출하는 아주 큰 질량의 블랙홀이 있다. 이 블랙홀 주위를 공전하는 별들의 궤도를 관측하여 그 질량이 태양 질량의 400만 배가 되는 것을 알아낼 수 있었다. 이 블랙홀의 엔트로피는 10^{90} 정도로, 관측 가능한 전체 우주 속에 있는 모든 입자의 엔트로피보다 큰 값이다. 양자계의 자유도 수는 적어도 엔트로피만큼 커야 한다. 왜냐하면 엔트로피가 정확히 외부 세계와 얽힌 자유도에서 나오기 때문이다. 그러므로 이 블랙홀에는 적어도 10^{90}개의 자유도가 있어야 한다.

우리는 우주에서 볼 수 있는 대상(물질, 복사 등)에만 관심을 가지기 쉽지만, 우주가 가진 거의 모든 양자 자유도는 눈에 보이지 않으며, 그것들은 시공간을 묶어두는 것 외에는 아무 일을 하지 않는다. 대략 성인 크기의 공간 속에는 적어도 10^{70}개의 자유도가 존재한다. 해당 공간을 블랙홀로 채우면 엔트로피가 대략 그 정도이기 때문이다. 하지만 사람에게는 대략 10^{28}개의 입자들이 존재하지 않는가. 우리는 이에 대해 입자를 '켜져 있는turned on' 자유도라고 생각하고, 다른 자유도들은 모두 진공 상태에서 평화롭게 '꺼져 있다turned off'고 생각할 수 있다. 양자장 이론에 관한 한, 별의 중심이나 인간 존재는 빈 공간과 별 차이가 없다.

o   o   o

블랙홀의 엔트로피가 블랙홀의 면적에 비례한다는 사실은 우리가 예상한 것이다. 양자장 이론에서 공간의 여러 지역들은 당연히 경계면의 면적에 비례하는 엔트로피를 가지며, 블랙홀 역시 공간의 한 지역에 불과하다. 그러나 한 가지 문제가 수면 아래에 숨어 있다. '진공 상태'에서 공간의 한 지역은 당연히 경계면의 면적에 비례하는 엔트로피를 갖는다. 그런데 블랙홀은 진공 상태의 일부가 아니다. 즉 블랙홀은 그곳에 있으며, 시공간은 눈에 띄게 휘어진다.

블랙홀은 아주 특수한 성질을 갖고 있다. 이들은 주어진 크기의 공간이 가질 수 있는 최대 엔트로피 상태에 있다. 이런 도발적인 사실을 알아차린 최초의 사람은 베켄슈타인이었고, 나중에 라파엘 부소가 이것을 더 정교하게 다듬었다. 진공 상태의 한 지역에서 출발해 엔트로피를 증가시키려고 하면, 에너지 역시 증가시켜야 한다(진공 상태에서 출발했기 때문에, 이 에너지는 갈 곳이 없어 에너지가 증가할 수밖에 없다). 엔트로피를 계속해서 증가시키면 에너지 역시 증가한다. 결국 제한된 지역에 너무 많은 에너지가 축적되어 이 지역이 블랙홀이 될 수밖에 없다. 이것이 한계이다. 즉 그 지역에 블랙홀이 있을 때보다 엔트로피를 더 증가시킬 수는 없다.

이런 결론은 중력을 포함하지 않은 통상적인 양자장 이론이 예상하는 결과와 크게 다르다. 양자장 이론에서는 한 지역이 가질 수 있는 엔트로피의 양에 제한이 없다. 왜냐하면 추가하는 에너지 양에 제한이 없기 때문이다. 이것은 양자장 이론에 무한개의 자유도가 있음을 반영하는데, 유한한 크기의 지역에서조차 그러하다.

중력은 달라 보인다. 주어진 지역에 들어갈 수 있는 에너지와 엔트로피의 최대량이 존재한다. 이는 해당 지역에 유한개의 자유도가 존재한다는 것을 의미하는 것처럼 보인다. 어쨌든 이 자유도들이 알맞게 얽혀 시공간의 모양을 만든다. 이것은 단순히 블랙홀이 아니다. 시공간의 모든 지역이 자신들이 가질 수 있는 최대 엔트로피(이 크기의 블랙홀이 가질 수 있는 엔트로피)를 가지며, 따라서 유한개의 자유도를 가진다. 이것은 우주 전체에 대해서도 사실이다. 진공 에너지가 존재하기 때문에 공간이 가속 팽창을 하고, 이는 우리 우주의 관측 가능한 부분의 윤곽을 알려주는, 사건의 지평선이 우리 사방에 있음을 의미한다. 관측 가능한 우주 공간은 유한한 최대 엔트로피를 가지므로, 단지 유한개의 자유도만이 존재한다. 이 자유도는 우리가 현재 보거나 앞으로 보게 될 모든 것을 기술하는 데에 필요하다.

이 이야기가 옳다면, 양자역학의 다세계 이론에 즉각적이고 심오한 영향을 미치게 된다. 양자 자유도가 유한개라는 것은 계 전체(이 경우 선택한 공간 지역)의 힐베르트 공간의 차원이 유한하다는 것을 의미한다. 또한 이것은 무한개가 아닌 유한개의 파동함수 가지들이 존재한다는 것도 의미한다. 이것이 바로 8장에서 앨리스가 파동함수 속에 무한개의 "세계"가 있는지에 관해 신중을 기했던 이유다. 많은 간단한 양자역학 모형(공간상에서 부드럽게 이동하는 고정된 개수의 입자 집합 모형도 포함)이나 통상적인 양자장 이론에서, 힐베르트 공간의 차원은 무한하며, 무한개의 세계가 존재할 수 있다. 그러나 중력이 큰 변화를 일으키는 것처럼 보인다. 중력은 이 세계들의 대부분을 존재할 수 없도록 막아버린다. 왜냐하면 그 세계들이 존재할 경우 좁은 지역에 너무 많은 에너지가 쌓이기 때문이다.

그러므로 중력이 분명하게 존재하는 실제 우주에서, 에버렛 양자역학은 단지 유한개의 세계를 기술할 뿐이다. 앨리스가 언급한 힐베르트 공간의 차원 개수는 $2^{10^{122}}$이었다.

이제 우리는 이 수가 어디서 나온 것인지 밝힐 수 있다. 관측 가능한 우주가 최대 엔트로피에 도달했을 때의 엔트로피를 계산하고, 이런 큰 엔트로피를 수용하는 데 필요한 힐베르트 공간의 크기가 얼마인지를 역으로 산정하면 이 수를 얻을 수 있다(관측 가능한 우주의 크기를 진공 에너지에서 구했기 때문에, 지수 10^{122}는 12장에서 논의해 익숙해진 우주 상수에 대한 플랑크 눈금의 비가 된다). 양자 중력의 기본 원리에 대한 신뢰가 충분히 높지 않아, 유한한 개수의 에버렛 세계들만이 존재한다고 절대적으로 확신할 수는 없다. 하지만 그것은 합리적인 주장 같으며, 사물에 대한 이해를 훨씬 더 단순하게 해주는 것이 분명하다.

o o o

블랙홀의 최대 엔트로피 특성은 또한 양자 중력에 중대한 영향을 미친다. 고전적인 일반상대성 이론에서는, 사건의 지평선과 특이

점 사이에 있는 블랙홀 내부 지역이 특별하지 않다. 거기에 중력장이 있기는 하지만, 안으로 떨어지는 관측자가 보기에 그 지역은 빈 공간 같다. 지난 장에서 이야기한 것에 의하면, '빈 공간'의 양자 버전은 '3차원 기하학을 창발하기 위해 서로 얽혀 있는 시공간 자유도 집단'이다. 이런 기술 속에는 자유도들이 우리가 바라보는 공간에 다소 균일하게 퍼져 있다는 것이 암시되어 있다. 그리고 이것이 사실이라면, 이런 형태의 최대 엔트로피 상태에서 모든 자유도는 외부 세계와 얽혀 있다. 따라서 엔트로피는 경계면의 면적이 아닌, 이 지역의 부피에 비례한다. 어찌 된 일인가?

블랙홀의 정보 수수께끼에 단서가 있다. 이 수수께끼에서 논란의 대상은, 적어도 광속보다 빨리 이동하는 신호를 사용하지 않고는 블랙홀에 빠진 책의 정보를 (사건의 지평선에서 방출하는) 호킹 복사에 전달할 수 있는 확실한 방법이 없다는 것이었다. 이런 황당한 아이디어는 어떨까? 즉 블랙홀의 상태에 관한 모든 정보(사건의 지평선은 물론 '내부'까지)가 내부에 묻혀 있지 않고 사건의 지평선에 살고 있지는 않을까? 어떤 의미에서 블랙홀의 상태는 3차원 공간에 펼쳐져 있는 것이 아니라, 2차원 표면 위에서 "살고" 있지 않느냐는 것이다.

부분적으로 찰스 손의 1978년 논문에 기초해, 헤라르뒤스 엇호프트와 레너드 서스킨드가 1990년대에 최초로 발전시킨 이 아이디어를 홀로그래피 원리holographic principle라고 부른다. 통상적인 홀로그램의 경우, 2차원 표면에 빛을 비추면 3차원 영상이 나타난다. 홀로그래피 원리에 따라, 블랙홀의 3차원 내부가 사건의 지평선의 2차원 표면에 코딩된 정보에 반영된다. 이것이 사실이라면, 외부로 방출하

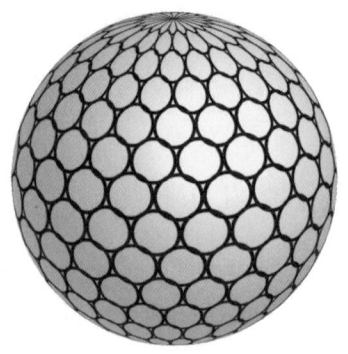

사건의 지평선에
홀로그래피로 코딩된
블랙홀 정보

는 복사로부터 블랙홀의 정보를 얻는 것이 그리 어렵지 않을 것이다. 왜냐하면 정보가 항상 출발 장소인 사건의 지평선 위에 있었기 때문이다.

물리학자들은 실제 세계의 블랙홀의 홀로그래피가 가지는 정확한 의미에 대해 여전히 합의를 보지 못하고 있다. 이것은 단순히 자유도의 개수를 세는 방법일까? 아니면 사건의 지평선에 살면서 블랙홀의 물리학을 기술하는 실제 2차원 이론이 존재한다고 생각해야 할까? 우리는 알지 못한다. 하지만 홀로그래피의 의미가 매우 정확한 경우도 있다. 일명 AdS/CFT 대응AdS/CFT correspondence이 그것으로, 1997년 후안 말다세나가 제안했다. "AdS"는 (실제 세계의 양의 진공 에너지와 반대인) 음의 진공 에너지를 제외하고, 물질이 존재하지 않는 가상의 시공간인 "반反 드 시터 공간anti-de Sitter space"을 의미한다. "등각장 이론conformal field theory"을 뜻하는 "CFT"는 양자장 이론의 특별한 종류로서, AdS의 무한히 멀리 떨어진 경계면에서 정의된다. 말다세나에 의하면, 드러나지 않았지만 이 두 이론은 같은 이론이다.

몇 가지 이유에서 이 주장은 매우 도전적이다. 첫째로, AdS 이론은 중력을 포함하고 있는 반면, CFT 이론은 중력이 전혀 포함되지 않은 통상적인 장 이론이다. 둘째로, 시공간 경계면의 차원이 시공간의 차원보다 한 차원 더 작다. 예를 들어 4차원의 AdS는 3차원의 등각장 이론과 동등하다. 홀로그래피가 작동하는 예시를 이보다 더 분명하게는 제시하지 못할 것이다.

AdS/CFT를 더 자세히 다루려면 책 한 권을 더 써야 한다. 다만 시공간의 형태와 양자 얽힘 사이의 관계에 관한 가장 최신의 연구가 이 분야에서 진행되고 있다는 것을 언급하고 싶다. 2000년대 초반 신세이 류, 다다시 다카야나기, 마크 반 람스동크, 브라이언 스윙글 등의 연구자들이 지적한 것처럼, CFT 경계면에서의 얽힘과 AdS 내부의 기하학적 형태가 직접적으로 연결되어 있다. AdS/CFT는 양자 중력 모형으로 비교적 잘 정의되어 있기 때문에, 지난 수년간 이 연관성을 이해하는 데 노력이 집중되었다.

애석하게도 이것은 실제 세계가 아니다. AdS/CFT가 재미있는 까닭은 내부(중력이 발생하는 곳)에서 일어나는 일을 경계면(중력이 부재하는 곳)에서 일어나는 일과 연관시켜주기 때문이다. 그러나 음의 진공 에너지에 의존하는 반 드 시터 공간에 경계면이 존재한다는 것은 매우 특별한 일이다. 우리 우주는 음의 진공 에너지가 아닌 양의 진공 에너지를 가지고 있는 것처럼 보인다.

오래된 농담 하나. 어느 주정뱅이가 가로등 아래에서 잃어버린 열쇠를 찾고 있었다. 누가 그에게 그곳에서 열쇠를 잃어버렸는지 물었다. 주정뱅이가 말했다. "아뇨. 다른 곳에 잃어버렸지만, 여기가 훨씬 더 밝아서 찾기가 쉽거든요." 양자 중력 게임에서는 가장 밝은 가로등이 바로 AdS/CFT이다. 이론물리학자들은 이것을 연구해 유용하고 매력적인 수많은 개념들을 발견했지만, 이 지식을 활용해 사과가 나무에서 떨어지는 이유나 우리 주위 공간에 존재하는 중력의 다른 속성들을 이해하게 해줄 직접적인 경로는 발견하지 못했다. 해당 연구를 계속 하는 게 필요하기는 하지만, 더 중요한 건 우리가 실제로 살고 있는 세계를 이해한다는 목표를 잊지 않는 것이다.

o   o   o

실제 세계의 블랙홀 홀로그래피가 가지는 의미는 AdS/CFT 가상 세계의 블랙홀 홀로그래피가 가지는 의미에 비해 덜 분명하다. 이는 고전적인 일반상대성 이론이 빈 것처럼 보이는 블랙홀 내부에 관해 완전히 틀린 결과를 준다고 말하는 것일까? 또한 블랙홀로 빨려 들어가는 관측자가 사건의 지평선을 만날 때, 홀로그래피 표면을 강타한다는 의미일까? 그렇지 않다. 적어도 홀로그래피 원리의 지지자들 대부분은 그렇게 말하지 않는다. 그보다 그들은 관련이 있는, 역시 놀라운 아이디어인 블랙홀의 상보성Blackhole complementarity을 언급한다. 이것은 서스킨드 등의 연구자들이 제안한 아이디어로, 의도적으로 양자 측정에 관한 보어의 철학을 상기시키고자 상보성이라는 용어를 사용했다.

블랙홀의 상보성은 단순히 "블랙홀 내부가 정상적인 빈 공간처럼 보인다"거나 "블랙홀의 모든 정보가 사건의 지평선에 코딩되어 있다"고 말하는 것보다 조금 더 미묘하다. 사실 두 주장 모두 참이지만, 동시에 둘 다를 이야기할 수 없다. 또는 물리학자들이 이야기하듯이, 단일 관측자에게 두 주장이 동시에 참일 수는 없다. 사건의 지평선을 통과해 떨어지는 관측자에게는 모든 것이 빈 공간처럼 보이는 반면, 멀리서 블랙홀을 바라보는 관측자에게는 모든 정보가 사건의 지평선 전체로 퍼져나간다.

이런 반응은 기본적으로 양자역학적이긴 하지만, 고전적인 선례도 존재한다. 책(또는 별, 아니면 뭐든 간에)을 고전적인 일반상대성 이론의 블랙홀에 던질 때, 책에 어떤 일이 생기는지 생각해보라. 책의 입장에서, 책은 바로 블랙홀 내부로 들어간다. 그러나 시공간이 사건의 지평선 근처에서 크게 휘어져 있기 때문에, 외부 관측자가 보는 것은 이와 다르다. 외부 관측자는 책이 사건의 지평선에 접근함에 따라 속도가 줄어들면서 점점 더 적색을 띠고 색이 흐려지는 것을 본다. 또 사건의 지평선을 통과하는 것을 볼 수 없다. 즉 멀리 떨어진 관측자에게는 물체가 블랙홀 속으로 빠지는 것이 아니라, 사건의 지평선에 접근할 때 시간이 멈춘 것처럼 보인다. 이런 사실로부터 천체물리학자들은 막 패러다임membrane paradigm이라는 이론적인 그림을 그려나갔다. 우리는 사건의 지평선에 온도와 전기전도도 같은 계산 가능한 성질을 가진 물리적인 막이 있다고 가정함으로써, 블랙홀의 물리적 성질을 모형화할 수 있다. 막 패러다임은 원래 천체물리학자들이 블랙홀과 관련된 계산을 단순화할 때 사용하는 편리한 도구로 여겨졌으나, 상보성에 따르면 외부 관측자들은 실제로 양자 막(고전적인 사건의 지평선에 위치한다)처럼 진동하는 블랙홀을 보게 된다.

시공간이 근본적인 물리량이라는 생각은 아주 틀린 생각이다. 시공간은 단지 기하학적 형태를 가진 대상에 지나지 않는다. 그러나 양자역학적으로는 완벽하게 이치에 맞는 주장이다. 즉 우주 파동함수가 존재하고, 시공간에 대해 다른 관측을 하면 다른 것이 나타난다. 이는 "어떤 상태 속의 입자 개수는 그것을 어떻게 관측하는지에 달렸다"라고 말하는 것과 크게 다르지 않다.

세상은 힐베르트 공간에서 진화하는 양자 상태이며, 물리적 공간은 이 상태로부터 창발한다. 단일 양자 상태에 대해 어떤 종류의 관측을 하느냐에 따라 위치와 국소성의 개념이 달라지는 것에 놀라지 말아야 한다. 블랙홀의 상보성에 의하면 "시공간의 기하학적 형태가 무엇인가?" 또는 "자유도는 어디에 존재하는가?"와 같은 질문은 존재할 수 없다. 대신 우리는 양자 상태가 무엇인지, 또는 어떤 특별한 관찰자가 본 것이 무엇인지와 같은 질문을 할 수 있다.

이것은 지난 장에서 언급한 묘사와는 달라 보인다. 지난 장에서는 자유도들이 공간을 채우며 네트워크 속에 분산되어 있고, 그것들이 얽히게 되어 기하학적 구조의 창발을 분명하게 나타낸다고 말한 바 있다. 그러나 이런 묘사는 중력이 약할 때만 적용할 수 있고, 중력이 강한 블랙홀에는 분명히 적용할 수 없다. 이 장에서 제시한 견해에 의하면, 여전히 추상적인 자유도들이 모여 시공간을 형성하지만, "자유도가 어디에 위치하느냐" 하는 것은 자유도를 어떻게 관측하느냐에 달려 있다. 공간 자체는 근본적이지 않다. 공간은 단지 특정한 관점에서 이야기하는 유용한 방법일 뿐이다.

○ ○ ○

다세계 양자역학은 양자 중력의 오래된 문제들을 해결하는 데 중요한 역할을 담당할 수 있다. 이러한 사실이 후반부의 장들에서 성공적으로 전달되었기를 바란다. 솔직히 말해, 이런 문제를 연구하는 많은 물리학자들은 암암리에 다세계 이론을 사용하고 있으면서도, 자신들이 그렇게 하고 있다고는 생각하지 않는다. 그들이 숨은 변수나 동적 붕괴나 양자역학에 대한 인식론적 접근법을 사용하지 않는다는 것은 분명하다. 우주 자체를 양자화하는 방법을 알고자 할 때, 다세계 이론은 우리가 택할 수 있는 가장 좋은 직통로이다. 어떤 다른 이론이 더 없다면 말이다.

지금까지 자유도들 사이의 얽힘이 합쳐져 어떻게든 근사적으로 고전적인 시공간의 기하학적 구조를 정의한다는 내용을 스케치했다. 이러한 이론적인 그림은 실제로 올바른 길 위에 있는 것일까? 아무도 확신할 수 없다. 현재 우리 지식 수준에서 분명한 것은 공간과 시간 모두 추상적인 양자 상태로부터 적절한 방식으로 창발할 수 있다는 것이다. 모든 구성 요소들이 거기에 있으며, 수년간 더 연구하면 훨씬 분명한 그림을 얻게 되리라 기대할 수 있다. 고전적인 편견을 버리도록 훈련하고, 양자역학의 내용을 있는 그대로 습득한다면, 우리는 마침내 파동함수로부터 우주를 도출해내는 방법을 알게 될 것이다.

에필로그

모든 것이 양자다

아인슈타인은 다세계 양자 이론을 어떻게 생각했을까? 적어도 처음 접했을 때, 다세계 이론을 반박했을 가능성이 크다. 그러나 다세계 이론의 속성들이 자연이 일하는 방식에 대한 아인슈타인의 묘사와 아주 잘 들어맞는다는 것을 인정했을 것이다.

아인슈타인은 에버렛이 그의 이론을 완성하기 위해 노력 중이던 1955년 프린스턴에서 사망했다. 아인슈타인은 전적으로 국소성 원리를 고집했으며, 양자 얽힘에 내포된 기괴한 원격작용을 엄청나게 혐오했다. 이런 의미에서 아인슈타인은 공간 자체가 근본적으로 존재하는 것이 아니라 창발하는 것으로 취급하는 나세세 이론과 홀로그래피 원리에 경악했을 것이 분명하다. 친숙하고 오래된 4차원 시공간 속의 물질과 에너지가 아닌, 거대한 힐베르트 공간 속의 벡터로 실제를 기술할 수 있다는 세안은 아인슈타인과는 잘 어울리시 않는다. 그러나 에버렛이 우주를 결정론적 진화를 하는 구체적인 대상으로 기술한 것(그리고 궁극적으로 실체를 알 수 있다는 원리를 재확인시켜준 것)에 아인슈타인이 만족했을 가능성이 크다.

인생 후반기에 아인슈타인은 자신의 어릴 적 이야기를 들려줬다.

> 나는 네다섯 살의 어린아이였을 때 이런 종류의 신비를 경험한 적이 있다. 아버지가 내게 나침반을 보여줬을 때였다. 나침반 바늘이 그렇게 정해진 방식으로 움직이는 것은 무의식적인 개념의 세계 속에서 발견할 수 있는 것들(직접 '접촉'해 얻어지는 것들)과 전혀 어울리지 않았다. 이 경험이 내게 아주 깊고 오랜 인상을 남겼다는 것을 여전히 기억할 수 있다(또는 적어도 기억하고 있다고 믿는다).
>
> 깊이 숨겨진 어떤 것Something deeply hidden이 사물의 배후에 있어야 했다.

이런 충격이 아인슈타인의 마음속에 양자역학에 대한 염려로 남았으리라고 나는 생각한다. 아인슈타인은 비결정주의와 비국소성에 대해 조바심을 많이 냈지만, 그를 진정으로 괴롭혔던 것은 따로 있었다. 바로 코펜하겐의 양자역학이 좋은 과학 이론의 엄격함을 모호한 패러다임으로 대체했다는 것이었다. 그 패러다임에서는 잘못 정의된 '측정measurement' 개념이 중심 역할을 담당하고 있었다. 아인슈타인은 늘 표면 아래 깊이 숨겨진 것, 즉 신비에 빠져들지 않고 명료함을 되찾게 해줄 원리를 모색했다. 숨겨진 것이 파동함수의 다른 가지일 수도 있다는 생각을 아인슈타인은 거의 해본 적이 없다.

물론 아이슈타인이 실제로 했었을 법한 생각이 무엇인지는 전혀 중요하지 않다. 과학 이론은 해당 이론의 공과에 따라 떠오르거나 저무는 것이지, 과거에 살았던 위대한 정신의 가상적인 유령이 해당 이론을 승인하며 고개를 끄덕일 거라고 상상하는 데서 이론의 가치가 매겨지지 않는다.

그러나 과거의 논쟁과 현재의 연구 사이에서 연결점을 상기하기 위해서라도, 이들 위대한 정신들에게 관심을 기울이는 것은 퍽 유용하다. 이 책에서 논의한 주제들은 1920년대 아인슈타인과 보어 등의 연구자들 사이에 이루어진 토론에서 직접 도출된 것들이다. 솔베이 회의에서 물리학계의 관심이 보어 쪽으로 쏠렸고, 양자역학의 코펜하겐 접근법이 교리로 굳어졌다. 코펜하겐 해석은 실험 결과를 예측하고 새로운 기술을 디자인하는 데에 놀라울 정도로 성공적인 도구임이 증명되었다. 하지만 세상에 관한 기초 이론으로서는 한심할 정도로 질이 떨어졌다.

나는 왜 다세계 이론이 가장 유망한 양자역학 이론인지 사례를 들어 설명했다. 그러나 또한 나는 다른 접근법의 지지자들을 대단히 존중하며, 그들과 생산적인 대화를 자주 나눈다. 나를 슬프게 하는 것은 직업적인 물리학자들로, 그들은 양자역학의 토대에 관한 연구를 멀리하고, 심지어 그것을 진지하게 생각할 가치가 없는 것으로까지 여긴다. 이 책을 읽은 후에 독자들이 자신을 에버렛 시시사라고 여기는지 그렇지 않은지는 상관없다. 양자역학을 최종적으로 올바르게 만드는 것의 중요성을 독자들이 확신하길 바란다.

나는 상황이 나아질 것이라고 긍정적으로 본다. 양자역학의 토대에 관한 현대의 연구는 그저 일단의 나이 지긋한 물리학자들이 하루의 연구를 마친 뒤 스카치위스키를 마시면서 떠들다가 얻는 환상적인 아이디어 같은 게 아니다. 양자 이론의 이해를 넓혀준 최근의 진전들은 대부분 직간접적으로 기술적 혁신의 자극을 받아 이루어졌다. 이를테면 양자 컴퓨팅이나 양자 암호학, 그리고 더 나아가 양자 정보를 예로 들 수 있다. 이제 양자 영역과 고전 영역 사이에 선을 명확하게 긋는 것이 불가능한 때에 이르렀다. 모든 것이 양자다. 이런 사정은 물리학자들이 양자역학의 토대를 좀 더 심각하게 받아들이도록 압박하며, 또한 공간과 시간 자체의 창발을 설명하는 데 도움이 될 수도 있는 새로운 통찰로 그들을 이끈다.

나는 머지않은 미래에 이 난해한 수수께끼들을 풀 수 있는 중요한 진전이 이루어질 것이라고 생각한다. 파동함수의 다른 가지에 있는 나의 다른 버전들 대부분도 이와 똑같이 느낄 거라고 믿고 싶다.

부록

가상 입자 이야기

　12장의 양자장 이론에 대한 논의가 현역 양자장 이론가 대부분에게 색다른 즐거움을 주었을 것이다. 우리가 관심을 가지는 것은 공간을 채우고 있는 양자장 집합의 최저 에너지 배열인 진공 상태이다. 그러나 이것은 무한개의 상태 가운데 하나에 지나지 않는다. 물리학자 대부분은 다른 모든 상태, 그러니까 입자들이 움직이고 서로 상호작용하는 상태에 관심을 가진다.

　실제로 우리가 잘 아는 전자의 파동함수에 관해 이야기할 때, '전자의 위치'에 대해 이야기하는 것이 자연스러운 것처럼, 세계가 장으로 이루어져 있다는 것을 잘 이해하고 있는 물리학자들은 항상 입자에 관해 이야기하려는 경향이 있다. 심지어 이런 물리학자들은 전혀 당황하지 않고 자신을 "입자물리학자"라고 부른다. 이면에서 어떤 일이 벌어지는지 상관없이, 우리가 보는 것은 입자라는 주장이 충격적이긴 하지만 이해가 된다.

좋은 소식이 있다. 그래도 괜찮다. 우리가 뭘 하고 있는지 아는 한 말이다. 여러 목적에서 우리는 입자 집단이 실제로 존재하는 것처럼 이야기할 수 있다. 그 입자들은 공간을 통해 이동하고, 서로 충돌하여 생성되거나 소멸하며, 때때로 획하고 생겼다가 사라지기도 한다. 양자장의 행동 방식은 상황이 알맞다면, 많은 입자들의 반복된 상호작용으로 정확하게 모형화할 수 있다. 이런 모형화는 양자 상태가 어떤 고정된 개수의 유사입자 장에서 일어나는 진동들(서로 멀리 떨어져 있어 다른 장의 진동이 존재하는지는 전혀 모른다)을 형성할 때라야 자연스러워 보일지도 모른다. 그러나 이 규칙을 따르면 심지어 한 무리의 장이 서로의 바로 위에서 진동하고 있을 때라도, 그러니까 장이라는 사실field-ness이 가장 중요하다고 정확히 예상될 때라도, 입자의 언어를 사용해 무슨 일이 일어나는지를 계산할 수 있다.

이게 바로 리처드 파인만과 그의 유명한 툴 '파인만 도형Feynman diagram'의 지극히 중요한 통찰이다. 파인만이 처음 이 도형을 발명했을 때, 그는 이것이 양자장 이론에 대한 입자 기반의 대안이기를 희망했다. 그러나 그렇지 않음이 드러났다. 파인만 도형은 놀라울 정도로 생생한 은유적인 도구이자 믿을 수 없을 정도로 편리한 계산 수단이며, 양자장 이론에서 가장 중요한 패러다임이 되었다.

파인만 도형은 입자의 움직임과 입자의 상호작용을 보여주는 막대 모양의 그림에 지나지 않는다. 시간은 왼쪽에서 오른쪽으로 흐르고, 초기 입자들이 들어와 뒤섞여 다양한 입자들이 생기거나 사라지면서 최종 입자들이 나타난다. 물리학자들은 파인만 도형을 사용해 어떤 과정이 허용되는지 기술할 뿐 아니라, 이런 과정들의 가능성을 정확히 계산해낸다. 예를 들어 힉스 보손Higgs boson이 어떤 입자들로 얼마나 빨리 붕괴할지 파악하려면 한 무더기의 파인만 도형을 수반하여 계산을 하면 된다. 이때 각각의 파인만 도형은 최종적인 답에 기여하는 정도를 나타낸다. 전자 한 개와 양전자 한 개가 서로 산란을 일으킬 가능성이 얼마나 되는지를 알고자 할 때도 이와 비슷한 작업을 하면 된다.

여기 간단한 파인만 도형이 있다. 이 도형은 전자 한 개와 양전자 한 개(직선들)가 왼쪽에서 입사된 후 서로 만나 광자 한 개(물결선)로 소멸하고, 이 광자가 잠시 이동하다가 다시 전자/양전자 쌍으로 변환되는 것을 보여준다. 물리학자들에게는 이런 모든 도형에 정확한 숫자를 부여하는 명확한 규칙이 존재하는데, 이 숫자는 해당 도형이 "전자와 양전자가 서로 산란을 일으키는" 전반적인 과정에 기여하는 정도를 나타낸다.

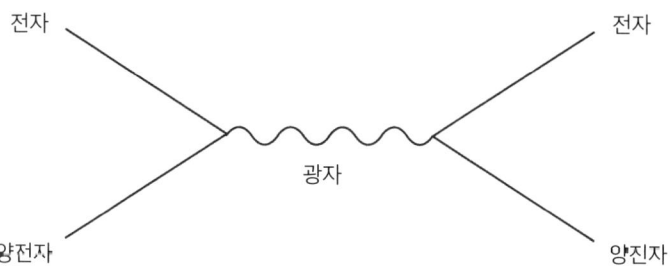

파인만 도형에 근거해 들려주는 이야기는 단지 이야기일 뿐이다. 전자와 양전자가 광자로 바뀐 뒤 다시 전자와 양전자로 되돌아온다는 것은 사실이 아니다. 한 가지 이유를 들자면, 실제로 광자는 광속으로 이동하는 반면, 전자/양전자 쌍(개별 입자들 또는 이들 입자 쌍의 질량 중심)은 그렇지 않다.

실제로는 전자장과 양전자장이 전자기장과 계속해서 상호작용한다. 전자나 양전자와 같이 전기적으로 대전된 모든 장의 진동은 필연적으로 미묘한 전자기장의 진동을 수반한다. (전자와 양전자로 해석하는) 이런 두 가지 장의 진동이 서로 가까워지거나 겹치게 되면, 모든 장이 서로를 밀거나 당겨 원래 입자들을 특정한 방향으로 산란시킨다. 파인만이 통찰한 것은 다름 아닌, 특정 방식으로 주위를 떠다니는 입자 무리가 있다고 가정할 경우, 장에서 무슨 일이 일어나고 있는지를 계산할 수 있다는 것이다.

파인만 도형을 사용하면 계산이 엄청나게 편해진다. 현역 입자물리학자들은 늘 파인만 도형을 사용하며, 때때로 자면서도 파인만 도형 꿈을 꾼다. 그러나 파인만 도형을 사용하려면, 특정한 개념적인 타협이 필요하다. 왼쪽에서 입사되지 않거나 오른쪽으로 빠져나가지 않는, 파인만 도형 내부에 구속된 입자들은 통상적인 입자들에 관한 보통의 규칙을 따르지 않는다. 예컨대 이들의 에너지나 질량은 정규 입자들이 가지는 에너지나 질량과 다르다. 이들은 자신만의 규칙을 따를 뿐, 보통의 규칙을 따르지 않는다.

이 사실이 그리 놀랍지는 않다. 파인만 도형 내부의 '입자들'은 전혀 입자가 아니기 때문이다. 이들은 편의상 도입한 수학적인 요정fairy과도 같다. 이 사실을 상기시키기 위해, 우리는 이들을 "가상" 입자라고 부른다. 가상 입자는 양자장의 행동을 계산하기 위한 방편에 지나지 않는다. 그러기 위해 우리는 통상적인 입자들이 불가능한 에너지를 가진 기묘한 가상 입자들로 변환되고, 통상적인 입자들 간에 가상 입자들을 주고받는다고 가정한다. 광자의 실제 질량은 정확히 0이지만, 가상 광자의 질량은 어떤 값도 가능하다. '가상 입자'가 의미하는 바는 양자장 집단의 파동함수에서 미묘하게 왜곡되어 있다. 때로 가상 입자들을 "요동fluctuation" 또는 간단히 "모드mode"(특별한 파장을 가진 장의 진동이라는 의미에서)라고 부른다. 그러나 모든 사람이 이들을 입자라고 부르며, 파인만 도형 내부에서 이들을 어렵지 않게 직선으로 나타낼 수 있으므로, 우리도 입자라고 부르도록 하자.

o o o

전자와 양전자가 산란을 일으켜 멀어지는 것을 그린 파인만 도형은 우리가 그릴 수 있는 유일한 도형이 아니다. 사실 이 도형은 무한개의 파인만 도형 가운데 하나일 뿐이다. 이 게임의 규칙에 따르면, 동일한 입사 입자와 방출 입자를 가진 모든 가능한 도형들을 합산해야 한다. 우리는 복잡성이 증가하는 순서대로 그런 파인만 도형을 나열할 수 있다. 뒤에 이어지는 도형일수록 더욱더 많은 가상 입자들을 포함하고 있다.

우리가 얻게 되는 최종값은 진폭이므로, 이를 제곱하면 이 과정이 일어날 확률을 얻는다. 파인만 도형을 사용하면, 두 입자가 산란을 일으켜 그중 한 입자만 여러 입자로 붕괴하거나 입자들이 다른 종류의 입자들로 변환될 확률을 계산할 수 있다.

분명한 걱정 하나가 떠오를 것이다. 무한개의 도형이 존재한다면, 모든 것을 더하여 유한한 결과를 얻을 수 있을까 하는 것이다. 그렇다. 얻을 수 있다. 도형이 점점 더 복잡해질수록 이 도형의 기여도가 점점 더 작아져서 유한한 결과를 얻을 수 있다. 파인만 도형의 수가 무한개이긴 하지만, 아주 복잡한 도형들의 총합은 작은 값에 지나지 않는다. 실제로 무한개의 도형 가운데 처음 몇 개의 도형들만 계산해도 정확한 답을 얻게 되는 경우가 많다.

그러나 이런 멋진 결과를 얻는 과정에 한 가지 미묘한 점이 존재한다. 도형 속에 고리가 포함된 경우를 생각해보자. 다시 말해 특정한 입자 직선의 집합을 따라가다 보면 닫힌 원을 만나게 되는 경우이다. 여기 전자와 양전자가 두 개의 광자를 교환하는 파인만 도형이 있다.

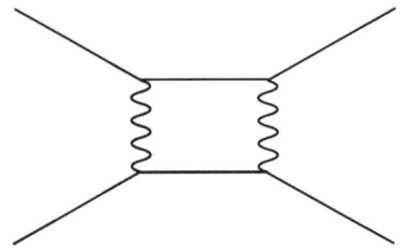

각 선은 특정 에너지를 가진 입자를 나타낸다. 직선이 서로 만날 때 에너지는 보존된다. 한 입자가 입사되어 예컨대 두 입자로 갈라질 때, 이들 두 입자의 에너지 합은 초기 입자의 에너지와 같아야 한다. 에너지의 총합은 고정되어 있지만, 총 에너지를 어떻게 나눌지 전혀 정해진 바가 없다. 사실 가상 입자들이 가진 괴팍한 논리 때문에 입자의 에너지가 심지어는 음의 값을 가질 수도 있으며, 따라서 두 입자 중 하나는 초기 입자가 가진 에너지보다 더 많은 에너지를 가질 수 있다.

이것은 내부에 닫힌 고리를 가진 파인만 도형으로 기술되는 과정을 계산할 때, 임의적인 커다란 양의 에너지가 고리 내의 특정 직선에 전달될 수 있음을 의미한다. 애석하게도 이런 도형들이 최종 답에 미치는 기여도를 계산해보니, 그 기여도가 무한히 클 수 있음이 밝혀졌다. 이것이 양자장 이론을 괴롭히는 악명 높은 무한대 문제이다. 특정 상호작용의 확률은 커봤자 1인 것이 분명하므로, 답이 무한대라는 것은 어딘가에 잘못이 있다는 것을 의미한다.

파인만 등의 연구자들은 이런 무한대를 다루는 방법인 재규격화renormalization라고 부르는 방법을 찾아낼 수 있었다. 상호작용하는 여러 양자장이 있을 때, 단순히 이들을 분리해서 다룬 다음 맨 마지막에 상호작용들을 더할 수는 없다. 필연적으로 장들은 계속해서 서로에게 영향을 미친다. 심지어는 단일 전자로 취급할 수 있을 정도로 전자장에 작은 진동이 있더라도, 전자기장에 필연적으로 진동이 생길 뿐 아니라 전자와 상호작용하는 다른 모든 장에서도 진동이 나타난다. 이것은 피아노 여러 대가 전시된 전시장에서 한 피아노의 건반을 두드리는 것과 같다. 다른 피아노도 원래 피아노에 맞춰 부드럽게 소리를 내기 시작하며, 어떤 음을 연주하든지 상관없이 미약한 울림이 생기게 된다. 파인만 도형의 언어로 표현하자면, 이는 고립된 입자라고 할지라도 공간에서 이동할 때 이 입자의 주위를 가상 입자의 구름이 둘러싸고 있다는 것을 의미한다.

결과적으로, 모든 상호작용이 사라진 가상의 세계에서 행동하는 "벌거숭이bare" 장, 그리고 상호작용하는 다른 장들이 따라다니는 "물리적인physical" 장을 구분하는 것이 도움이 된다. 파인만 도형에서 순진하게 계산을 하여 얻은 무한대는 벌거숭이 장만을 가지고 계산했기 때문에 나온 결과이다. 반면 우리가 실제로 관측하는 것은 물리적인 장이다. 벌거숭이 장에서 물리적인 장으로 바꾸는 데 필요한 조정을 비공식적으로 말하길 "유한한 답을 얻기 위해 무한대를 뺀다"라고 한다. 하지만 이것은 오해다. 무한한 물리량은 없으며, 지금까지 그런 적도 없다. 양자장 이론의 선구자들이 '숨기려' 했던 무한대는 상호작용하는 장과 그렇지 않은 장 사이의 차이가 매우 크기 때문에 생긴 산물이다(양자장 이론에서 진공 에너지를 추정할 때도, 정확히 이런 어려움에 직면한다).

더욱이 재규격화는 중요한 물리적 통찰력을 제공한다. 입자의 질량이나 전하와 같은 일부 속성들을 측정하고자 할 때, 이 입자가 다른 입자들과 어떻게 상호작용하는지 관찰하여 입자의 속성을 알아낸다. 양자장 이론은 우리가 보는 입자들이 단순한 질점이 아니라는 것을 알려준다. 각 입자는 다른 가상 입자나 (더 정확하는) 이 입자와 상호작용하는 다른 양자장의 구름에 둘러싸여 있다. 그리고 구름과 상호작용하는 것은 질점과 상호작용하는 것과는 다르다. 빠른 속도로 서로 충돌하는 두 입자는 서로의 구름 속으로 깊이 침투할 수 있어, 비교적 밀집된 진동을 볼 수 있다. 반면 곁을 느리게 지나가는 두 입자는 서로를 (비교적) 커다란 부푼 공으로 생각한다. 그 결과 한 입자의 겉보기 질량이나 전하가 이 입자를 관측하는 탐지기의 에너지에 의존하게 된다. 이것은 단지 지어낸 말들이 아니다. 실험적인 예측이며, 입자물리학 데이터에서 분명하게 확인되었다.

o o o

1970년대 초 노벨상 수상자 케네스 윌슨의 연구가 알려지기 전까지 재규격화를 하는 가장 좋은 방법을 잘 모르고 있었다. 윌슨은 파인만 도형의 계산에 나오는 모든 무한대가 아주 큰 에너지를 가진 가상 입자들, 따라서 극단적으로 짧은 거리에서 일어나는 과정으로부터 나온다는 것을 깨달았다. 그러나 높은 에너지와 짧은 거리는 정확히 우리가 무슨 일이 벌어지는지 자신 있게 말하지 못하는 지점이다. 완전히 새로운 장들이 아주 높은 에너지를 가진 과정에 관여한다. 우리는 이런 큰 질량을 가진 장들을 아직 한 번도 실험으로 만들어본 적이 없다. 사실 시공간 자체는 짧은 거리, 아마도 플랑크 길이에서 무의미할지도 모른다.

그래서 윌슨은 다음과 같이 추론했다. 우리가 조금 더 솔직해져 아주 높은 에너지에서 무슨 일이 일어나는지 모른다고 인정한다면 어떻게 될까? 파인만 도형에 고리를 넣는 대신 가상 입자의 에너지가 무한대로 커지는 것을 허용하고, 이론에 에너지 탈락값을 구체적으로 포함시켜보는 것이다. 우리 지식으로는 탈락값 이상의 에너지에서 무슨 일이 일어나는지 알 수 없다. 어떤 의미에서 탈락값은 임의로 정하는 것이지만, 실험적 지식이 많은 에너지 영역과 아직 관측해보지 못한 에너지 영역을 구분하는 경계선에 탈락값을 놓는 것이 합리적이다. 만약 특정 탈락값 근처에서 새로운 입자들이나 다른 현상들이 나타날 것으로 예상되지만 이들이 무엇일지는 정확히 알 수 없다면, 이것이 해당 탈락값을 선택하는 물리적으로 합당한 이유일 수 있다.

물론 더 높은 에너지에서 흥미로운 일들이 일어날 수도 있으므로, 탈락값을 포함한다는 것은 정답을 모른다는 것을 인정하는 셈이다.

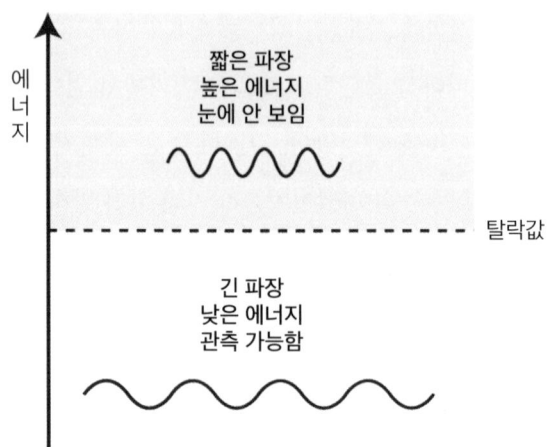

그러나 윌슨은 얻은 결과들이 전반적으로 예상보다 훨씬 더 좋다는 것을 확인했다. 어떤 새로운 고에너지 현상이 우리가 실제로 관측할 수 있는 저에너지 세계에 어떻게, 또 얼마나 영향을 미치는지 정확히 기술할 수 있게 되었다. 이처럼 우리의 무지를 인정함으로써 유효장 이론effective field theory을 얻게 되었다. 이 이론은 어떤 일을 정확히 기술하는 것을 전제하지 않으면서, 우리가 실제로 얻은 데이터와 일치하는 값을 얻을 수 있는 이론이다. 현대 양자장 이론가들은 가장 좋은 모형들이 모두 유효장 이론이라는 것을 인정하고 있다.

이것은 우리에게 좋은 소식과 나쁜 소식을 하나씩 들려준다. 좋은 소식은 더 높은 에너지에서 어떤 일이 일어나는지 모두(또는 전혀) 알 수 없더라도, 유효장 이론의 마법을 사용하여 낮은 에너지 입자의 행동에 대해 엄청나게 많은 사실을 알 수 있다는 것이다. 믿을 만하고 사실인 것을 이야기하기 위해 꼭 모든 최종적인 답을 알 필요는 없다. 당신과 나와 우리의 일상적인 세계를 구성하고 있는 입자와 힘을 지배하는 물리학 법칙들을 완전히 알고 있다고 자신하는 이유가 주로 이 때문이다. 이 물리학 법칙들은 유효장 이론의 형태를 취하고 있다. 새로운 입자와 힘을 발견할 여지가 지금도 많지만, 이들이 너무 무거워서(높은 에너지) 아직 실험에서 만들어지지 않았거나, 혹은 이들이 우리와 너무 약하게 상호작용하기 때문에 탁자와 의자와 고양이와 개 등 낮은 에너지 세계의 구성 부분들에 거의 영향을 주지 않아 발견되지 않고 있다.

나쁜 소식은 높은 에너지와 짧은 거리에서 무슨 일이 벌어지는지 더 많이 알고자 하지만, 유효장 이론의 마법 때문에 이것이 지극히 힘들다는 것이다. 더 높은 에너지에서 무슨 일이 일어나든지 상관없이, 낮은 에너지 물리학을 정확히 기술할 수 있다는 것은 좋은 점이다. 그러나 이것은 높은 에너지 영역을 직접 탐사하지 않으면, 그 영역에서 무슨 일이 일어나는지 추론할 수 없다는 것을 암시한다. 이러한 이유로 입자물리학자들은 더 크고 더 높은 에너지의 입자가속기를 건설하려 한다. 그것이 바로 우주가 아주 짧은small 거리에서 어떻게 작동하는지를 발견하기 위한, 우리가 알고 있는 유일하게 신뢰할 만한 방법이기 때문이다.

감사의 말

모든 책은 협력의 결과물이며, 이 책은 다른 책들보다 더 그렇다. 양자역학에 관해 이야기할 것은 많으며, 모두 다 이야기하고 싶은 유혹을 분명 느꼈다. 하지만 쓰는 재미가 대단하다고 해도, 읽는 것은 지루할 수 있다. 읽을 만한, 그러면서도 재미있는 책이 되도록 원고와 씨름하면서, 관대하고 통찰력이 있는 여러 독자의 도움을 받았다. 특히 닉 아세베스Nick Aceves, 딘 부오노마노Dean Buonomano, 조지프 클라크Joseph Clark, 돈 하워드Don Howard, 젠스 예거Jens Jäger, 지아 모라Gia Mora, 제이슨 폴락Jason Pollack, 대니얼 래너드Daniel Ranard, 롭 리드Rob Reid, 그랜트 레멘Grant Remmen, 알렉스 로젠버그Alex Rosenberg, 랜든 로스Landon Ross, 칩 시벤스Chip Sebens, 매트 스드라슬러Matt Strassler, 데이비드 월러스David Wallace의 조언이 도움이 되었다. 작게는 이 책을 탄생시킨 두서없는 대화부터, 크게는 모든 장을 읽고 유용한 통찰을 제공한 것까지, 이 관대한 사람들은 내가 별 볼 일 없는 책을 쓰지 않도록 도와주었다.

물리학자인 저자가 만날 수 있었던 최고의 독자인 스콧 아론슨 Scott Aaronson에게 특히 감사를 드린다. 아론슨은 초고를 완전히 읽고, 책의 주제와 스타일 모두에 관한 귀중한 조언을 해주었다. 다시 한 번 지아 모라에게 감사한다. 이유를 모르겠지만 나의 책《빅 픽쳐 The Big Picture》에서 감사의 글에 모라를 언급하는 것을 빠뜨렸고, 그 점을 가슴 아프게 생각하기 때문이다.

여기서 사용한 용어들에 대해 특별히 언급하지 않았더라도, 내가 수년간 아주 똑똑한 사람들 다수에게서 양자역학과 시공간에 대해 많은 것을 배웠다는 것, 그리고 이들의 영향이 이 책에 녹아 있다는 것은 말할 필요도 없다. 데이비드 앨버트David Albert, 닝 바오 Ning Bao, 제프 배럿Jeff Barrett, 찰스 베넷Charles Bennett, 애덤 베커Adam Becker, 킴 바디Kim Boddy, 찰스 카오Charles Cao, 에이던 챗윈-데이비스Aidan Chatwin-Davies, 시드니 콜먼Sidney Coleman, 에드워드 파라이 Edward Farhi, 앨런 구스Alan Guth, 제임스 하틀James Hartle, 제넌 이스마엘Jenann Ismael, 매슈 라이퍼Matthew Leifer, 세스 로이드Seth Lloyd, 프랭크 맬로니Frank Maloney, 팀 모들린Tim Maudlin, 스피로스 미칼라키스 Spiros Michalakis, 앨리사 네이Alyssa Ney, 돈 페이지Don Page, 앨레인 파리스Alain Phares, 존 프레스킬John Preskill, 제스 라이들Jess Reidel, 애슈미트 싱Ashmeet Singh, 레너드 서스킨드Leonard Susskind, 레프 바이드먼 Lev Vaidman, 로버트 월드Robert Wald, 니콜라스 워너Nicholas Warner, 그리고 내가 기억하지 못하는 수많은 사람들에게 큰 감사를 드린다.

늘 그랬듯이 내가 이 책을 끝내기 위해 종종 휴강을 해도 인내해 준 나의 학생들과 동료들에게도 감사를 드린다. 그리고 캘리포니아공과대학Caltech 3학년 대상 양자역학 과정의 세 번째 쿼터 과목인 125C 수강생들에게도 감사한다. 이들은 슈뢰딩거 방정식을 반복적으로 푸는 익숙한 과정 대신 결풀림과 얽힘을 공부하는 것을 견뎌주었다.

출판사 편집자인 스티븐 모로Stephen Morrow에게 백만 번 감사한다. 그는 이 책이 나오기까지 과거보다 훨씬 많은 인내력과 통찰력을 보여주었다. 내가 그를 말렸지만, 심지어 그는 내가 한 장 전체를 대화 형식으로 쓰도록 허락해주었다. 작가는 최종 결과물의 질을 그보다 더 중요하게 생각하는 편집자를 상상할 수 없으며, 이 책의 질은 전적으로 스티븐 덕분이다. 또 나의 매니저인 캐틴카 맷슨Katinka Matson과 존 브록만John Brockman에게도 감사한다. 이들은 항상 괴로운 일을 견딜 만한 일로, 더 나아가 즐거운 일로 바꾸어주었다.

그리고 글쓰기와 인생의 완벽한 파트너인 제니퍼 우엘렛Jennifer Ouellette에게 큰 감사를 드린다. 그녀는 같이 살면서 무수히 나를 지지해주었으며, 아주 바쁜 자신의 저술 일정에도 불구하고 시간을 내어 모든 페이지를 세심하게 읽고 귀중한 통찰과 사랑을 주었다. 그녀가 제안한 만큼 내가 글을 삭제하지는 않았는데, 그렇게 했다면 아마 책이 더 빈약해졌을 것이다. 하지만 그녀가 글을 봐주기 전보다는 한결 나아졌다는 내 말을 믿어주길.

또한 내 최고의 글쓰기 파트너인 고양이 애리얼Ariel과 캘리번Caliban을 우리 삶에 데려와준 것에 대해 제니퍼에게 감사한다. 하지만 이 책을 쓰는 동안에 어떠한 실제 고양이도 사고실험의 대상이 되지는 않았다.

옮긴이의 말
보이지 않는 것이 세상을 움직인다

놀랍게도, 똑똑하다는 물리학자 대부분이 1900년 이전에는 원자가 존재한다고 믿지 않았다. 심지어 원자의 존재를 가정하여 열과 엔트로피에 관한 중요한 발견을 한 오스트리아 물리학자 루트비히 볼츠만은 원자의 존재를 부정하는 물리학자들의 심한 비난을 받았다. 그러나 1900년 이후 양자 이론이 등장하면서 물리학자들은 점차 원자를 믿기 시작했다.

이 책은 1900년대에 시작된 현대물리학의 두 줄기인 상대성 이론과 양자역학 중에서 양자역학을 다룬 책이다. 쉽게 말해, 양자역학은 원자 세계의 물리학이다. 내략 나노미터(10억분의 1미터) 크기의 원자는 크기가 최소 센티미터(100분의 1미터) 이상인 거시적인 물체와는 전혀 다른 행동을 보인다. 기괴하게도 원자 세계에서는 모든 것이 때로는 입자처럼, 때로는 파동처럼 행동한다. 따라서 이런 기괴한 원자를 다루려면, 뉴턴의 역학이 아닌 양자역학이 필요하다.

저자는 양자역학을 소개한 다른 많은 책들처럼 플랑크, 아인슈타인, 보어, 하이젠베르크, 슈뢰딩거 등에 의해 양자역학이 발전한 역사적 과정을 되짚어본다. 또한 확률 해석과 파동함수의 붕괴 같은 양자역학의 이상한 점을 일반인 수준에서 다루고 있다. 하지만 이 책과 다른 책 사이의 공통점은 거기까지이다.

이 책은 어느 책에서도 다룬 적이 없는 아주 흥미로운 내용을 소개한다. 즉 양자역학의 이상한 점을 파고들어 그 원인을 밝히고 있는 것이다. 저자가 교과서 양자역학의 빈틈에 대해 꼬집었듯, 옮긴이 역시 대학교에서 양자역학을 배우면서 확률 해석과 파동함수의 붕괴를 의심 없이 그냥 받아들였다. 원자들이 왜 그런 행동을 하는지 이유를 배우지 않았고, 생각하지도 않았으며, 그냥 문제를 푸는 데 교과서 양자역학의 공식을 사용했다. 이 책은 원자들이 나타내는 기괴한 현상의 근본적인 이유를 다각도로 살펴본다. 그 과정에서 봄의 이론, 에버렛의 다세계 이론, 드 브로이의 숨은 변수 이론, GRW 이론, 양자장 이론, 양자 중력 이론, 끈 이론 등 다양한 양자역학 버전들에 대해 설명한다.

저자는 자연에 존재하는 것이 오직 우주 파동함수뿐이라고 주장한다. 즉 세상의 실체는 우주 파동함수이며, 시간과 공간조차 이 파동함수에서 생기는 파생적인 물리량이라고 말한다. 그리고 이 우주 파동함수 속에 '깊숙이 숨은 어떤 것'(이 책의 원제는 'Something Deeply Hidden'이다)이 양자역학을 기괴하게 보이게 하는 원인이라는 놀라운 주장을 펼친다.

결코 읽기 쉬운 책은 아니다. 저자가 소개하는 많은 새로운 내용들에 비하면, 어쩌면 슈뢰딩거의 고양이는 귀여운 수준이라고도 할 수 있다. 다세계, 결풀림, EPR 실험, 우주 파동함수, 파동함수의 분기, 시공간의 창발, 블랙홀의 상보성, 홀로그래피 원리 등 새로 접하는 개념들은 물론, 양자역학의 다양한 이론들, 도덕 이론, 인식론, 존재론, 이원주의, 관념론과 같은 철학 사조까지 등장한다. 어렵다고 포기하지 말고 한 장 한 장 읽다 보면, 세상 속 숨겨진 진리를 발견하는 지적 기쁨을 느낄 수 있을 것이다.

번역 작업을 하면서 매번 새로운 지식의 지평이 열리는 듯해 매우 즐거웠다. 책을 추천해주고 편집과 발간에 많은 수고를 한 프시케의숲 담당자께 감사를 드린다.

더 읽기

양자역학에 관한 책은 수없이 많다. 이 책의 주제와 관련된 책들을 일부 소개한다.

Albert, D. Z. (1994). *Quantum Mechanics and Experience*. Harvard University Press. 철학적 관점에서 본 양자역학과 측정 문제에 대한 짧은 입문서이다.

Becker, A. (2018). *What Is Real? The Unfinished Quest for the Meaning of Quantum Physics*. Basic Books. 양자역학의 토대에 대한 역사를 살펴본다. 대안인 다세계 이론 및 많은 물리학자가 이 주제에 대해 생각할 때 만나는 어려움을 소개하고 있다.

Deutsch, D. (1997). *The Fabric of Reality*. Penguin. 다세계 이론에 대한 입문서이다. 그러나 계산부터 진화, 시간 여행까지 다양한 주제를 다루고 있다.

Saunders, S., J. Barrett, A. Kent, and D. Wallace. (2010). *Many Worlds? Everett, Quantum Theory, and Reality*. 다세계 이론을 찬성하는 논문과 반대하는 논문들을 모은 책이다.

Susskind, L., and A. Friedman. (2015). *Quantum Mechanics: The Theoretical Minimum*. Basic Books. 우수 대학의 물리학과 학생 대상 기초과목 수준으

로 양자역학을 소개하는 입문서다.

Wallace, D. (2012). *The Emergent Multiverse: Quantum Theory According to the Everett Interpretation*. Oxford University Press. 조금 수학적이지만, 현재 다세계 이론에 관한 표준 교과서로 사용되고 있다.

참고문헌

프롤로그

9쪽 "누구도 양자역학을 완전히.." See R. P. Feynman (1965). *The Character of Physical Law*, MIT Press, 123.

2장 용감한 이론

35쪽 "입 닥치고 계산해" See N. D. Mermin (2004). "Could Feynman Have Said This?" *Physics Today* 57 5, 10.

3장 왜 이런 것을 생각하지?

55쪽 "때로는 난 아침 식사 전에…" L. Carroll (1872), *Through the Looking Glass and What Alice Found There*, Dover, 47.

57쪽 "달콤한 맛, 쓴맛, 뜨거움…" Quoted in H. C. Von Baeyer (2003), *Information: The New Language of Science*, Weidenfeld & Nicolson, 12.

66쪽 "아주 혁명적" Quoted in R. P. Crease, and A. S. Goldhaber (2014), *The Quantum Moment: How Planck, Bohr, Einstein, and Heisenberg Taught Us to Love Uncertainty*, W. W. Norton & Company, 38.

72쪽 "내게는 당신이 가설에 준대한…" Quoted in H. Kragh (2012), "Rutherford, Radioactivity, and the Atomic Nucleus," https://arxiv.org/abs/1202.0954.

74쪽 "미친 논문을 한 편 썼지만…" Quoted in A. Pais (1991), *Niels Bohr's Times, In Physics, Philosophy, and Polity*, Clarendon Press, 278.

75쪽 "마법사가 계산한 게…" Quoted in J. Bernstein (2011), "A Quantum Story," *The Institute Letter*, Institute for Advanced Study, Princeton.

84쪽 "나는 이 방정식이 싫다…" Quoted in J. Gribbin (1984), *In Search of Schrödinger's Cat: Quantum Physics and Reality*, Bantam Books, v.

4장 존재하지 않기 때문에 알 수 없는 것

이중 슬릿 실험에 대해선 다음을 더 참고하라. A. Ananthaswamy (2018), *Through Two Doors at Once: The Elegant Experiment that Captures the Enigma of Our Quantum Reality*, Dutton.

5장 얽힘은 싫어

A. Einstein, B. Podolsky, and N. Rosen (1935), "Can Quantum- Mechanical Description of Reality Be Considered Complete?" *Physical Review* 47, 777.

벨 이론이 EPR 및 봄 역학과 가지는 연관성에 대한 일반적인 인사이트는 다음을 참고하라. T. Maudlin (2014), "What Bell Did," *Journal of Physics A* 47, 424010.

125쪽 "세속적인 언론" Quoted in W. Isaacson (2007), *Einstein: His Life and Universe*, Simon & Schuster, 450.

D. Rauch, et al. (2018), "Cosmic Bell Test Using Random Measurement Settings from High-Redshift Quasars," *Physical Review Letters* 121, 080403.

6장 우주의 갈라짐

휴 에버렛에 대한 좋은 전기. P. Byrne (2010), *The Many Worlds of Hugh Everett III: Multiple Universes, Mutual Assured Destruction, and the Meltdown of a Nuclear Family*, Oxford University Press. 이번 장의 인용 대다수는 다음 책에 빚지고 있다. A. Becker (2018), *What Is Real?*, Basic Books.

에버렛의 논문 원본(긴 버전 및 짧은 버전)을 비롯해 다양한 논의들을 다음 책에서 확인할 수 있다. B. S. DeWitt and N. Graham (1973), *The Many Worlds Interpretation of Quantum Mechanics*, Princeton University Press.

137쪽 "클람펜보르 숲의 너도밤나무 아래에서…" Quoted in A. Becker (2018), *What Is Real?*, Basic Books, 127.

H. D. Zeh (1970), "On the Interpretation of Measurements in Quantum Theory," *Foundations of Physics* 1, 69.

144쪽 "코펜하겐 해석은 희망이 없을 만큼…" Quoted in P. Byrne(2010), 141.

152쪽 "분열? 더 나은…" Quoted in P. Byrne (2010), 139.

154쪽 "내 논문에 대한 토론이…" Quoted in P. Byrne (2010), 171.

155쪽 "애초부터 불운했다" Quoted in A. Becker (2018), 136.

156쪽 "지구의 운동을 느낄 수…" Quoted in P. Byrne (2010), 176.

157쪽 "아버지의 생활 방식에 어떤…" M. O. Everett (2007), *Things the Grandchildren Should Know*, Little, Brown, 235.

7장 질서와 무질서

159쪽 "사람들은 어째서…" Quoted in G.E.M. Anscombe (1959), *An Introduction to Wittgenstein's Tractatus*, Hutchinson University Library, 151.

175쪽 "비만 척도" D. Z. Albert (2015), *After Physics*, Harvard University Press, 169.

W. H. Zurek (2005), "Probabilities from Entanglement, Born's Rule from Envariance," *Physical*

Review A 71, 052105.

C. T. Sebens and S. M. Carroll (2016). " Self-Locating Uncertainty and the Origin of Probability in Everettian Quantum Mechanics," *The British Journal for the Philosophy of Science* 69, 25.

D. Deutsch (1999). "Quantum Theory of Probability and Decisions," Proceedings of the *Royal Society of London* A455, 3129.

보른의 규칙에 대한 결정 이론적 접근법을 종합적으로 검토한 문헌을 소개한다. D. Wallace, *The Emergent Multiverse*.

8장 존재론적 약속이 나를 살쩌 보이게 할까?

195쪽 "잘못된, 심하게 말해 악의적인 교리" K. Popper (1967), "Quantum Mechanics without the Observer," in M. Bunge (ed.), *Quantum Theory and Reality. Studies in the Foundations Methodology and Philosophy of Science*, vol. 2, Springer, 12.

195쪽 "양자역학에 관한 아주 객관적인 논의" K. Popper (1982), *Quantum Theory and the Schism in Physics*, Routledge, 89.

엔트로피 및 시간의 화살에 대해 더 알고 싶다면 다음 책을 참고하라. S. M. Carroll (2010), *From Eternity to Here: The Quest for the Ultimate Theory of Time*, Dutton.

204쪽 "얼마나 많은 세계가..." D. Wallace, *The Emergent Multiverse*, 102.

219쪽 "양자 이론은 비할 데 없이..." D. Deutsch (1996), "Comment on Lockwood," *The British Journal for the Philosophy of Science* 47, 222.

9장 다른 방법들

222쪽 "나를 다루는 데 효과적일..." Quoted in A. Becker (2018), *What Is Real?*, Basic Books, 213.

222쪽 "봄이 틀렸다는 것을..." Quoted in A. Becker (2018), 90.

222쪽 "아주 몰상식한..." Quoted in A. Becker (2018), 199.

225쪽 "에버렛 전화기" J. Polchinski (1991), "Weinberg's Nonlinear Quantum Mechanics and the Einstein- Podolsky- Rosen Paradox," *Physical Review Letters* 66, 397.

숨은 변수 및 동적 붕괴 모델에 대해 더 알고 싶다면 다음을 참고하라. T. Maudlin (2019), *Philosophy of Physics: Quantum Theory*, Princeton.

R. Penrose (1989), *The Emperor's New Mind: Concerning Computers, Minds, and the Laws of Physics*, Oxford.

238쪽 "아인슈타인-포돌스키-로젠 역설은 아인슈타인이..." J. S. Bell (1966), "On the Problem of Hidden- Variables in Quantum Mechanics," *Reviews of Modern Physics* 38, 447.

243쪽 "피상적인 이념적 초구조", 같은 쪽 "인위적인 형이상학" Quoted in W. Myrvold (2003), "On Some Early Objections to Bohm's Theory," *International Studies in the Philosophy of Science* 17, 7.

H. C. Von Baeyer (2016), *QBism: The Future of Quantum Physics*, Harvard.

251쪽 "각기 구별된 다수의...", 252쪽 "큐비즘은 양자 상태의..." N. D. Mermin (2018), "Making Better Sense of Quantum Mechanics," *Reports on Progress in Physics* 82, 012002.

C. A. Fuchs (2017), "On Participatory Realism," in I. Durham and D. Rickles, eds., *Information and Interaction*, Springer.

253쪽 "에버렛 해석은 (철학적으로 용인될 수 있는 한도 내에서) 현재...." D. Wallace (2018), "On the Plurality of Quantum Theories: Quantum Theory as a Framework, and Its Implications for the Quantum Measurement Problem," in S. French and J. Saatsi, eds., *Scientific Realism and the Quantum*, Oxford.

10장 인간적 측면

M. Tegmark (1998), "The Interpretation of Quantum Mechanics: Many Worlds or Many Words?" *Fortschrift Physik* 46, 855.

R. Nozick (1974), *Anarchy, State, and Utopia*, Basic Books, 41.

278쪽 "양자역학이 제공하고자 하는 것은..." E. P. Wigner (1961), "Remarks on the Mind-Body Problem," in. I. J. Good, *The Scientist Speculates*, Heinemann.

11장 공간은 왜 존재할까?

나는 다음의 저서에서 창발(과 핵심 이론)에 대해 더 자세히 다루었다. S. M. Carroll (2016), *The Big Picture: On the Origins of Life, Meaning, and the Universe Itself*, Dutton.

301쪽 "아버지가 고양이를..." James Hartle (2016), personal communication.

12장 진동의 세계

308쪽 "물질이 아닌 다른 어떤 것의 매개..." I. Newton (2004), *Newton: Philosophical Writings*, ed. A. Janiak, Cambridge, 136.

P.C.W. Davies (1984), "Particles Do Not Exist," in B. S. DeWitt, ed., *Quantum Theory of Gravity: Essays in Honor of the 60th Birthday of Bryce DeWitt*, Adam Hilger.

13장 진공에서 숨 쉬기

국소성의 함의와 한계에 대한 더 많은 논의는 다음을 참고하라. G. Musser (2015), *Spooky Action at a Distance: The Phenomenon that Reimagines Space and Time— And What It Means for Black Holes, the Big Bang, and Theories of Everything*, Farrar, Straus and Giroux.

333쪽 "양자역학을 이해하기 위해..." A. Einstein, quoted by Otto Stern (1962), interview with T. S. Kuhn, Niels Bohr Library & Archives, American Institute of Physics, https://www.aip.org/history-programs/niels-bohr-library/oral-histories/4904.

336쪽 "하이젠베르크의 방법이 성공한..." A. Einstein (1936), "Physics and Reality," reprinted in A. Einstein (1956), *Out of My Later Years*, Citadel Press.

T. Jacobson (1995), "Thermodynamics of Space- Time: The Einstein Equation of State," *Physical Review Letters* 75, 1260.

T. Padmanabhan (2010), "Thermodynamical Aspects of Gravity: New Insights," *Reports on Progress in Physics* 73, 046901.

E. P. Verlinde (2011), "On the Origin of Gravity and the Laws of Newton," *Journal of High Energy Physics* 1104, 029.

J. S. Cotler, G. R. Penington, and D. H. Ranard (2019), "Locality from the Spectrum," *Communications in Mathematical Physics*, https://doi.org/10.1007/s00220-019-03376-w.

J. Maldacena and L. Susskind (2013), "Cool Horizons for Entangled Black Holes," *Fortschritte der Physik* 61, 781.

C. Cao, S. M. Carroll, and S. Michalakis (2017), "Space from Hilbert Space: Recovering Geometry from Bulk Entanglement," *Physical Review D* 95, 024031.

C. Cao and S. M. Carroll (2018), "Bulk Entanglement Gravity Without a Boundary: Towards Finding Einstein's Equation in Hilbert Space," *Physical Review D* 97, 086003.

T. Banks and W. Fischler (2001), "An Holographic Cosmology," https://arxiv.org/abs/hep-th/0111142.

S. B. Giddings (2018), " Quantum- First Gravity," *Foundations of Physics* 49, 177.

D. N. Page and W. K. Wootters (1983). "Evolution Without Evolution: Dynamics Described by Stationary Observables," *Physical Review D* 27, 2885.

14장 공간과 시간을 넘어

홀로그래피, 상보성, 블랙홀 정보 등은 다음 책에서 논의되고 있다. L. Susskind (2008), *The Black Hole War: My Battle with Stephen Hawking to Make the World Safe for Quantum Mechanics*, Back Bay Books.

A. Almheiri, D. Marolf, J. Polchinski, and J. Sully (2013), "Black Holes: Complementarity or Firewalls?" *Journal of High Energy Physics* 1302, 062.

J. Maldacena (1997), "The Large- N Limit of Superconformal Field Theories and Supergravity," *International Journal of Theoretical Physics* 38, 1113.

S. Ryu and T. Takayanagi (2006), "Holographic Derivation of Entanglement Entropy from AdS/CFT," *Physical Review Letters* 96, 181602.

B. Swingle (2009), "Entanglement Renormalization and Holography," *Physical Review D* 86, 065007.

M. Van Raamsdonk (2010), "Building Up Spacetime with Quantum Entanglement," *General Relativity and Gravitation* 42, 2323.

에필로그

384쪽 "나는 네다섯 살의 어린아이였을..." A. Einstein (1949), *Autobiographical Notes*, Open Court Publishing, 9.

부록: 가상 입자 이야기

파인만 도형에 대해 더 알고 싶다면 다음을 참고하라. R. P. Feynman (1985), *QED: The Strange Theory of Light and Matter*, Princeton University Press.

찾아보기

AdS/CFT 대응 376~378
EPR 119~120, 123~125, 135~136, 290, 327~328, 354
GRW이론 226~231, 239, 243~244, 246~247, 254, 288

ㄱ

가속도 23, 89
가이거 계수기 278, 301
각운동량 70
간섭 96~100, 149~150
개인의 정체성 169, 171, 276
게를라흐, 발터Gerlach, Walter 101
결과주의 263
결정 이론 183~184, 266
결정론 271~274
결풀림 145, 147, 149~151, 173, 176, 194~195, 198, 200, 222, 228, 232, 241, 291, 301~305
계량장 339
고리 양자 중력 341
고전역학 20~26, 29~30, 38, 45, 60, 62, 67, 73, 89, 123, 233, 244, 271, 297~298, 300, 307

관념론 280~282
관측 가능한 우주 116, 205~207, 227, 373~374
국소성 원리 123~124, 289
궁수자리 A* 371
그린, 마이클Green, Michael 340
극도로 간결한 양자역학 42~47, 130, 305
글루온 59
기딩스, 스티브Giddings, Steve 355
기라르디, 지안카를로Ghirardi, Giancarlo 227
기본 입자 59
기하학 334~337, 380
끈 이론 216, 287, 340~342

ㄴ

노직, 로버드Nozick, Robert 265
뉴턴, 아이작Newton, Isaac 20~24, 29~30, 33, 61, 64, 72, 85, 89, 244, 271, 297, 298, 307~308, 333~334, 339, 403

ㄷ

다세계 이론 50~52, 140, 147, 151, 156, 160~161, 163, 165~166, 169,

172~173, 175, 184, 186, 189~191, 193~196, 200~201, 203, 208~209, 211~213, 215, 217, 219, 245, 261, 265~267, 273, 276, 288, 290~291, 297, 300, 338, 349, 366, 373, 381
다카야나기, 다다시Takayanagi, Tadashi 377
닫힌 우주 358
대칭성 179, 278, 298, 300, 334, 356
데닛, 대니얼Dennett, Daniel 297
데모크리토스Democritus 57, 60
데이비스, 폴Davies, Paul 317
도덕 263~267
도이치, 데이비드Deutsch, David 156, 183, 186, 219, 242
돌턴, 존Dalton, John 57
동역학적 국소성 290, 300, 349
동역학적 붕괴 모형 226~233
동적인 비국소성 368
드브로이, 루이de Broglie, Louis 37, 39, 75, 76, 78, 80, 82, 84, 235, 237, 243~244, 310
드브로이-봄 이론 52
디랙, 폴Dirac, Paul 9, 78, 82
디윗, 브라이스DeWitt, Bryce 155, 156, 159, 358

ㄹ

라이고-비르고 중력파 관측소 68
라플라스, 피에르 시몽Laplace, Pierre Simon 23, 61, 308~309
'라플라스의 악마' 사고실험 23, 72, 79, 203, 293
러더퍼드, 어니스트Rutherford, Ernest 58, 68, 72~73
런던, 프리츠London, Fritz 278
레-슐리더 정리 328
로즌, 네이선Rosen, Nathan 119, 135, 223, 238, 355
루이스, 데이비드Lewis, David 219

류, 신세이Ryu, Shinsei 377
리미니, 알베르토Rimini, Alberto 227

ㅁ

막 패러다임 379
말다세나, 후안Maldacena, Juan 376
맥스웰, 제임스 클러크Maxwell, James Clerk 61, 75, 80, 334
맨해튼 프로젝트 236
머민, N. 데이비드Mermin, N. David 35, 248, 251~252
머턴, 로버트Merton, Robert 35
물리적 실재 82, 125
물리주의 280~282
물질파 76, 78~79, 82
미즈너, 찰스Misner, Charles 140
미차라키스, 스피리돈Michalakis, Spyridon 355

ㅂ

바늘 상태 304, 316
바우어, 에드먼드Bauer, Edmond 278
바이드만, 레프Vaidman, Lev 174
반 드 시터 공간 376~377
반 람스동크, 마크Van Raamsdonk, Mark 377
방사능 방출 301
방사성 붕괴 59, 148
방화벽 368
뱅크스, 톰Banks, Tom 353
버코프, 개릿Birkhoff, Garrett 94
번, 테드Bunn, Ted 144
베이즈, 토머스Bayes, Thomas 168~169, 248~249
베이즈 추론 168, 248
베켄슈타인, 야코브Bekenstein, Jacob 369~370, 372
베켄슈타인-호킹 엔트로피 369~370
벡터 106~110, 162, 341, 349
벡터장 60

벨, 존 스튜어트Bell, John Stewart 127~131, 222, 237~238, 246, 290
벨의 정리 39, 127~131, 237~238, 290
보른, 막스Born, Max 28, 43, 74, 78, 83~85, 94, 101, 106~109, 160~164, 169, 174~177, 179~180, 182~186, 210~211, 214, 239~241, 265, 267, 270
보른의 규칙 28, 43, 108~109, 161, 176~177, 179~180, 182, 184, 210, 214, 239~241
보어, 닐스Bohr, Niels 9, 36~37, 39, 45, 68~76, 78, 84~85, 94~95, 113, 125~126, 135~137, 140, 152~155, 223, 236, 310, 378, 385, 404
복합 입자 59
볼츠만, 루트비히Boltzmann, Ludwig 197, 200~202, 343, 403
봄, 데이비드Bohm, David 39, 127, 222, 236~247, 254, 288, 404
봄 역학 53, 237~245, 254
부소, 라파엘Bousso, Raphael 372
분기 143, 147~148, 155, 170~173, 195~200, 212~215, 228, 233, 267~271, 297
불확정성 원리 87~89, 91~92, 104, 109~111, 113, 125, 245, 299, 323
붕괴 이론 233, 266
블랙홀 정보 수수께끼 366
비결정론 272~273
비국소성 113, 222, 238~239, 242~243, 290, 368, 384
비만 척도 175
비복제 정리 367~368
비트겐슈타인, 루트비히Wittgenstein, Ludwig 159~160
빅뱅 116, 129, 139, 197, 207, 287, 355, 357, 364
빈 공간empty space 43, 93, 318~319, 322~323, 345~346, 375
빈도주의 164, 167, 169, 182
빛 8, 59, 63~67, 69~70, 72, 76, 84, 122, 132, 290, 363, 375

ㅅ

사건의 지평선 363~364, 367~369, 373~376, 378~379
사라지는 세계에 관한 이론 144
사인파 90, 299, 314
상보성 94, 378~380
샤크, 루디거Schack, Rudiger 248
서스킨드, 레너드Susskind, Leonard 355, 375, 378, 400
선도파 82, 234, 242
선호하는 기저 문제 300
속도 21~23, 26~29, 90, 298
손, 찰스Thorn, Charles 375
손, 킵Thorne, Kip 137
솔베이 회의 36, 40, 43, 78, 85, 119, 135, 235, 385
숨은 변수 이론 234~238, 322
슈뢰딩거, 에르빈Schrödinger, Erwin 9, 83, 224, 235, 404
슈뢰딩거 방정식 30, 41, 48, 78~84, 108, 143, 160, 163, 191, 197, 217, 224~226, 269, 313, 349, 356~357
'슈뢰딩거의 고양이' 사고실험 301~304
슈워츠, 존Schwarz, Jonn 340
슈테른, 오토Stern, Otto 101
슈테른-게를라흐 실험 101
스윙글, 브라이언Swingle, Brian 377
스토파드, 톰Stoppard, Tom 159
스핀 100~104
시간의 화살 196~198
시공간 14, 138~139, 246, 286, 318, 320, 331~337, 339, 347~349, 355~356, 362, 370~371, 373, 375~377, 380

찾아보기 417

시번스, 찰스Sebens, Charles 179
신경과학 270, 275, 281
신경세포 269~271, 276
신빙성 168~169, 175~177, 179, 185, 194, 265
신호불가 정리 122, 225
실라르드, 레오Szilard, Leo 199

ㅇ
아인슈타인, 알베르트Einstein, Albert 17, 36~40, 52, 65~66, 71, 74~75, 78, 83~84, 95, 113, 119~120, 123~126, 135~138, 192, 223, 235~238, 243, 250, 286, 302, 307~310, 318, 333~336, 346~348, 352, 355, 383~385, 404
아하로노브, 야키르Aharonov, Yakir 221
앤스콤, 엘리자베스Anscombe, Elizabeth 159
앨버트, 데이비드Albert, David 175, 221, 400
양립주의 274
양성자 58~59
양자 난수 발생기 132, 166~167, 257, 259, 271
양자 딸림계 343~344
양자 불멸 259
양자 상태 43~44, 46~47, 92~93, 104, 106~107, 109, 111, 127, 140~141, 144~145, 202~203, 206, 217, 245, 252, 290, 292~293, 300, 303, 309, 322~325, 327~329, 343~344, 347, 354, 357~359, 366, 380, 388
양자 요동 322
양자 자살 259, 261
양자 중력 138, 206, 246, 287, 289, 320, 327, 331, 336~338, 340~342, 348, 356~358, 362, 365~368, 377~378
양자 진공 315

양자 효용 극대화 기기 264
양자계 26, 29~31, 43, 45, 48, 73, 94, 139~141, 148, 151, 199, 207, 212, 228, 259, 277~278, 291, 343, 351, 357, 371
양자역학의 측정 문제 24, 139, 221~222, 225, 229, 281, 302
양자역학의 토대 14, 25, 35, 40, 74, 127, 130, 135, 137, 152~153, 187, 195, 221~223, 236, 246, 251, 338
양전자 389~392
얽힌 중첩 141~143
얽힘 40, 48, 113, 117~122, 127~129, 131, 135, 143, 146, 194, 198, 222, 228~229, 270, 302, 310~311, 325~326, 328, 332, 342~343, 349, 354, 356~357, 359~360, 377, 381
얽힘 엔트로피 344~345, 348, 352~353, 370
엇호프트, 헤라르뒤스't Hooft, Gerardus 375
에너지 216~217, 230, 314, 318~320, 349~351, 361
에버렛, 휴Everett, Hugh 13, 50~52, 130, 137~145, 149~160, 162, 165, 183, 185, 194~198, 202, 205, 208~211, 219~225, 228~230, 233, 239, 241~247, 250~253, 259~260, 265, 270, 276, 288, 290, 293, 296~297, 300, 302, 305, 313, 322, 338, 363, 365, 374, 383, 385, 404
에버렛 양자역학 52, 230, 241, 253, 276, 305, 374
에버렛 전화기 225
엔트로피 197~203, 343~348, 354, 361, 369~375
열역학 196, 198, 347~348, 369
오컴의 면도날 188~190
오펜하이머, 로버트Oppenheimer, Robert

222, 237, 243
와인버그, 스티븐Weinberg, Steven 225
요르단, 파스쿠알Jordan, Pascual 74, 84
우주 상수 318~319, 321, 374
우주 파동함수 47, 83, 115, 140, 145, 163, 166, 174, 177, 203, 212, 217, 264, 265, 268~269
우터스, 윌리엄Wooters, William 358
운동량 23, 73, 76, 80, 87, 89~92, 104, 114, 120, 123, 203, 244~245, 280, 291, 294~295, 298~299, 315
원격작용 39, 120~121, 123, 128, 130, 307~308
원자 26, 38, 43~44, 46, 57~59, 61, 63, 66~70, 93, 148, 171~172, 197, 200, 230, 274, 343, 369~370
월리스, 데이비드Wallace, David 159, 183, 186, 204, 253, 297
웜홀 136, 355
웨버, 툴리오Weber, Tullio 227
위그너, 유진 폴Wigner, Eugene Paul 199, 278, 279
위치 23, 87, 89~90, 298
윌슨, 케네스Wilson, Kenneth 395, 397
'유령세계' 시나리오 148
유물론 → 물리주의
유효장 이론 397
의무론 263
의식 151, 274~281
이원주의 279
이중 슬릿 실험 94~100, 149~150, 239, 241
인식론 38, 41, 53, 182, 223, 247~248, 381
일반상대성 이론 136, 138, 192, 194, 232, 286~287, 289, 309~310, 318, 332~335, 339, 341, 347~348, 355~358, 363, 365, 369, 374, 378~379
입자 56, 58~59, 62, 95, 238~242, 294, 311~312, 339, 361, 364~365, 388~390
입자물리학의 표준 모형 39, 225

ㅈ

자기위치 설정 불확정성 174~176, 185, 214, 265, 366
자기장 60
자아 170, 219
자외선 파국 63
자유도 89, 326~327, 345, 349, 352~354, 362, 370~373, 375, 380
자유의지 129, 271~274
장 56, 60, 231, 310~313
장의 모드 314, 345
재규격화 393~395
전기 59
전기장 60~61
전자 26~29, 44, 57~59, 63, 69~73, 84~85, 94~104, 114, 120~122, 148~151, 389
전자기 복사 59, 63
전자기장 61, 64, 67, 309, 317, 339, 390, 393
전하 61
정언 명령 263
제이콥슨, 테드Jacobson, Ted 346~348, 352, 354
주렉, 보이치에흐Zurek, Wojciech 179
줄의 모드 77
중력 14, 206, 232, 286~287, 331~332, 336~338
중력자 339~340
중력장 61, 308, 339~340
중력파 67~68
중첩 44, 46~48, 50, 109, 122, 143, 145, 148, 190, 196, 202, 228·229, 232, 268, 278, 297, 300~304, 359
진공 상태 323~324, 327~328, 345

~346, 352, 354, 372
진공 에너지 318~321, 373, 376~377, 394
진동수 63~66, 69~70
진폭 27~28, 43, 108~109, 160~162, 176~183, 234

ㅊ
참여 현실주의 251
창발 292~297
체, 한스 디터Zeh, Hans Dieter 145, 222
초결정주의 129

ㅋ
카오, 전준 찰스Cao, ChunJun Charles 355, 400
칸트, 이마누엘Kant, Immanuel 263, 280
케이브스, 칼턴Caves, Carlton 248
케플러, 요하네스Kepler, Johannes 308
코펜하겐 해석 32, 40, 73, 119, 135~136, 139, 144, 152, 154, 161, 195, 229, 235~236, 278, 384~385
콜먼, 시드니Coleman, Sidney 159, 400
쿼크 59
퀴리, 마리Curie, Marie 37
큐비즘 53, 248~252
큐비트 105~107, 117~118, 120~129, 162, 205, 246, 344~345

ㅌ
타지마할 정리 328
탈락값 부과 320~321, 345
테그마크, 맥스Tegmark, Max 259, 260
텔러, 에드워드Teller, Edward 199
톰슨, J. J.Thomson, J. J. 58
통계역학 38, 233
특수상대성 이론 120, 123, 214, 290, 333~335, 339

ㅍ
파동역학 73, 75, 82, 85, 153, 155
파드마나반, 타누Padmanabhan, Thanu 348
파울리, 볼프강Pauli, Wolfgang 37, 73, 78, 80, 235, 243
파인만 도형 388~396
파인만, 리처드Feynman, Richard 9, 35, 95, 137, 331, 388, 390, 393
파핏, 데릭Parfit, Derek 172
페르린더, 에릭Verlinde, Erik 348
페이스, 에이브러햄Pais, Abraham 250
페이지, 돈Page, Don 358, 400
페테르센, 오게Petersen, Aage 140, 153, 154
펜로즈, 로저Penrose, Roger 232, 247, 275
포돌스키, 보리스Podolsky, Boris 119, 125, 135, 223, 238, 355
폰 노이만, 존von Neumann, John 93, 199, 235, 238, 343, 345
폴친스키, 조Polchinski, Joe 225
푹스, 크리스토퍼Fuchs, Christopher 248, 251
프랭클린, 벤저민Franklin, Benjamin 61
플랑크 상수 64~65, 81
플랑크, 막스Planck, Max 8, 63~66, 70~71, 75~76, 81, 84~85, 310, 320~321, 338, 358, 374, 395, 404
피슐러, 윌리Fischler, Willy 355
피타고라스의 정리 92, 108~109, 162, 176, 181, 339

ㅎ
하비히트, 콘라트Habicht, Conrad 66
하우드스밋, 사무엘Goudsmit, Samuel 223
하이젠베르크 절단선 45
하이젠베르크, 베르너Heisenberg, Werner 37, 45, 71~75, 78, 80, 83~84, 87, 243~244, 336, 404
하이젠베르크의 방법 336

합리적인 공리주의 265
해머로프, 스튜어트Hameroff, Stuart 275
해밀턴, 윌리엄 로완Hamilton, William Rowan 81, 298
해밀토니안 81~82, 245, 313, 349~351
핵분열 137
핵심 이론 286~287, 297, 309, 312
행렬역학 73~75, 82, 84~85
헤르만, 그레테Hermann, Grete 236
홀로그래피 원리 375, 378
홉스, 토머스Hobbes, Thomas 274
확률 108~109, 160~162, 164, 167~169, 174~180, 182, 185, 210~211, 266
확률 구름 27, 47
확률 규칙 74
확률 분포 38, 227, 233~234, 240, 248
휘어진 시공간 318, 332, 334, 339, 363, 365, 372, 379
휠러, 존 아치볼드Wheeler, John Archibald 136~138, 140, 152~156, 335, 338~349, 358, 369
흄, 데이비드Hume, David 221
흑체 복사 63
힐베르트 공간 107, 191, 204~207, 216, 243, 327, 349, 373~374, 380

지은이 **숀 캐럴**Sean M. Carroll   이론물리학자이자 과학 베스트셀러 작가. 전문 분야는 양자역학과 중력, 우주론 등이며, 수많은 과학자와 사상가들에게 창조적 영감을 주는 책을 저술해왔다. 1966년에 미국 필라델피아에서 태어나 1993년 하버드대학교에서 천문학 박사학위를 받았다. 그 후 메사추세츠공과대학MIT 박사 후 연구원, 시카고대학 조교수를 거쳐, 현재 캘리포니아공과대학Caltech에서 연구교수로 재직하고 있다. 미국국립과학재단, NASA, 미국물리학회, 런던왕립협회 등으로부터 다수의 상을 받았다. 과학의 대중화를 위해 다방면으로 활동하고 있으며, 《네이처》〈뉴욕타임스〉《뉴 사이언티스트》등 유수의 매체에 기고해왔다. 다세계와 양자역학에 관한 그의 강연은 유튜브와 테드TED 등에서 수백만의 조회수를 기록했다. 학부 수준의 일반상대성 이론 교과서인 《시공간과 기하학Spacetime And Geometry》의 저자이며, 지은 책으로 《현대물리학, 시간과 우주의 비밀에 답하다From Eternity to Here》《우주 끝의 입자The Particle at the End of the Universe》《빅 픽처The Big Picture》 등이 있다.

옮긴이 **김영태**   미국 캘리포니아대학 버클리 분교에서 응집물리 연구로 물리학 박사학위를 받았고, 로런스버클리연구소에서 연구원으로 근무했다. 그 후 아주대학교 물리학과 교수로 재직했으며, 현재는 동대학교 명예교수로 있다. 물리학을 대중적으로 알리는 데 관심이 많아 《세상 모든 것의 원리, 물리》《현대물리, 불가능에 마침표를 찍다》 등 여러 권의 책을 집필했다. 옮긴 책으로는 《딥 심플리시티》《현대물리학, 시간과 우주의 비밀에 답하다》 등이 있다.

다세계

1판 1쇄 펴냄 2021년 4월 15일
1판 4쇄 펴냄 2025년 8월 20일

지은이	숀 캐럴
옮긴이	김영태
편 집	안민재
디자인	룩앳미
제 작	세걸음
인쇄·제책	상지사

펴낸곳	프시케의숲
펴낸이	성기승
출판등록	2017년 4월 5일 제406-2017-000043호
주 소	(우)10885, 경기도 파주시 책향기로 371, 상가 204호
전 화	070-7574-3736
팩 스	0303-3444-3736
이메일	pfbooks@pfbooks.co.kr
SNS	@PsycheForest

ISBN 979-11-89336-34-9 03420

책값은 뒤표지에 표시되어 있습니다.

이 책의 내용을 이용하려면 반드시 저작권자와
도서출판 프시케의숲에 동의를 받아야 합니다.